U0945792

“十二五”国家重点图书

环境保护知识丛书

能源利用与环境保护

——能源结构的思考

刘 涛 顾莹莹 赵由才 主编

北 京
冶 金 工 业 出 版 社
2011

内容提要

本书在介绍能源、环境基本知识的基础上，以各种能源利用技术为主线，重点阐述各种能源利用导致的环境问题以及解决的途径。此外，本书还对各种能源利用技术进行总体评价，让读者从技术性、社会性、经济性等多层面的角度明晰能源的选择、技术的要求和未来能源发展的趋势。本书在取材上力求资料新颖、学科交叉、涉猎面广、叙述简洁，为读者提供能源与环境领域更多的知识信息。

本丛书适合于具有一定知识水平的读者，对企业领导、政府官员、青少年学生具有普及环保知识、提高环保意识的深远意义，是一套具有科学性、知识性和实用性的科普读物。本丛书也适合于对环境保护知识感兴趣、关心环保事业的人士阅读。

图书在版编目(CIP)数据

能源利用与环境保护：能源结构的思考／刘涛，顾莹莹，赵由才主编. —北京：冶金工业出版社，2011. 7

（环境保护知识丛书）

“十二五”国家重点图书

ISBN 978-7-5024-5625-2

Ⅰ. ① 能… Ⅱ. ① 刘… ② 顾… ③ 赵… Ⅲ. ① 能源利用—基本知识 ② 环境保护—基本知识 Ⅳ. ① F407. 2 ② X

中国版本图书馆 CIP 数据核字（2011）第 125863 号

出 版 人 曹胜利

地　　址 北京北河沿大街嵩祝院北巷 39 号，邮编 100009

电　　话 （010）64027926 电子信箱 yjcbs@ cnmip. com. cn

策　　划 程志宏 钱文涛 责任编辑 廖 丹 美术编辑 李 新

版式设计 孙跃红 责任校对 石 静 责任印制 张祺鑫

ISBN 978-7-5024-5625-2

北京兴华印刷厂印刷；冶金工业出版社发行；各地新华书店经销

2011 年 7 月第 1 版，2011 年 7 月第 1 次印刷

169 mm × 239 mm；14 印张；267 千字；208 页

33. 00 元

冶金工业出版社发行部 电话：(010) 64044283 传真：(010) 64027893

冶金书店 地址：北京东四西大街 46 号（100010） 电话：(010) 65289081（兼传真）

（本书如有印装质量问题，本社发行部负责退换）

《环境保护知识丛书》

编辑委员会

丛书序言

人类生活的地球正在遭受有史以来最为严重的环境威胁，包括陆海水体污染、全球气候暖化、疾病蔓延等。经相关媒体曝光，生活垃圾焚烧厂排放烟气对焚烧厂周边居民健康影响、饮用水水源污染造成大面积停水、全球气候变化导致的极端天气等，事实上都与环境污染有关。过去曾被人们认为对环境和人体无害的物质，如二氧化碳、甲烷等，现在被证实是造成环境问题的最大根源之一。

我国环境保护起步比较晚，对环境问题的认识也不够深入，环境保护措施和政策法规还不完善，导致我国环境事故频发。随着人们生活水平的不断提高，环境保护意识逐渐增强，民众迫切需要加强对环境保护知识的了解。长期以来，虽然出版了大量环境保护书籍，但绝大多数专业性很强，系统性较差，面向普通大众的环境保护科普读物却较少。

为了普及大众环境保护知识，提高环境保护意识，冶金工业出版社特组织编写了《环境保护知识丛书》。本丛书涵盖了环境保护的各个领域，包括传统的水、气、声、渣处理技术，也包括了土壤、生态保护、环境影响评价、环境工程监理、温室气体与全球气候变化等，适合于非环境科学与工程专业的企业家、管理人员、技术人员、大中专师生以及具有高中学历以上的环保爱好者阅读。

本套丛书内容丰富，编写的过程中，编者参考了相关著作、论文、研究报告等，其出处已经尽可能在参考文献中列出，在此对文献的作者表示感谢。书中难免出现疏漏和错误，欢迎读者批评指正，以便再版时修改补充。

编　者

2011 年 4 月

前言

能源是国民经济重要的物质基础，也是人类赖以生存的基本条件。国民经济发展的速度和人民生活水平的提高都有赖于可持续供应的能源支撑。从历史上看，人类对能源利用的每一次重大突破都伴随着科技的进步，从而促进生产力的大发展，甚至引起社会生产方式的变革。每一次新能源的开发和利用，都必然引起世界能源结构的变化，促进经济的大发展。

能源的利用，使人类的物质生活不断得到改善，但又以不同形式、不同程度影响着环境的构成和质量。在能源利用过程中，加强环境意识，采取预防为主、防治结合的方针，将有利于能源与环境的协调。

本书是《环境保护知识丛书》中的一册。在编写上力求满足科学普及性的要求，即理论上不作深入探讨，文字叙述上通俗易懂，可读性强。本书编写的目的就是向广大读者介绍能源利用与环境保护相关联的知识，并在此基础上以各种能源利用技术为主线，重点阐述各种能源利用导致的环境问题以及解决的途径。此外，本书还对各种能源利用技术进行了总体评价，让读者从技术性、社会性、经济性等多层面的角度明晰能源的选择、技术的要求和未来能源发展的趋势。在取材上力求资料新颖、学科交叉、涉猎面广、叙述简洁，为读者提供能源与环境领域更多的知识信息。

参加本书各章节编写的人员包括：刘涛、王琳、顾莹莹（第1章）；李霞、李鸿江、赵由才（第2章）；田颖、王敏、顾莹莹（第3章）；于子涵、张扬、顾莹莹（第4章）；王步英、赵由才（第5章）；李晓荣、刘涛（第6章）。

赵由才教授负责全书的统稿工作。本书的编写得到中国海洋大学、中国石油大学、香港大学、深圳市水务(集团)有限公司、同济大学等多个单位的协助,在此表示感谢。

由于本书涉及的内容广泛,编写时参考了大量的国内外相关领域的最新资料和成果,并收集了部分有关生产现场资料,在此谨向有关文献作者深表谢意。

限于编者水平,书中不足之处欢迎广大读者批评指正。

编 者

2011 年 4 月

目　录

第 1 章　能源与环境概述

1.1　能源基本知识

1.1.1　概述

图 1-1　能源的利用

能源就是向自然界提供能量转化的物质,如矿物质能源、核物理能源、大气环流能源等。能源是人类活动的物质基础,从某种意义上讲,人类社会的发展离不开优质能源的出现和先进能源技术的使用。如果说人类社会是一幢宏伟建筑,那么能源就好比是支撑它的基石;如果说人类社会是一辆飞奔的车辆,那么能源就好比是给它提供驱动力的设备。随着社会的不断进步与发展,人们越来越清楚地认识到在当今世界,能源的发展、能源和环境是全世界、全人类共同关心的问题,同样也是我国社会经济发展中的重要问题。

物质、能量和信息是构成自然社会的基本要素。在过去,人们更多关注的是能量,车的前进需要能量,机器的运转需要能量,生物体要维持正常的生命活动同样也需要能量。那么人类又是从什么时候开始关注"能源"的呢?

其实在过去，人们对于“能源”这一术语谈论得很少，但是石油危机使它成了人们议论的热点，也就是从这几次石油危机开始，人们将关注更多地投向能源。

第一次石油危机发生在 1973 年 10 月。由于第四次中东战争爆发，为打击以色列及其支持者，石油输出国组织的阿拉伯成员国当年 12 月宣布收回石油标价权，并将其积陈的原油价格从每桶 3.011 美元提高到 10.651 美元，使油价猛然上涨了两倍多，从而触发了第二次世界大战之后最严重的全球经济危机。第二次石油危机发生在 1978 年底。世界第二大石油出口国伊朗由于政局发生剧烈变化而引发了第二次石油危机，与此同时又爆发了两伊战争，导致全球石油产量剧减，油价在 1979 年开始暴涨，从每桶 13 美元猛增至 1980 年的 34 美元，并且这种状态持续了半年多。第三次石油危机发生在 1990 年 8 月初。伊拉克攻占科威特以后，伊拉克遭受国际经济制裁，使得伊拉克的原油供应中断，国际油价因而急升。

由此可见，几次石油危机不仅对全球经济造成严重冲击，并且与政治军事息息相关。那么，究竟什么是“能源”呢？关于能源的定义，目前约有 20 多种说法。《科学技术百科全书》的定义为：“能源是可从其获得热、光和动力之类能量的资源”；《大英百科全书》的定义为：“能源是一个包括着所有燃料、流水、阳光和风的术语，人类用适当的转换手段便可让它为自己提供所需的能量”；《日本大百科全书》的定义为：“在各种生产活动中，我们利用热能、机械能、光能、电能等来做功，可利用来作为这些能量源泉的自然界中的各种载体，称为能源”；我国的《能源百科全书》的定义则为：“能源是可以直接或经转换提供人类所需的光、热、动力等任一形式能量的载能体资源”。

虽然，对于能源的定义各不相同，但是其内涵却是相通的。从字面上可以看出，“能源”，即“能量之源泉”的意思，它是一种呈多种形式，且可以相互转换的能量的源泉。确切而简单地说，能源就是自然界中能为人类提供某种形式能量的物质资源。由此可见，从“能量”到“能源”，是人们追本溯源的深入思考，是由现象及本质的研究。

在相关的资料或书籍中，能源也可称为能量资源或能源资源，也就是可产生各种能量，如热量、电能、光能和机械能等或可做功的物质的统称。也可以认为能源是指能够直接取得或者通过加工、转换而取得有用能的各种资源，包括煤炭、原油、天然气、煤层气、水能、核能、风能、太阳能、地热能等一次能源和电力、热力、成品油等二次能源以及其他新能源和可再生能源。

1.1.2　能源的分类

能源种类繁多，而且经过人类不断开发与研究，在原有的传统能源的基础上，许多新型能源不断出现。不同类型的能源有不同的特点和适用范围，所以明确能源的分类更有助于认识能源。根据不同的划分方式，能源也可分为不同的类型。

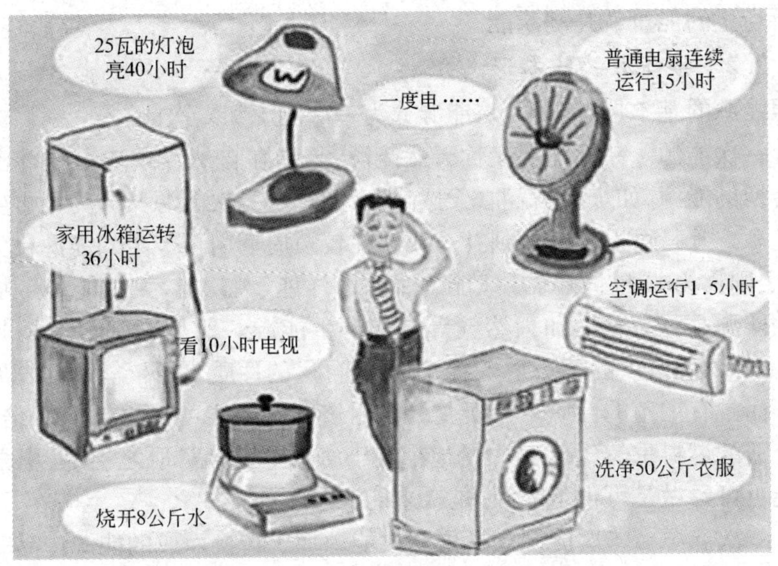

图 1-2　一度电能干什么?

1.1.2.1　按来源分

根据能源来源和产生原因的不同,可以将能源分为:来自地球外部天体的能源、地球本身蕴藏的能源以及地球和其他天体相互作用而产生的能源三种。

(1) 来自地球外部天体的能源(主要是太阳能)。这种能源除直接辐射提供光和热外,还为风能、水能、生物能和矿物能等的产生提供基础。所以可以说人类所需能量的绝大部分都直接或间接地来自太阳。人们可以直接利用太阳辐射产生的热能和光能。各种植物通过光合作用把太阳能转变成化学能在植物体内贮存下来并被人和动物加以利用。动植物遗体埋藏在地下经过漫长的地质年代而形成煤炭、石油、天然气等化石燃料。通过食物链和生物以及地质作用,能量不断转化和转移,太阳能最终以多种形式被固定下来而形成了各种其他形式的能源。此外,水能、风能、波浪能、海流能等也都是由太阳能转换来的。

(2) 地球本身蕴藏的能源。这种能源主要有原子核能和地热能等。温泉和火山爆发喷出的岩浆就是地热的表现。地球可分为地壳、地幔和地核三层,它是一个大热库。地壳就是地球表面的一层,一般厚度为几公里至几十公里不等。地壳下面是地幔,它大部分是熔融状的岩浆,厚度为 2900 公里。火山爆发一般是这部分岩浆喷出。地球最内部为地核,地核中心温度可高达 2000 摄氏度。可见,地球上的地热资源储量也很大,如果能对其加以合理的开发和利用,地热能势必成为一种很可观的能源。

(3) 地球和其他天体相互作用而产生的能源。这种能源主要有潮汐能。因月球引力的变化而引起潮汐现象,潮汐导致海水平面周期性地升降,因海水涨落及潮水流动所产生的能量就是潮汐能。

1.1.2.2　按能源的基本形态分

按照能源的基本形态分，可将能源分为一次能源和二次能源。

（1）一次能源。一次能源又称天然能源，是指在自然界现成存在并没有经过加工或转换的能源，如煤炭、石油、天然气、水能等。一次能源又分为可再生能源和非再生能源。凡是可以不断得到补充或能在较短周期内再产生的能源称为可再生能源，反之则称为非再生能源。风能、水能、海洋能、潮汐能、太阳能和生物质能等是可再生能源；而煤、石油和天然气等是非再生能源。地热能基本上是非再生能源，但从地球内部巨大的蕴藏量来看，又具有再生的性质。而核能的新发展将使核燃料循环而具有增殖的性质。核聚变的能比核裂变的能可高出 5 ~ 10 倍，并且核聚变最合适的燃料重氢（氘）又大量地存在于海水中，可谓“取之不尽，用之不竭”。所以核能也可看做是可再生能源，是未来能源系统的支柱之一。

（2）二次能源。二次能源是指由一次能源加工转换而成的能源产品，如电力、煤气、蒸汽及各种石油制品等。

1.1.2.3　按能源性质分

按照能源可燃与否的特性可将能源分为有燃料型能源和非燃料型能源（水能、风能、地热能、海洋能）两类。

（1）有燃料型能源。人类利用自己体力以外的能源是从用火开始的，也就是“刀耕火种”的原始社会所采用的“钻木取火”，所以最早的有燃料型能源是木材。后来社会逐步发展，煤炭、石油、天然气等各种化石燃料得到普遍应用。当前化石燃料消耗量很大，但地球上这些燃料的储量往往有限且不可再生，所以在合理开采、节能减排的同时，人们更应着手新能源的开发。

（2）非燃料型能源。水能、风能、地热能、海洋能等都是重要的非燃料型能源。相较于有燃料型能源，这类能源往往是可再生能源，且不会造成燃烧的污染问题。

1.1.2.4　按能源使用的类型分

按照能源使用的类型可将能源分为常规能源和新型能源两类。

（1）常规能源。利用技术成熟且使用比较普遍的能源叫做常规能源，包括一次能源中的可再生的水力资源和不可再生的煤炭、石油、天然气等资源。

（2）新型能源。新近利用或正在着手开发的能源叫做新型能源。新型能源是相对于常规能源而言的，包括太阳能、风能、地热能、海洋能、生物能、氢能以及用于核能发电的核燃料等能源。由于新型能源的能量密度较小，或品位较低，或有间歇性，或按已有的技术条件转换利用的经济性尚差，或还处于研究、发展阶段，因此新型能源只能因地制宜地开发和利用。但是新型能源大多数是可再生能源，且资源丰富、分布广阔，是未来的主要能源之一。

1.1.2.5　其他分类

根据能源消耗后是否造成环境污染可将能源分为污染型能源和清洁型能源。其中，污染型能源包括煤炭、石油等化石燃料，而清洁型能源包括水力、电力、太阳能、风能以及核能等。

还可按能源的形态特征或转换与应用的层次对它进行分类。世界能源委员会推荐的能源类型分为：固体燃料、液体燃料、气体燃料、水能、电能、太阳能、生物质能、风能、核能、海洋能和地热能。其中，前三个类型统称化石燃料或化石能源。

还有人将能源分为商品能源和非商品能源。凡进入能源市场作为商品销售的（如煤、石油、天然气和电等）均为商品能源。国际上的统计数字均限于商品能源。非商品能源主要指薪柴和农作物残余（秸秆等）。

综上所述，能源的类型是多种多样的，而且特点、用途各不相同。这些能源除了能直接提供能量外，还能够在一定条件下转换为人们所需的某种形式以提供能量。比如薪柴和煤炭，把它们加热到一定温度，它们能和空气中的氧气化合并放出大量的热能。我们可以用热来取暖、做饭或制冷，也可以用热来产生蒸汽，用蒸汽推动汽轮机，使热能变成机械能；也可以用汽轮机带动发电机，使机械能变成电能；如果把电送到工厂、企业、机关、农牧林区和住户，它又可以转换成机械能、光能或热能。

随着全球各国经济发展对能源需求的日益增加，现在许多发达国家都更加重视对可再生能源、环保能源以及新型能源的开发与研究；同时我们也相信随着人类科学技术的不断进步，专家们会不断开发研究出更多新能源来替代现有能源，以满足全球经济发展与人类生存对能源的高度需求，而且我们能够预计地球上还有很多尚未被人类发现的新能源正等待我们去探寻与研究。

1.1.3　能源危机

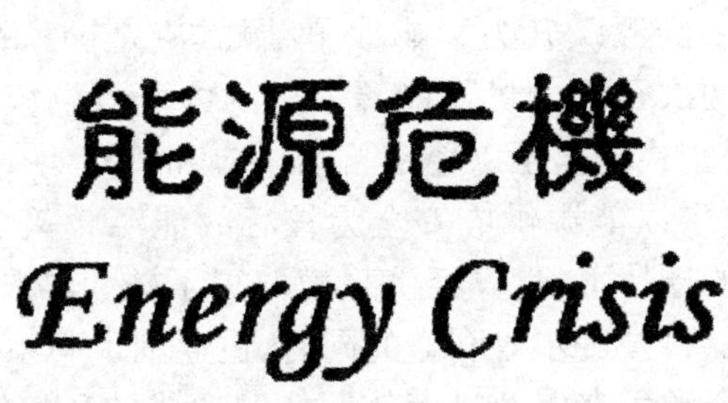

能源危機

Energy Crisis

图 1–3　能源危机

随着工农业生产的发展和人民生活水平的提高，要消耗的燃料和电力越来越多。如果能源的开发和建设跟不上需求，就会造成能源危机。这种危机可以出现在一个地区、一个国家，甚至整个世界范围内。一个地区或国家能源储量匮乏，能源技术落后，或能源政策失误，都有可能导致能源危机。能否解决能源危机关系到这个地区或国家的兴衰，甚至关系到整个人类的命运。这种由于石油、煤炭等目前大量使用的传统化石能源枯竭，同时新的能源生产供应体系又未能建立而在交通运输、金融业、工商业等方面造成的一系列问题统称能源危机。

从能源本身来讲，我们目前所使用的能源，特别是常规能源，如煤、石油、天然气，其储量往往是有限的。因为它们是亿万年前动植物的残骸在地壳演变中，经高温高压的作用而逐渐形成的。这种能源不可能在短期内重新产生出来，用一点就少一点，因此被称为不可再生能源。虽然还有一类能源，被称为可再生能源，如风能、水能、潮汐能、太阳能、核能等。但是这种能源不及时利用的话，也会失之交臂，并且在可再生能源的开发利用上许多科技尚未成熟。所以无论是不可再生能源还是可再生能源，都存在着潜在的危机。

目前，世界人口已经突破 60 亿，比 19 世纪末期增加了两倍多，而能源消费据统计却增加了 16 倍多。无论多少人谈论“节约”和“利用太阳能”或“打更多的油井或气井”或“发现更多更大的煤田”，能源的供应却始终跟不上人类对能源的需求。当前世界能源消费以化石资源为主，其中我国等少数国家是以煤炭为主，其他国家大部分则是以石油和天然气为主。按目前的消耗量，专家预测石油、天然气最多只能维持不到半个世纪，煤炭也只能维持一两个世纪。所以不管是哪一种常规能源结构，人类面临的能源危机都日趋严重。除了能源自身的储量以及开发利用上存在的问题，能源所引发的诸多问题更是不容小觑的。

能源是整个世界发展和经济增长的最基本的驱动力，是人类赖以生存的基础。自工业革命以来，能源安全问题就开始出现。1913 年，英国海军开始用石油取代煤炭作为动力时，时任海军上将的丘吉尔就提出了“绝不能仅仅依赖一种石油、一种工艺、一个国家和一个油田”这一迄今仍未过时的能源多样化原则。伴随着人类社会对能源需求的增加，能源安全逐渐与政治、经济安全紧密联系在一起。

两次世界大战中，能源跃升为影响战争结局、决定国家命运的重要因素。20 世纪 70 年代爆发的两次石油危机使能源安全的内涵得到极大拓展，特别是 1974 年成立的国际能源署正式提出了以稳定石油供应和价格为中心的能源安全概念，西方国家也据此制定了以能源供应安全为核心的能源政策。在此后的二十多年里，在稳定能源供应的支持下，世界经济规模取得了较大增长。但是，人类在享受能源带来的经济发展、科技进步等利益的同时，也遇到了一系列无法避免的能源安全挑战。能源短缺、资源争夺以及过度使用能源造成的环境污染等问题威胁着人类的生存与发展。

根据经济学家和科学家的普遍估计，到 21 世纪中叶，即 2050 年左右，石油资源将会开采殆尽，其价格将升到很高，不适于大众化普及应用，如果新的能源体系尚未建立，能源危机将席卷全球，尤以欧美极大依赖于石油资源的发达国家受害为重。能源危机最严重的后果，莫过于工业大幅度萎缩，或甚至因为抢占剩余的石油

资源而引发战争。

许多专家表示当前世界所面临的能源安全问题呈现出了与历次石油危机明显不同的新特点和新变化。它不仅仅是能源供应安全问题，而是包括能源供应、能源需求、能源价格、能源运输、能源使用等安全问题在内的综合性风险与威胁。

作为世界上最大的发展中国家，我国是一个能源生产和消费大国，能源生产量仅次于美国和俄罗斯，居世界第三位；基本能源消费占世界总消费量的1/10，仅次于美国，居世界第二位。我国又是一个以煤炭为主要能源的国家，发展经济与环境污染的矛盾比较突出。近年来能源安全问题也日益成为我国国家生活乃至全社会关注的焦点。20世纪90年代以来，我国经济的持续高速发展带动了能源消费量的急剧上升。自1993年起，我国由能源净出口国变成净进口国，能源总消费已大于总供给，能源需求的对外依存度迅速增大。煤炭、电力、石油和天然气等能源在我国都存在缺口，其中，石油需求量的大增以及由其引起的结构性矛盾日益成为我国能源安全所面临的最大难题。

1.1.4 新能源开发

为了避免能源危机所带来的种种恶果，目前美国、加拿大、日本、欧盟等都在积极开发如太阳能、风能、海洋能(包括潮汐能和波浪能)等可再生新能源，或者将注意力转向海底可燃冰等新的化石能源。同时，氢气、甲醇等燃料作为汽油、柴油的替代品，也受到了广泛关注。目前国内外研究的氢燃料电池电动汽车，就是此类能源中介应用的典型代表。

什么是新能源呢？新能源是一个相对的概念，是相对于已成熟的、常规的能源而言的。开发新能源出于实际需要。我们知道，已经探明的不可再生能源的储量是十分有限的。煤、石油、天然气的储量至多再供人类节省地使用几百年。水力资源在很多发达国家也已开发殆尽。然而，社会的发展、人口的增长、环境的恶化、资源的减少，对能源提出越来越高的要求。靠什么才能获得持久而强大的能量，来保证子孙万代的需求呢？

开发新能源的课题很多，从目前来看，部分可再生能源利用技术已经取得了长足的发展，并在世界各地形成了一定的规模。目前，生物质能、太阳能、核能、风能以及地热能等的利用技术已经得到了应用。另外，如包括潮汐、波浪、洋流在内的海洋能也正在受到广泛的关注。

1.1.4.1 生物质能

生物质能是一种贮存太阳能的可再生物质，它在生长过程中吸收大气中的CO_2，并可用现代技术转化成固态、液态和气态燃料。生物质能在我国是仅次于煤炭、石油和天然气排第4位的能源资源，在能源系统中占有重要地位。我国生物质能资源主要包括薪材、秸秆、畜类粪便和垃圾，这些资源的共同特点是能量密度低，分布广泛。生物质能属于可再生的低碳能源，若以现代手段高效率地予以开发转换，将对逐步改变我国以化石燃料为主的能源结构，特别是为农村地区因地制宜地提供清洁方便的能源，具有十分重要的意义。

我国有8亿人口生活在农村，0.6亿人口没有电力供用，0.7亿人口严重缺柴，1.7亿人口面临沙漠化的威胁。农牧民在这些地区的生活燃料主要靠生物质能，但生物质能又恰恰是这些地区减缓、扼制沙漠化最基本的屏障。在许多生物质能资源和水资源极度匮乏地区，农牧民的生活燃料一天也不可缺少，因此就出现了这样的过程：树砍光了就割草当柴烧，草割光了就挖树根、草根，寻找一切可燃物做饭。对农牧民来说这已是一种困窘和无奈；对国家来说，广大沙漠边缘地区、荒漠化地带，植被就这样被"连根拔掉"了。因此，要解决这样的矛盾，就要进行区域综合规划，要有全局观点，既要保证能源供给充足，更要保护生态环境，达到可持续发展的目标。

1.1.4.2　太阳能

太阳上的热核反应已经进行了几十亿年。它在"滴答"一秒钟内放射出来的能量，同爆炸900亿颗氢弹相当。这些能量向四面八方辐射出去，而地球截获了其中的二十亿分之一。尽管这是太阳能量中很少的一份，但它已经相当于世界上所有电站总发电量的10万倍。因此太阳能将始终是地球上人类赖以生存的基本能源。

"万物生长靠太阳"，而太阳还能工作80亿年，因此，可把太阳能转化成电力或其他二次能源，如生物能源、氢能源等，以满足未来世界对能源的需要。

1.1.4.3　核能

核能主要包括铀-235和钍-232的裂变能，以及氘-2、氚-3的聚变能。这种能源也是不可再生的能源，然而它的储量是如此的丰富，足以保证能源工业许多个世纪的需要。它的开发要依靠大量的尖端技术。已成熟的方法是利用核反应堆。在反应堆中，依靠冷却剂把铀核裂变时产生的巨大热量带到反应堆外，再利用常规的技术产生蒸汽而发电。1千克铀-235的原子核全部裂变，可放出7.94×10^{13}焦耳的热量，而1千克标准煤完全燃烧只放出2.93×10^{7}焦耳的热量。然而当1千克氘核发生聚变时，其放出的能量比铀核还要大4～5倍。

铀是地球上分布很广的元素，在地壳内储量丰富。在地壳的岩石圈内，每吨土壤平均含铀1克左右。每吨海水约含铀3克左右。氘是氢的同位素，它的化学性质与氢相似，通常以氘水（又称重水）的形式存在。不过，人类现在只会以氢弹爆炸的形式来释放聚变的能量，可控的热核反应还有待进一步研究和试验。

1.1.4.4　风能

人类利用风能有悠久历史，如风帆和风车早在蒸汽机出现之前就已经是重要的动力装置。1891年丹麦人发明风力发电机组后，成为解决偏远地区用电的有效手段之一。我国从20世纪70年代末期自选开发了多种微型充电用的风电机组，

在牧区和海岛得到迅速推广，促进了农村电气化，而且初步形成了产业，有的产品还销售到国外市场。

独立运行的风电机组也可与柴油发电机或太阳能电池组成互补系统，为电网不能通达地区作出重要贡献。20 世纪 70 年代发生石油危机后，世界各国用现代技术研究开发的大型联网风力发电机组取得了重大进展，可靠性提高，成本下降，开创了一个新兴产业。由于其良好的环境效益，特别是减排二氧化碳（CO_2）的作用，得到各国政府激励政策支持，成为发展最快的清洁电源。

1.1.4.5 地热能

地热能系储存于地球内部的热量，一方面来源于地球深处的高温融熔体；另一方面源于一些放射性元素的衰变。

最早对于地热能的利用是温泉洗浴，已有数千年历史，在 20 世纪后地热能才大规模用来发电、供暖和进行工农业生产。1904 年在意大利拉得瑞多首次利用地热蒸汽发电成功，而较具规模的地热城市供暖则始于 20 世纪 30 年代。地热利用的步伐在 20 世纪 70 年代初开始加快。据统计，1975 ~ 1995 年的 20 年间，全球范围内地热发电每年大约以 9% 的速率增长，但是地热直接利用的增长率略低，约为 6%。至 1997 年底，全世界地热发电总装机容量已近 80. 21 亿瓦，而地热直接利用的总量为 104. 38 亿瓦。

我国地热能的开发利用始于 20 世纪 70 年代初，当时一方面由于世界性石油能源危机的出现促使人们去寻找可替代的新能源；另一方面我国著名地质学家李四光教授提出要大力开发地热，将地球这个“庞大热库”中蕴藏着的能量充分利用起来。我国高温地热资源主要分布在滇、藏、川西一带（喜马拉雅地热带或滇藏地热带）及台湾地区。西藏自治区由于化石能源短缺，而高温地热资源却相当丰富，因此从 20 世纪 70 年代初即开展了羊八井地热田的勘探开发工作，它在拉萨地区的电力供应上起着很大的作用。另外，在北京、天津还开展了中低温地热资源的开发，主要用于城市供暖、工农业用热及洗浴、旅游疗养等。

作为新能源大家族中的一员，地热能与太阳能、风能、生物质能一样，除个别国家外，目前在整个能源结构中的地位微乎其微。但从长远看，地热能的开发利用无疑会有很好的社会、经济和环境效益。目前，许多地热资源丰富且开发利用好的国家，如美国、日本、意大利、冰岛、新西兰及印尼、菲律宾等，其地热在整个国民经济中已起到一定作用。

1.1.4.6 海洋能

海洋被认为是地球上最后的资源宝库，也被称作为能量之海。21 世纪海洋将在为人类提供生存空间、食品、矿物、能源及水资源等方面发挥重要作用，而海洋能源也将扮演重要角色。海洋能中的潮汐能作为成熟的技术将得到更大规模的利用；波浪能将逐步发展成为行业；可作为战略能源的海洋温差能将得到更进一步的发展;洋流能也将在局部地区得到规模化应用。

1.1.5　能源状况与发展趋势

能源是整个世界发展和经济增长的最基本的驱动力,是人类赖以生存的基础。首先,让我们回顾一下世界能源消费的发展状况。

19 世纪 70 年代的产业革命以来,化石燃料的消费急剧增大。初期主要以煤炭为主,进入 20 世纪以后,特别是第二次世界大战以来,石油以及天然气的开采与消费开始大幅度增加,并以每年 2 亿吨的速度持续增长。虽然经历了 20 世纪 70 年代两次石油危机,石油价格高涨,但石油的消费量却不见有丝毫减少的趋势。对此,世界能源结构不得不进行相应变化,核能、水力、地热等其他形式的能源逐渐被开发和利用。特别是在第二次世界大战中开始被军事所利用的原子核武器副产品的核能发电得到了和平利用之后,其规模不断得到发展。很多国家现已进入了原子能时代。在日本,发电的 40% 靠核能来解决。

那么,当今世界的能源消费状况又是怎样的呢? 以 1994 年为例,世界能源的总消费量以石油换算为 79 亿 8000 万吨,其中石油占 39.3% 、煤炭占 28.8% 、天然气占 21.6% 。日本作为世界主要工业国家之一,每年能源的消费量约占世界总量的 6.5% ,其中化石燃料占 82.4% 。尽管在新能源开发方面日本正在进行努力,但包括水力发电,比例也仅占 5% ,前景不容乐观。

预计到 21 世纪中叶,地球人口将达到 100 亿。光从人口增长的数字来看,能源消费的增加将是惊人的。另外,目前的能源消费结构仍存在着很大的差异,即工业发达国家使用量为总能源的 3/4,人均消费量美国最高,为世界平均水平的 5 倍以上。我国的人均消费量还相当低,人均能源消费量不到世界人均消费量的 1/10,这样的国家也还有很多。因此,今后的能源消费必须考虑生活提高的对比,能源不足的情形是可以想象的。

地球上的能源终将是有限的,如同只伐树而不植树,森林也会变成荒原一样,如此大量的消费,世界的能源资源也将会枯竭。现在世界能源消费以石油换算约为 80 亿吨/年,按 40 亿人计算,平均消费量为 2 吨/人 · 年。以这种消费速度,到 2040 年,首先石油将出现枯竭;到 2060 年,核能及天然气也将终结。而随着世界人口的不断增加,能源紧缺的时期将会提前到来。因此,21 世纪新能源的开发与利用,已不再是一个将来的话题,而是关系人类子孙后代命运,刻不容缓的一件大事。

国际能源署对 2000 ~ 2030 年国际电力的需求进行了研究。研究表明,来自可再生能源的发电总量年平均增长速度将最快。国际能源署的研究认为,在未来 30 年内非水利的可再生能源发电将比其他任何燃料的发电都要增长得快,年增长速度近 6% ,在 2000 ~ 2030 年间其总发电量将增加 5 倍,到 2030 年,它将提供世界总电力的 4.4% ,其中生物质能将占其中的 80% 。

目前可再生能源在一次能源中的比例总体上偏低，一方面是与不同国家的重视程度与政策有关，另一方面与可再生能源技术的成本偏高有关，尤其是技术含量较高的太阳能、生物质能、风能等。据国际能源署的预测研究，在未来30年可再生能源发电的成本将大幅度下降，从而增加它的竞争力。可再生能源利用的成本与多种因素有关，因而成本预测的结果具有一定的不确定性。但这些预测结果表明了可再生能源利用技术成本将呈不断下降的趋势。

我国也开始高度重视可再生能源的研究与开发，重点发展如太阳能光热利用、风力发电、生物质能高效利用和地热能的利用。近年来在国家的大力扶持下，我国在风力发电、海洋能潮汐发电以及太阳能利用等领域已经取得了很大的进展。

新能源主要有：太阳能、风能、地热能、生物质能等。生物质能在经过了几十年的探索后，国内外许多专家都表示这种能源方式不能大力发展，因为它不但会抢夺人类赖以生存的土地资源，更将会导致社会不健康发展；地热能的开发和空调的使用具有同样特性，如大规模开发必将导致区域地面表层土壤环境遭到破坏，必将引起再一次生态环境变化；而风能和太阳能对于地球来讲是取之不尽、用之不竭的健康能源，它们可能成为今后的替代能源的主流。

太阳能发电具有布置简便以及维护方便等特点，应用面较广，现在全球装机总容量已经开始追赶传统风力发电，在德国甚至接近全国发电总量的5%～8%，随之而来的问题令我们意想不到，太阳能发电的时间局限性导致了对电网的冲击，如何解决这一问题成为能源界的一大困惑。

风力发电在19世纪末就开始登上历史的舞台，在一百多年的发展中，一直是新能源领域的主要能源，由于它造价相对低廉，成了各个国家争相发展的新能源首选，然而，随着大型风电场的不断增多，占用的土地也日益扩大，产生的社会矛盾日益突出，如何解决这一难题，成了我们又一困惑。

随着能源危机日益临近，新能源已经成为今后世界上的主要能源之一。其中太阳能、风力发电已经逐渐走入我们寻常的生活，地热能、潮汐能也可以看到或听到，可是如可燃冰、氢能等作为新能源如何更广泛地在实际中应用，新能源的发展究竟会是怎样的格局，这些问题将是我们在今后很长时间里需要探索的。

1.1.6 世界各国能源战略

1.1.6.1 美国的全球资源战略

美国的全球资源战略是由其国家战略决定的，是其国家战略的主要组成部分，并直接为之服务。美国要独霸全球，必须要有庞大、稳定的资源供应体系，而资源在全球的分布是不均匀的。所以，这种体系不可能只依赖其国内资源。美国的石油有一半依赖进口；在主要的非能源矿物原料中，1999年有27种的进口依存度超过50%。稀土、铝土矿和氧化铝、锰、铋、宝石等13种矿产全部依赖进口。其进口的矿物原料(矿石)价值占国内生产价值的10%强,而进口的矿物加工原料价值占到国内生产价值的15%。

所以美国的能源战略必须放眼全球。美国的全球资源战略有以下显著特点:

(1) 大量购买使用全球廉价资源。在20世纪70年代初石油危机以前,全球以石油为代表的矿物原料等初级产品价格十分低廉,以美国为首的西方国家利用不合理的经济秩序,大肆掠夺开发发展中国家的丰富资源,使其经济在廉价石油的基础上得到迅速发展。

(2) 通过经济援助、投资控制他国战略资源。因为发展中国家开发自身的资源缺乏资金和技术,以美国为首的经济发达国家正是利用了这一点,通过经济援助、投资等手段,有效地控制了他国的战略资源。

(3) 建立战略资源的储备制度。20世纪70年代以来,世界政治格局发生了较大变化,全球资源市场波动加剧。为了确保资源的稳定供应和加强对全球资源的控制力度,以美国为首的西方国家相继建立和完善了战略资源的储备制度。

1.1.6.2　英国的能源消费状况

英国拥有可观的石油和天然气储量,是欧洲主要的油气生产国,同时也是欧洲最大的能源消费国之一。

英国是目前欧盟最大的原油生产国,同时也是天然气的最大生产国和输出国。大部分油气资源分布在苏格兰海岸,因为英国大的能源公司均为私有制企业,其油气减产的后果可能导致这些公司参与到国际合作中去,从而对整个英国经济造成影响。能源产业的衰退已经并将继续对苏格兰的经济和就业情况造成负面影响。

1.1.6.3　日本寻找新能源

日本的经济虽然发达,但是本国能源却十分匮乏,海湾战争的爆发让原本就能源匮乏的日本终于看到了很多问题,其中最为突出的就是石油进口过分依赖中东地区。从那以后,日本政府希望研制出更多的可替代石油的新能源。石油在日本一次能源供应中一直占相当大的比重。但海湾战争结束后,日本政府在政策上作出了相应的调整,石油在日本一次能源中所占的比例不断下降。日本担心,一旦中东地区再次爆发战争,石油的稳定供应将被打破,日本工业会受重创。为此,日本政府正加速进行能源转换,尝试开发可替代石油的新能源,其中寄希望最大的就是核能。但是,核泄漏事故使可能成为石油替代能源的核能信誉受损。从保护环境方面考虑,还可利用太阳光发电,但太阳光发电成本太高、供应量少。目前,日本政府比较热衷的是天然气。

1.1.6.4　法国的能源消费状况

法国强调核电是其能源政策“支柱”之一,即使新的可再生能源的份额相应增加,它也仍然是电力生产的主体。法国缺乏石油,天然气也很少,其煤炭资源20世

纪50年代起渐衰,而水电资源已得到全面开发,其他非矿物能源的开发则尚未形成规模。据法国经济、财政和工业部提供的数字,目前法国共拥有核发电反应堆59座,装机总容量达62950兆瓦,1999年的核能发电量达3750亿千瓦时,在整个电力生产中所占的比重居世界前列。

基于国家能源多样化的政策,法国电力公司近年来大力开发风力能源。据法国电力公司负责人说,法国除继续发展安全的核能发电外,将要加大投资发展再生能源,同时加快发展太阳能和风能的研究和进展。

1.1.6.5 俄罗斯的能源政策

俄罗斯继续发展国家石油天然气工业,燃料能源综合体成为俄摆脱危机和实现经济增长的重要依靠力量。其原因有三:一是燃料能源综合体可为国家提供40%的外汇储备和大部分预算收入,是稳定经济、缓解社会矛盾的重要因素;二是燃料能源综合体的发展对俄扩大与欧洲和其他国家的合作有重大政治、经济、军事意义;三是俄外债负担沉重,正处于还债高峰期。

图1-4 世界各个能源公司的标志

1.2　环境基本知识

1.2.1　概述

图 1-5　优美的环境

德国学者 E . Haeckel 在 1866 年的《普通生物形态学》中就首先使用了“环境”一词。在不同学科领域对环境的定义也各不相同。生态学中的环境是指某一特定生物体或生物群体以外的空间,以及直接或间接影响该生物体或生物群体生存的一切事物的总和。“环境”是物理环境和生物环境的结合体。在文学、历史和社会科学中,环境指具体的人生活周围的情况和条件。在建筑学中,是指室内条件和建筑物周围的景观条件。在企业和管理学中,环境指社会和心理的条件,如工作环境等。在热力学中,是指向所研究的系统提供热或吸收热的周围所有物体。在化学或生物化学中,是指发生化学反应的溶液。在计算机科学中,环境多指操作环境,例如编辑环境即编辑程序、代码等时由任务窗口(界面、窗口、工具栏、标题栏)、文档等构成的系统。环境科学中所研究的环境是以人类为主体的外部世界,即人类赖以生存和发展的物质条件的综合体,包括自然环境和人工环境。

1989 年 12 月颁布的《中华人民共和国环境保护法》则更明确地指出:“环境,是指影响人类生存和发展的各种天然的和经过人工改造的自然因素的总体,包括大气、水、海洋、土地、矿藏、森林、草原、野生生物、自然遗迹、人文遗迹、自然保护区、风景名胜区、城市和乡村等。”

不同的人可能对环境一词有不同的理解,但环境均是相对于某一事物来说的,

是指围绕着某一事物（通常称其为主体）并对该事物会产生某些影响的所有外界事物（通常称其为客体），即环境是指某个主体周围的情况和条件。环境是相对于某个主体而言的，主体不同，环境的大小、内容等也就不同。

环境具有以下六方面的性质：

（1）环境的多样性：

1）自然环境的多样性。① 自然物质多样性（元素周期表）；② 生物多样性（物种多样性，遗传多样性，生态系统多样性）；③ 环境形态多样性；④ 环境过程多样性；⑤ 环境功能多样性。

2）人类需求的多样性（人工环境的多样性）。① 物质需求多样性；② 精神需求多样性。

3）人类与环境相互作用多样性。① 作用界面多样性；② 作用方式多样性。

（2）环境的整体性：

1）环境各要素之间相互联系、相互制约；

2）局部环境与整体环境相互影响、依存；

3）环境中物质和能量的循环与转化；

4）跨界（省市、地区、国家）环境的相互影响；

5）环境问题的综合性、复杂性。

（3）环境的区域性：

1）地球环境的多样性，侧重空间，如水域陆地等地带性；

2）局部小环境的多变性，侧重时间，如季节；

3）局部与整体之间的环境要素关系的复杂性，如污染物借助特种传播途径的传播。

（4）环境的相对稳定性：由于环境中物流、能流和信息流不断变化，环境本身具有一定的抗干扰自我调节能力，在一定的干扰强度范围内，环境的结构和功能基本不变。

（5）环境变化的滞后性：环境受到外界影响后，环境发生变化的时间要滞后于外界干扰的时间。例如，臭氧层空洞的形成。导致滞后的原因可能是潜在的、滞后的反应以及环境监测技术发展水平有限等主客观等诸多方面的原因。

（6）环境的脆弱性：由于人类“人口爆炸”压力、需求的快速增长、不合理的发展等导致了如资源危机、环境污染等一系列环境问题。

1.2.2 环境的分类

环境一般以主体、空间规模、环境要素、环境的性质等为依据进行分类，见图 1-6。

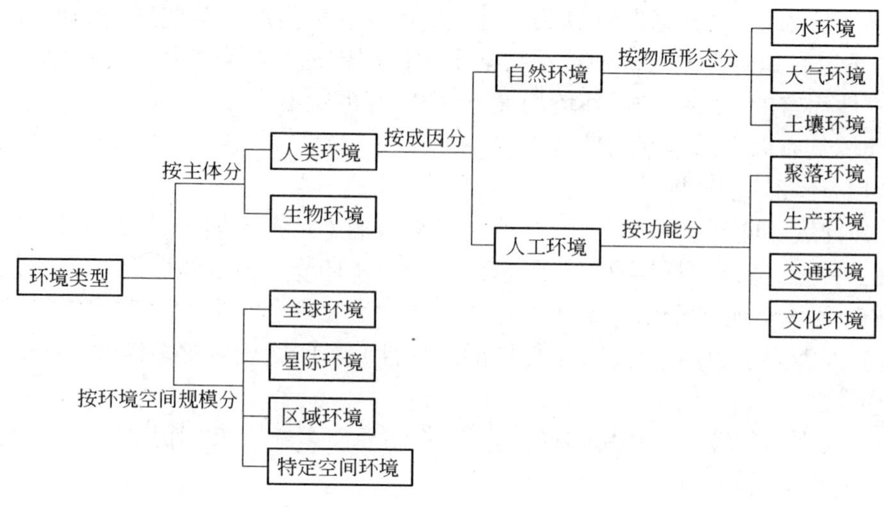

图 1-6　环境分类图

1.2.2.1　按主体分

根据主体不同,可将环境分为人类环境和生物环境。顾名思义,两种类型的环境分别是以人类和动物为主体的环境,而我们研究的重点往往在人类环境上。根据成因的不同,人类环境习惯上分为自然环境和社会环境:

(1) 自然环境。它亦称地理环境,是指环绕于人类周围的自然界。它包括大气、水、土壤、生物和各种矿物资源等。自然环境是人类赖以生存和发展的物质基础。在自然地理学上,通常把这些构成自然环境总体的因素,分别划分为大气圈、水圈、生物圈、土圈和岩石圈等五个自然圈。

(2) 社会环境。它是指人类在自然环境的基础上,为不断提高物质和精神生活水平,通过长期有计划、有目的的发展,逐步创造和建立起来的人工环境,如城市、农村、工矿区等。社会环境的发展和演替受自然规律、经济规律以及社会规律的支配和制约,其质量是人类物质文明建设和精神文明建设的标志之一。

1.2.2.2　按环境空间规模分

通常,按照人类生存环境的空间范围,可将环境由近及远、由小到大地分为聚落环境、地理环境、地质环境和星际环境等层次结构,而每一层次均包含各种不同的环境性质和要素,并由自然环境和社会环境共同组成。

(1) 聚落环境。聚落是指人类聚居的中心、活动的场所。聚落环境是人类有目的、有计划地利用和改造自然环境而创造出来的生存环境,是与人类的生产和生活关系最密切、最直接的工作和生活环境。聚落环境中的人工环境因素占主导地位,也是社会环境的一种类型。人类的聚落环境,从自然界中的穴居和散居,直到形成密集栖息地乡村和城市。显然,随着聚居环境的变迁和发展,为人类提供了安

全清洁和舒适方便的生存环境。但是,聚落环境乃至周围的生态环境由于人口的过度集中、人类缺乏节制的频繁活动以及对自然界的资源和能源超负荷索取同时受到巨大的压力,造成局部、区域以至全球性的环境污染。因此,聚落环境历来都引起人们的重视和关注,也是环境科学的重要和优先研究领域。

(2) 地理环境。地理学上所指的地理环境位于地球表层,处于岩石圈、水圈、大气圈、土壤圈和生物圈相互制约、相互渗透、相互转化的交融带上。它下起岩石圈的表层,上至大气圈下部的对流层顶,厚约 10 ~ 20 千米,包括了全部的土壤圈,其范围大致与水圈和生物圈相当。概括地说,地理环境是由与人类生存与发展密切相关的,直接影响到人类衣、食、住、行的非生物和生物等因子构成的复杂的对立统一体,是具有一定结构的多级自然系统,水、土、气、生物圈都是它的子系统。每个子系统在整个系统中有着各自特定的地位和作用,非生物环境都是生物(植物、动物和微生物)赖以生存的主要环境要素,它们与生物种群共同组成生物的生存环境。这里是来自地球内部的内能和来自太阳辐射的外能的交融地带,有着适合人类生存的物理条件、化学条件和生物条件,因而构成了人类活动的基础。

(3) 地质环境。地质环境主要指地表以下的坚硬地壳层,也就是岩石圈部分。它由岩石及其风化产物——浮土两个部分组成。岩石是地球表面的固体部分,平均厚度 30 千米左右;浮土是包括土壤和岩石碎屑组成的松散覆盖层,厚度范围一般为几十米至几千米。实质上,地理环境是在地质环境的基础上,在星际环境的影响下发生和发展起来的,在地理环境、地质环境和星际环境之间,经常不断地进行着物质和能量的交换和循环。例如,岩石在太阳辐射的作用下,在风化过程中使固结在岩石中的物质释放出来,参加到地理环境中去,再经过复杂的转化过程又回到地质环境或星际环境中。如果说地理环境为人类提供了大量的生活资料,即可再生的资源,那么地质环境则为人类提供了大量的生产资料,特别是丰富的矿产资源,即难以再生的资源,它对人类社会发展的影响将与日俱增。

(4) 星际环境。星际环境,又称为宇宙环境,是指地球大气圈以外的宇宙空间环境,由广漠的空间、各种天体、弥漫物质以及各类飞行器组成。它是人类活动进入地球邻近的天体和大气层以外空间的过程中提出的概念,是人类生存环境的最外层部分。太阳辐射能为地球的人类生存提供主要的能量。太阳的辐射能量变化和对地球的引力作用会影响地球的地理环境,与地球的降水量、潮汐现象、风暴和海啸等自然灾害有明显的相关性。随着科学技术的发展,人类活动越来越多地延伸到大气层以外的空间。发射的人造卫星、运载火箭、空间探测工具等飞行器本身失效和遗弃的废物,将给宇宙环境以及相邻的地球环境带来新的环境问题。

1.2.2.3 其他分类

如从性质来考虑的话,可将环境分为物理环境、化学环境和生物环境等。

如果按照环境要素来分类,可以将环境分为大气环境、水环境、地质环境、土壤环境及生物环境。

1.2.2.4　其他环境类型

除上述分类外,环境还有如下多种类型:

(1) 区域环境。区域环境指一定地域范围内的自然和社会因素的总和,是一种结构复杂、功能多样的环境。区域环境分自然区域环境(如森林、草原、冰川、海洋)、社会区域环境(如各级行政区、城市、工业区)、农业区域环境(如作物区、牧区、农牧交错区)、旅游区域环境(如西湖、桂林、庐山、黄山)等。

(2) 生态环境。生态环境是指围绕生物有机体的生态条件的总体,由许多生态因子综合而成。生态因子包括生物性因子(如植物、微生物、动物等)和非生物性因子(如水、大气、土壤等),在综合条件下表现各自作用。生态环境的破坏往往与环境污染密切相关。

(3) 海洋环境。海洋环境是指地球上广大连续的海和洋的总水域,包括海水、溶解和悬浮于海水中的物质、海底沉积物和海洋生物,是生命的摇篮和人类的资源宝库。随着人类开发海洋资源的规模日益扩大,海洋环境已受到人类活动的影响和污染。

(4) 投资环境。投资环境指影响投资效益的各种条件,内容主要包括:投资所在地的政治经济制度和经济立法状况、市场规模和容量、基础设施和协作条件、劳动力状况(如人员素质以及工资水平)、政策上的优惠条件等。

(5) 特殊环境。特殊环境是指人们极少遇到的环境,如南北极超低温、高山缺氧、沙漠干旱、风沙、赤道丛林、高温高湿、地方病高发区、水下环境、外层空间环境以及冲击、爆炸、辐射、强磁场、高频噪声等环境。

(6) 城市环境。城市环境泛指影响城市人类活动的各种外部条件,包括自然环境、人工环境、社会环境和经济环境等,是人类创造的高度人工化的生存环境,为居民的物质和文化生活创造了优越的条件,但往往遭到严重的污染和破坏,故需采取有效措施,防止不良影响。

(7) 原生环境。原生环境指自然环境中未受人类活动干扰的地域,如人迹罕至的高山荒漠、原始森林、冻原地区及大洋中心区等。在原生环境中,物质转化、物种演化、能量和信息的传递按自然界原有的过程进行。随着人类活动范围的不断扩大,原生环境日趋缩小。

(8) 次生环境。次生环境指自然环境中受人类活动影响较多的地域,如耕地、种植园、鱼塘、人工湖、牧场、工业区、城市、集镇等,是原生环境演变成的一种人工生态环境,其发展和演变仍受自然规律的制约。

此外,还有如典型环境、市场环境、硬件环境、软件环境等种类繁多的环境类型,各种分类相互联系、相互渗透,所以不必拘泥表面,把握环境的内涵即可。

1.2.3　环境污染

图 1-7　环境污染

1.2.3.1　全球性环境污染

从前人们一直以为地球上的水和空气是无穷无尽的，所以把千万吨废气送到天空，又把数亿吨的垃圾倒进江河湖海。人们认为世界这么大，这一点废物算什么？但是如果这么想，我们就错了，因为地球虽大（半径 6300 多公里），但生物只能在海拔 8 千米到海底 11 千米的范围内生活，也就是说地球上 95% 的生物都只能在中间这个十分有限的范围内生存。并且环境污染就如同在一杯清水中滴入几滴污水，整杯水就无法使用，在地球上任何地方排放污染物，都会对其他区域造成影响。这些有毒有害物质会对大气、水体、土壤、动植物造成损害，使它们的构成和状态发生变化，最终破坏和干扰人类的正常生活。

环境污染主要有以下几方面：

（1）陆地污染。每天城市将产生千万吨的垃圾，并且有很大一部分垃圾是不能焚化或腐化的，如塑料、橡胶、玻璃等。这些物质在一定时间内，无法被利用也无法被处理，不仅侵占土地，甚至可能造成新的污染，所以垃圾的清理成了各大城市的重要问题。

（2）水污染。水污染指水体因某种物质的介入，而导致其化学、物理、生物或放射性污染等方面特性的改变，从而影响水的有效利用，危害人体健康或者破坏生态环境，造成水质恶化的现象。水污染的污染物主要是从油船与油井漏出来的原油、农田用的杀虫剂和化肥、工厂排出的污水、矿场流出的酸性溶液等。它们会使得大部分的海洋湖泊都受到污染,结果不但水生物受害,而且通过食物链,鸟类和人类也可能因此而中毒。

(3) 大气污染。大气污染指空气中污染物的浓度达到或超过了有害程度,破坏生态系统和人类的正常生存和发展,对人和生物造成危害。这是最为直接与严重的污染,污染物主要为来自工厂、汽车、发电厂等放出的一氧化碳和硫化氢等有害气体。每天都有人因接触了这些污浊空气而染上呼吸器官或视觉器官的疾病。比如,1952 年英国伦敦发生的煤烟雾事件导致了 4000 人死亡,人们把这个灾难的烟雾称为“杀人的烟雾”。

(4) 噪声污染。噪声污染指所产生的环境噪声超过国家规定的环境噪声排放标准,并干扰他人正常工作、学习、生活的现象。

(5) 放射性污染。放射性污染指由于人类活动造成物料、人体、场所、环境介质表面或者内部出现超过国家标准的放射性物质或者射线。

在畜牧业和农业阶段,人类已经改造了生物圈,创造了围绕人类自己的人工生态系统,从而破坏了自然生态系统。随着人类不断发展,人口数量的增加,人类不断地扩大人工生态系统的范围,但地球的范围是固定的,因此自然生态系统不断缩小,许多野生生物不断灭绝。

从人类开始开采矿石、使用化石燃料以来,人类的活动范围开始侵入岩石圈。人类开垦荒地,平整梯田,尤其是自工业革命以来,大规模地开采矿石,破坏了自然界的元素平衡。

自 20 世纪后半叶,由于工农业的蓬勃发展,人类大量开采水资源,过量使用化石燃料,向水体和大气中排放大量的废水和废气,造成了大气圈和水圈的质量恶化,从而引起了全世界的关注,使得环境保护事业开始出现。

随着科技能力的发展,目前人类活动已经延伸到地球之外的外层空间,甚至私人都有能力发射火箭,造成目前有几千件垃圾废物在外层空间围绕地球的轨道运转,大至火箭残骸,小至空间站宇航员的排泄物,严重影响对外空的观察和卫星的发射。人类的环境已经超出了地球的范围,同样污染的范围也进一步扩大。

人类在解决环境污染的问题上,经历了工业污染治理、城市环境污染综合防治、生态环境综合防治、区域污染防治等四个历程。但在相当长的一段时间里,人们的着眼点局限在一个工厂、一个行业、一条河流、一个地区。自 20 世纪 80 年代以来,人们逐渐认识到,威胁人类生存的不仅仅是局部地区污染,而是更大范围甚至是全球环境污染。

全球污染问题很多,如温室效应、臭氧层破坏、酸雨、能源利用等。除此之外,还存在许多令人不安的环境问题,主要表现在大气、水体、食物、土壤等几个方面。世界卫生组织和联合国环境规划署有关空气、水和食物污染的报告称,全世界城市居民中有五分之四生活在受污染的大气环境中,饮用不符合卫生要求的水。另据

报道,全世界有18亿人饮用过受污染的水,每年有30%的人因环境污染而患病。

严重的环境污染正在破坏建筑物,威胁社会生产,危害人体健康。具有两千多年历史的雅典古城堡的大理石建筑和艺术雕塑正在一层层剥落;纽约自由岛上的自由女神铜像已披上一层厚厚的铜绿;我国重庆长江大桥的不锈钢底座已锈迹斑斑。环境污染对人体的危害十分复杂,一般可分为急性、慢性、积累性三种。积累性危害又称远期危害,主要是"三致作用",即致癌作用、致畸作用、致突变作用。环境污染问题是不分国界的,需要众多国家甚至全球的共同努力才能解决。

1.2.3.2 我国的环境污染

进入21世纪以来,我国的经济发展取得了巨大的成就,经济发展的步伐更是令世界震惊,但是我们的环境也遭受到了前所未有的破坏。国家环保总局副局长潘岳曾说这些环境问题将很快引起全民关注,并将产生成千上万"环境难民"。

我国环境污染已是触目惊心:全国500多座城市中,还有不少大气质量未达到一级标准;目前我国近3亿农民喝不到干净的水;噪声污染普遍超标,全国还有相当数量的城市居民生活在噪声超标的环境中。

我国经济以9.5%的速度发展,取得了令世界炫目的成就,但同时也有隐患令人担忧——发展中消耗了太多原材料。比如,创造1万美元价值所需的原料,是日本的7倍,是美国的近6倍,或许更令人尴尬的结果是,比印度还多3倍。但是,这种现状并未引起人们的重视。许多因素集中到一起:原材料稀缺,没有足够的土地,人口持续增长。目前,中国已经有13亿人口,这个数字是50年前的两倍。到2020年,中国人口将达到15亿。城市化进程伴随着沙漠化,可居住及可利用土地都是50年前的一半。快速的经济增长速度使我国已成为一个经济神话王国的形象。但是,奇迹能否持续,尚值得怀疑,因为环境治理跟不上发展的步伐。1/3的中国土地上都遭遇过酸雨的袭击;七大河中一半的水资源被污染,另有1/4的中国人没有纯净的饮水;1/3的城市人口不得不呼吸被污染的空气;城市中只有不到20%的垃圾是按照环保的方式处理。最后一点要强调的是,世界上10个污染最严重的城市中,我国占了5个。

空气污染成为困扰我国城市的主要问题。由于空气和水已经被污染,我国的GDP为此损失了8%~15%。那还没有包括健康问题的损失。人们为此付出的代价是,北京有70%~80%的癌症和环境污染有关。肺癌成了头号杀手。

经济是基础,但经济增长并不简单等同于社会进步,它与环境有着千丝万缕的关系;环境如水,"水能载舟亦能覆舟",没有良好的生态环境,就没有经济社会的可持续发展,就没有人民生活质量的改善,就没有人民的全面小康与现代化。环保已经成为今天我们经济可持续发展的一个决定性的基础,随着我国经济的发展,环保逐步有了深刻的变化。

1.2.4　环境保护

1.2.4.1　环境保护的提出与发展

环境保护是由于工业发展导致环境污染的问题过于严重，首先引起工业化国家的重视而产生的，它利用国家法律法规和舆论宣传而使全社会重视和处理污染问题。环境保护可以看做是人类拯救地球的运动，甚至是一次自救，更是一次深刻的觉醒。

最早提出要保护环境的是美国女生物学家蕾切尔·卡逊。20 世纪 40 年代，卡逊和几位同事注意到政府滥用 DDT 等新型杀虫剂的情况，并对此发出警告。从 1955 年起，她花了 4 年时间研究化学杀虫剂对生态环境的影响，在此基础上写成了《寂静的春天》一书。《寂静的春天》生动地描写了人类生存环境遭受到严重污染的景象，阐明了人类同大气、海洋、河流、土壤、生物之间的密切关系，揭示了有机氯农药对生态环境的破坏。它还告诫人们，人类的活动已经污染了环境，不仅威胁着许多生物的生存，而且正在危害人类自己。书中明确提出了 20 世纪人类生活中的一个重要课题——环境污染。《寂静的春天》一经出版，在世界范围内引起了轰动，很快被译成多种文字出版，并在群众中产生了深远的影响。不久，环境保护运动便蓬勃地开展了起来。由于该书的警示，美国政府开始对剧毒杀虫剂问题进行调查，并于 1970 年成立了环境保护局，各州也相继通过了禁止生产和使用剧毒杀虫剂的法律。由于此事，该书被认为是 20 世纪环境生态学的标志性起点。

1972 年 6 月 5 日至 6 月 16 日，由联合国发起，在瑞典斯德哥尔摩召开的“第一届联合国人类环境会议”，提出了著名的《人类环境宣言》，这是环境保护事业正式引起世界各国政府重视的开端。此次会议以后，“环境保护”这一术语被广泛采用，如苏联将“自然保护”这一传统用语逐渐改为“环境保护”。

我国的环境保护事业也是从 1972 年开始起步的。北京市成立了官厅水库保护办公室，河北省成立了三废处理办公室共同研究处理位于官厅水库畔属于河北省的沙城农药厂污染官厅水库问题，导致我国颁布法律正式规定在全国范围内禁止生产和使用 DDT。

根据《中华人民共和国环境保护法》的规定，环境保护的内容包括保护自然环境和防治污染和其他公害两个方面。也就是说，要运用现代环境科学的理论和方法，在更好地利用资源的同时深入认识、掌握污染和破坏环境的根源和危害，有计划地保护环境，恢复生态，预防环境质量的恶化，控制环境污染，促进人类与环境的协调发展。

我国重视环保还比较晚，现在各级政府的重视程度还有差距，能够称得上环保政府的并不多见。所以谈环保市民还为时过早。

1.2.4.2 环境保护的内涵

环境保护是利用环境科学的理论和方法协调人类与环境的关系,解决各种问题,保护和改善环境的一切人类活动的总称,包括采取行政的、法律的、经济的、科学技术的多方面的措施合理地利用自然资源,防止环境的污染和破坏,以求保持和发展生态平衡,扩大有用自然资源的再生产,保证人类社会的发展。环境保护至少包含如下三个层面的意思:

(1) 对自然环境的保护。防止自然环境的恶化,包括对青山、绿水、蓝天、大海的保护。这里就涉及不能私自采矿、不能滥砍滥伐、不能乱排乱放、不能过度放牧、不能过度开荒、不能过度开发自然资源、不能破坏自然界的生态平衡等。

(2) 对人类居住、生活环境的保护。这使得生活环境更适合人类工作和劳动的需要。这就涉及人们衣、食、住、行的方方面面,都要符合科学、卫生、健康、绿色的要求。这既要靠公民的自觉行动,又要依靠政府的政策法规作保证。

(3) 对地球生物的保护。这就涉及物种的保全,植物植被的养护,动物的回归,生物多样性,转基因的合理、慎用,濒临灭绝生物的特别、特殊保护,灭绝物种的恢复,栖息地的扩大,人类与生物的和谐共处等等。

1.2.4.3 环境保护的内容

环境保护是指人类有意识地保护自然资源并使其得到合理的利用,防止自然环境受到污染和破坏;对受到污染和破坏的环境必须做好综合治理,以创造出适合于人类生活、工作的环境。环境保护是人类为解决现实的或潜在的环境问题,协调人类与环境的关系,保障经济社会的持续发展而采取的各种行动的总称。其方法和手段有工程技术的、行政管理的,也有法律的、经济的、宣传教育的等。其主要内容如下:

(1) 防治由生产和生活活动引起的环境污染,包括防治工业生产排放的"三废"、粉尘、放射性物质以及产生的噪声、振动、恶臭和电磁微波辐射,交通运输活动产生的有害气体、液体、噪声,海上船舶运输排出的污染物,工农业生产和人民生活使用的有毒有害化学品,城镇生活排放的烟尘、污水和垃圾等造成的污染。

(2) 防止由建设和开发活动引起的环境破坏,包括防止由大型水利工程、铁路、公路干线、大型港口码头、机场和大型工业项目等工程建设对环境造成的污染和破坏,农垦和围湖造田活动、海上油田、海岸带和沼泽地的开发、森林和矿产资源的开发对环境的破坏和影响,新工业区、新城镇的设置和建设等对环境的破坏、污染和影响。

(3) 保护有特殊价值的自然环境,包括对珍稀物种及其生活环境、特殊的自然发展史遗迹、地质现象、地貌景观等提供有效的保护。

另外,城乡规划、控制水土流失和沙漠化、植树造林、控制人口的增长和分布、合理配置生产力等,也都属于环境保护的内容。环境保护已成为当今世界各国政府和人民的共同行动和主要任务之一。我国则把环境保护宣布为我国的一项基本国策，并制定和颁布了一系列环境保护的法律、法规，以保证这一基本国策的贯彻执行。

1.3　能源与环境的关系

能源是经济发展的动力，是人类进步的阶梯，是实现国民经济现代化和提高人民生活水平的物质基础，而环境则是人类赖以生存的基础，同时也是经济发展、社会进步的前提和条件。能源与环境是相互联系、密不可分的。能源是重要的环境要素之一，能源匮乏也是重要的环境问题，同时在能源利用时还将引起环境污染，制约着经济的发展和人民生活水平的提高。所以，合理开发和利用能源，协调好能源与环境的关系，是摆在人类面前的重大课题，对于中国来说，更是一项迫切任务。

1.3.1　我国能源现状

从总量来说，我国是一个能源比较丰富的国家，煤和水能资源的蕴藏量都居世界前列。我国煤炭品种齐全，煤埋藏深度在 1500 米以内的煤炭总资源量达 4 万吨。1995 年底探明储量为 9015 亿吨，原煤产量达到年产 11 亿吨，居世界第一位。水能资源理论蕴藏量 6.8 亿千瓦，其中可开发利用的为 3.78 亿千瓦，年平均总发电量可以达到 1.92 万亿千瓦小时，居世界首位。石油资源也比较丰富，陆上石油储量约为 300～1000 亿吨，海洋石油储量约 53 亿吨，原油年产量为 1.5 亿吨，居世界第 5 位。核能资源丰富。但由于我国人口众多，无论人均能源占有量或人均能源消费量都很低。从可采储量计算，按人口平均能量，只相当于世界平均数的1/2，而且分布极不平衡，如资源的 71% 分布在人迹罕至的西南地区，而人口集中、经济发达的东北、华北、华东三个地区合计仅占 9%，中南和西北地区分别占全国的 10% 左右。煤炭资源分布也不平衡，西北、华北地区占总量的 80.18%，华东地区占 8.65%，西南地区占 5.16%，东北地区占 3.68%，中南地区占 2.35%。

现在，我国按人口平均能量消费量约为每人每年 0.8～0.9 吨标准煤，只相当于世界工业发达国家的 7%～17%，比世界平均水平数低 60% 左右，而我国能源消费弹性系数还较高，这也是导致废物排放量大的重要原因，造成的环境污染也比较严重。

随着我国人口增长和经济发展，能源生产和消费规模不断扩大。并且，自 20 世纪 80 年代初以来，能源生产和消费结构基本稳定不变。我国已成为一个以煤炭为主，非商品生物能源消费量还很大的能源生产和消费国。另外，我国能源供需矛盾有进一步加强的趋势，能源利用产生的环境影响也令人担忧。形成这种局面的一个重要因素是我国人口和经济增长导致的能源需求和消耗增加。各种预测表明，我国的人口增长还将延续很长时间，目前人口统计数已超过 13.3 亿，随着国民

生产总值的提高，加上人民生活水平的提高，对能源的需求将大幅度增长。这样，人口增长加上人均能源增长，将进一步加剧人口、能源的矛盾，并使人口、环境矛盾更趋恶化。

如果不考虑原有人口能耗水平变动，按照近几年人均接近1吨标准煤的实际能耗水平计算，每年新增1500万人，能源需求量要增加1500万吨标准煤，这就大大超过各种预测的生产供给能力。逐年增加的能源消耗，加上以煤为主的能源结构，对环境潜伏着巨大压力，这不仅不利于缓解我国目前的严重煤烟型大气污染，而且还会进一步扩大有害气体的排放。

在我国能源供给长期短缺的状况下，对各种商品和非商品性能源的需求压力都很大，因而往往缺乏选择优质能源的余地，能源消费者不得不使用各种低热值、污染重的能源。我国大多数城市还不能广泛普及煤气这种比较清洁方便的生活能源，集中供热也局限于一定区域，大批居民直接烧用散煤，能源利用率很低，热效率仅为10%～20%，既浪费能源，又造成严重的低空污染，直接危害城镇居民的健康。广大农村人口众多，生活用能总量很大，如农村人均能耗按0.4吨标准煤计算，全国农村每年共需4亿多吨标准煤。在商品能源供应不足的条件下，农村居民的能源还必须以秸秆、薪柴、畜粪等非商品能源为主，这就进一步导致生态环境的破坏。

常规能源中，除水能外，煤、石油、天然气及核燃料，从勘探、开采、加工、运输、贮存到能量形式转换，直到最后使用，每一阶段均对环境造成不同程度的危害。相对来说，天然气、水能的应用污染较轻，但水能最初开发时，也同样殃及环境。

1.3.1.1 煤污染

煤的露天开采和地下开采给环境造成严重破坏。露天开采煤矿会使地表土丧失，植被遭毁坏，自然风景被破坏，地面被污染，整个生态平衡被打破。倘若采用地下开采方法，地下采空区会引起其上岩层的断裂、塌陷，直到地表整体下沉，导致街道、建筑物破坏，还会使地表和地下水流紊乱等。

除了地表和地下岩土体被破坏，地下水和地表水还易受污染。并且，当地下水、地表水、生产用水等涌入矿井，煤中常含有的黄铁矿将遇水生成稀酸，使矿井排水呈酸性。洗煤厂也常常排出含硫、酚等有害污染物的黑水，煤矿废水量常常是采煤量的数倍。大量酸性废水排入河中，致使河水污染。

在开采和选煤过程中，还会排出大量煤矸石和废石，矿区固体废物堆积如山，矸石堆积不仅占用土地，而且不断自燃，排放气体，污染环境，风吹则尘土飞扬，雨蚀则污染河流。煤燃烧所造成的大气污染则是显而易见的。

1.3.1.2 石油污染

石油的污染主要是对海洋生态环境的破坏，另外石油燃料燃烧还造成空气的污染。石油开采时，若海上油井发生井喷和泄漏；石油海运时，若油轮发生事故，都将导致大量原油泄入海洋。石油对水生生态系统都有明显的破坏作用：低分子烷烃有麻醉和麻痹作用,浓度高时会引起细胞死亡;高分子烷烃干扰鱼类觅食、回游、繁殖等活动的化学信息系统,从而破坏生态平衡。低分子芳香烃为剧毒毒物,高分子芳香烃是长效毒剂,含有苯并芘等致癌物质,因而具有长期危险性。

1.3.1.3 铀污染

核工业产生的环境污染主要来自两个阶段:核燃料生产和辐射后燃料的处理。由于人类无论何时何地都处在射线的照射之中,通常燃料生产过程的放射性污染较轻,一般不构成严重危害。

目前核能利用的主要形式是裂变能。核燃料的基本原料是铀,铀的生产过程包括:地质勘探、铀矿开采、选矿、水冶加工,最后精制得到浓缩铀。在核燃料生产中,铀矿山和铀水冶厂是主要污染源。从这里排出的废物,排放量大、分布广。铀矿山产生的放射性废物有废水、废气、固体废物。铀矿山废水不仅含有氡、铀及其衰变子体,而且有其他共生的有害化学物质。水冶厂的废物性质随矿石成分、水冶流程、使用的化学药剂不同而变化,对环境的影响程度也随之不同。水冶厂的液体废物主要有贫铀溶液,其中放射性物质最危险的是镭。废水中还含有其他化学物质,例如硫酸根、硝酸根、有机溶剂等。酸废水排入河流造成的危害往往比放射性物质更严重。

1.3.1.4 水电站对环境的影响

由于水力发电的一系列优点,国内外都将优先开发水电列入能源开发战略。但是事物总是具有正反两个方面。在水能开发初始阶段,不可避免地会对环境造成破坏,使流域生态系统受影响,因而建筑大型水电站带来的环境问题,必须预先考虑,采取合理措施,把危害降低到最小限度。

为了使水流有尽可能高的落差,就要选择怒涛奔泻的河段;要使水坝尽量缩短,就要选择河道最窄的峡谷。故修建水电站会破坏原有的自然景观,同时该区域的生态环境也会受到影响。在水电站工程影响区,大片植被遭到破坏,尤其在水库淹没区,原来的绿色植物不复存在,原来栖息于这片山林、荒野、家田的野生动物被迫迁徙,有的动植物种类因之灭绝,库区的自然生态平衡被破坏,动植物群落需要重新组合,形成新的生态平衡。

1.3.2 解决能源与环境问题的途径

1.3.2.1 节能减排

节能减排就是节约能源,降低能源消耗,减少污染物排放。节能减排有广义和狭义定义之分。广义而言,节能减排是指节约物质资源和能量资源,减少废弃物和对环境有害物(包括“三废”和噪声等)的排放;狭义而言,节能减排是指节约能源和减少对环境有害物的排放。

《中华人民共和国节约能源法》所称节约能源，简称节能，是指加强用能管理，采取技术上可行、经济上合理以及环境和社会可以承受的措施，从能源生产到消费的各个环节，降低消耗，减少损失和污染物排放，制止浪费，有效、合理地利用能源。我国快速增长的能源消耗和过高的石油对外依存度促使政府在2006年初提出：希望到2010年，单位GDP能耗比2005年降低两成，主要污染物排放减少一成。这两个指标结合在一起，就是我们所说的“节能减排”。

《国民经济和社会发展第十一个五年规划纲要》提出了“十一五”期间单位国内生产总值能耗降低20%左右，主要污染物排放总量减少10%的约束性指标。根据这两个指标，如我国GDP年均增长一成，五年内就需要节能6亿吨标准煤，减排二氧化硫620多万吨，化学需氧量570多万吨。

国家发展和改革委员会会同有关部门制定的《节能减排综合性工作方案》进一步明确了实现节能减排的目标和总体要求。主要目标为：“到2010年，万元国内生产总值能耗由2005年的1.22吨标准煤下降到1吨标准煤以下，降低20%左右；单位工业增加值用水量降低30%。“十一五”期间，主要污染物排放总量减少10%，到2010年，二氧化硫排放量由2005年的2549万吨减少到2295万吨，化学需氧量(COD)由1414万吨减少到1273万吨；全国设市城市污水处理率不低于70%，工业固体废物综合利用率达到60%以上。”

但是当前，要实现节能减排目标所面临的形势十分严峻。工业特别是高耗能、高污染行业增长过快，占全国工业能耗和二氧化硫排放近70%的电力、钢铁、有色、建材、石油加工、化工等六大行业增长20.6%。据统计，在我国，建筑能耗占总能耗的27%以上，而且还在以每年1个百分点的速度增加。住建部统计数字显示，我国每年城乡建设新建房屋建筑面积近20亿平方米，其中80%以上为高能耗建筑；既有建筑近400亿平方米，95%以上是高能耗建筑。建筑能耗占全国总能耗的比例将从现在的27.6%快速上升到33%以上。我国新建建筑已经基本实现按节能标准设计，比例高达95.7%，而施工阶段执行节能设计标准的比例仅为53.8%。

在不少城市，为了美观和气派，主要街区的写字楼都是玻璃幕墙，还兴建了不少大型的穹顶建筑作为公共设施。夏季紫外线照射强烈，造成光污染，冬天不挡寒，一年四季不得不开放大功率的空调来调节气温，冬天要先于其他建筑保暖，夏天要先于其他建筑供冷。据不完全统计，全国现有玻璃幕墙(非节能玻璃)面积已超过900多万平方米，而且呈持续发展趋势。玻璃幕墙在带来所谓美观的同时，也带来了能耗的成倍增长。

能源是人类社会赖以生存和发展的重要物质基础。纵观人类社会发展的历史，人类文明的每一次重大进步都伴随着能源的改进和更替。能源的开发利用极大地推进了世界经济和人类社会的发展。过去100多年里，发达国家先后完成了工业化，消耗了地球上大量的自然资源，特别是能源资源。当前，一些发展中国家正在步入工业化阶段，能源消费增加是经济社会发展的客观必然。

我国是当今世界上最大的发展中国家，发展经济，摆脱贫困，是我国政府和人民在相当长一段时期内的主要任务。20 世纪 70 年代末以来，我国成为世界上发展最快的发展中国家，经济快速增长，各项建设取得巨大成就，但同时也成为了目前世界上第二位能源生产国和消费国，付出了巨大的资源和环境被破坏的代价，并且这两者之间的矛盾日趋尖锐，群众对环境污染问题反应强烈。这种状况与经济结构不合理、增长方式粗放直接相关。不加快调整经济结构、转变增长方式，资源支撑不住，环境容纳不下，社会承受不起，经济发展难以为继。只有坚持节约发展、清洁发展、安全发展，才能实现经济又好又快发展。同时，温室气体排放引起全球气候变暖，备受国际社会广泛关注。进一步加强节能减排工作，也是应对全球气候变化的迫切需要。

加强节能减排工作主要从以下几方面入手：

(1) 加快产业结构调整。要大力发展第三产业，以专业化分工和提高社会效率为重点，积极发展生产性服务业；以满足人们需求和方便群众生活为中心，提升发展生活性服务业；要大力发展高技术产业，坚持走新型工业化道路，促进传统产业升级，提高高技术产业在工业中的比重。要积极实施“腾笼换鸟”战略，加快淘汰落后生产能力、工艺、技术和设备；对不按期淘汰的企业，要依法责令其停产或予以关闭。

(2) 大力发展循环经济。要按照循环经济理念，加快园区生态化改造，推进生态农业园区建设，构建跨产业生态链，推进行业间废物循环。要推进企业清洁生产，从源头减少废物的产生，实现由末端治理向污染预防和生产全过程控制转变，促进企业能源消费、工业固体废弃物、包装废弃物的减量化与资源化利用，控制和减少污染物排放，提高资源利用效率。

(3) 节电与余热发电。合理用电，节约用电，以及将一些废弃能源转化为电能已经成为节能减排工作中的重中之重。一是要节电：很多工矿企业的大型机电设备因为工艺生产的原因存在着严重的耗能现象，其节电率在经过专业节能改造后不影响正常生产的情况下大都在 20% 以上，综合国家众多的工矿企业这将是一笔巨大的能源财富。可利用余热发电：我国有着最大的煤焦化产业，有着在数量和产量上都占世界前列的冶金钢铁行业、水泥行业。这些行业在生产过程中所产生的大量的余热、烟气、尾气排放到空气中，不但是对能源的重大浪费，也是对环境的重大污染，如合理采集利用将其转化为电能，既可以减少环境污染，也可获得大量的电能，促进能源的再利用。

(4) 强化技术创新。要组织培育科技创新型企业，提高区域自主创新能力。加强与科研院校合作，构建技术研发服务平台，着力抓好技术标准示范企业建设。

要围绕资源高效循环利用,积极开展替代技术、减量技术、再利用技术、资源化技术、系统化技术等关键技术研究,突破制约循环经济发展的技术瓶颈。

(5) 加强组织领导,健全考核机制。要成立发展循环经济、建设节约型社会工作机构,研究制定发展循环经济、建设节约型社会的各项政策措施。要设立发展循环经济、建设节约型社会专项资金,重点扶持循环经济发展项目、节能降耗活动、减量减排技术创新补助等。要建立健全能源节约和环境保护的保障机制。

1.3.2.2　形成合理的能源结构

在能源利用的同时考虑到环境保护,那么首先要在能源选择上尽可能地减少污染,使用清洁能源是首选。清洁能源指在生产和使用过程中不产生有害物质排放的能源,包括可再生、消耗后可得到恢复的,或非再生的(如风能、水能、天然气等)及经洁净技术处理过的能源(如洁净煤油等)。

根据我国的国情,我国煤资源丰富,所以在今后的一段时期仍将是以煤为主的能源结构。这里要特别强调的是要提高煤炭转换成电力的比重。用煤发电,可提高煤炭的燃烧效率,以电力代替其他能源,可提高整个社会的能源利用率。在使用煤作为燃料的同时,还应做好脱硫等工作,使用洁净煤,从源头上净化能源。

在新的清洁能源方面,主要考虑的是核能和可再生能源。可再生能源是指原材料可以再生的能源,如水力发电、风力发电、太阳能、生物能、海潮能等,可再生能源不存在能源耗竭的可能,因此日益受到许多国家的重视,尤其是能源短缺的国家。

为什么说核能是清洁能源呢? 众所周知,任何工业活动都要和环境交换物质,从而给环境带来影响,核能的利用当然也不例外。说核能是清洁的能源,是相对于其他能源而言的。一座100万千瓦的核电站每年只需30吨核燃料。这种燃料丝毫不消耗空气中氧气,它静悄悄地“燃烧”时,没有烟,没有灰,也不排出任何能导致疾病的有害物质。核电站通过废水、废气排向环境的放射性物质是极少的。与此相比,一座100万千瓦的火电站每年要消耗250万吨标准煤,平均每天要用一艘万吨轮船或120节火车车厢来运输这些燃料。这些煤燃烧后会留下25万吨煤渣,并向大气排放大量的烟尘以及二氧化硫、二氧化碳等废气。另外,矿井中所挖出的煤是具有放射性的。100万千瓦的火电站通过烟囱排放镭、钍等放射性元素,使附近居民每年受到的辐射剂量接近5毫雷姆,是核电站的2.5倍。

另一方面,核能虽然属于清洁能源,但要消耗铀燃料,不是可再生能源,所以投资较高,而且几乎所有的国家,包括技术和管理最先进的国家,都不能保证核电站的绝对安全。苏联的切尔诺贝利事故和美国的三里岛事故影响都非常大,日本也出现了核泄漏事故。核电站也是战争或恐怖主义袭击的主要目标,遭到袭击后可能会产生严重的后果,所以目前发达国家都在缓建核电站,德国准备逐渐关闭目前所有的核电站，以可再生能源代替，但可再生能源的成本比其他能源要高。

可再生能源是最理想的能源，可以不受能源短缺的影响，但也受自然条件的影响，如需要有水力、风力、太阳能资源，而且最主要的是投资和维护费用高，效率低，所以发电成本高。现在许多科学家在积极寻找提高利用可再生能源效率的方法，相信随着地球资源的短缺，可再生能源将发挥越来越大的作用。

第 2 章　常规能源利用与环境保护

2.1　概述

2.1.1　常规能源定义

常规能源,又称传统能源。它是指在相当长的历史时期和一定的科学技术条件下,已经被人类大规模生产和广泛利用的能源,如煤炭、石油、天然气、水能、生物质能等。其中煤炭、石油和天然气属于一次性非再生常规资源,它们是在地壳中经千百万年形成的。按现在的采用速率,石油可用几十年,煤炭可用几百年,这些能源短期内不可能再生,因而人们对此有危机感是很自然的。水电属于可再生资源,只要河流中水不干涸,就能利用其发电。但是不合理的水电开发也会造成各种环境问题。

2.1.2　常规能源现状

从总体而言,我国是一个能源比较丰富的国家。我国煤炭品种齐全,埋藏深度在 1500 米以内的煤炭总资源量达 4 万吨;水能资源丰富,年平均总发电量居世界首位;石油资源也比较充裕,其中原油产量居世界第五位;核能源从无到有,浙江秦山、广东大亚湾早已建成投产发电。然而,尽管常规能源总量在世界范围内名列前茅,但人均总量却仅占世界平均水平的二分之一。另外,各种资源地域上的分布不均也进一步加重了我国的能源危机。

2.1.3　能源开发的环境问题

常规能源中,除水能外,煤、石油、天然气及核燃料,从勘探、开采、加工、运输、贮存,到能量形式转换,直到最后使用,每一阶段均对环境造成不同程度的危害。相对来说,天然气、水能的应用污染较轻,但水能最初开发时,也同样殃及环境。例如,煤炭开采对地表和岩层的破坏,石油泄漏对海洋生态的破坏,水电对自然生态的影响等。

2.1.4　合理利用能源的途径

能源、环境与发展相互制约、密不可分,所以应正确认识能源与环境之间的关系。

能源是经济发展的动力，是人类进步的阶梯，是实现国民经济现代化和提高人民生活水平的物质基础。但是，由于人类不合理地开发利用能源，也带来了能源匮乏、生态破坏和环境污染，制约着经济的发展和人民生活水平的提高。所以，正确处理好能源利用与环境保护问题，促进生态良性循环、经济快速稳定发展有着重要意义。当然这更离不开广大群众的参与。

其中，解决能源与环境问题的途径主要有以下几点：

(1) 提高能源利用率。所谓节能，是应用技术上现实可行、经济上合理、环境保护和社会上可以接受的方法，来有效地利用能源资源。其目的是要从资源开发到利用的全过程中，获得更高的能源利用率。

节能可分两大类：一类是直接节能，它包括提高能源利用率，降低单位产品或产值的能源消耗量；另一类是间接节能，它包括调整工业企业产品结构，在生产中减少原材料的消耗，提高产品质量等，以减少能源消费量。广义来看，废物回收和利用也属于间接节能范围。

目前，我国一方面能源供应紧张，一方面又普遍存在消耗高、浪费大的现象，每一美元国民生产总值的能耗差不多是发达国家的3～4倍，比其他发展中国家的平均值也要高一倍左右。我国国民生产总值消耗的能源量若降低到印度水平，只要保持目前能源生产能力，就能够承受工农业总值翻一番对能源的需求。

提高能源利用效率，节约能源，不仅要重视节能技术，开发和推广节能新工艺、新设备和新材料，加速节能技术改造，而且要重视调整高耗能工业的产品结构，加速节能设备生产和配备，加强科学管理，制定有关法规和标准，完善节能的有关经济政策等。

(2) 形成合理的能源结构。我国的能源主要以煤炭为主，并将在今后很长的时期保持不变。目前，我国煤炭转换成二次能源（电力、煤气、焦炭）比重约为35%；直接燃烧达65%。而煤炭转换为电力的比重只有25%，与美国85%以上的水平相距甚远。因此要积极发展火力发电技术，提高煤炭的使用效率。

要积极地发展核电，在能源由传统的化石能源向新能源和可再生能源过渡的新时期，核能利用的重要性日益突出。我国发展核电的条件已经成熟，除已建成投产的秦山和大亚湾核电站以外，还将根据各地需要继续建设核电站，为21世纪核电的继续发展打下基础。作为新能源的可控核聚变能，国际研究已获得突破性进展，我们应密切关注，积极开发，但同时更要做好核安全工作。

另外，水力能源在解决能源平衡、保护环境、减少污染方面均有一定优势，所以开发能源在调整我国能源结构方面具有重要的价值。

(3) 改革城乡能源政策。城市能耗占总能耗的75%，必须改革造成能源巨大浪费和造成环境污染的一些能源政策。城市应实行热电联产，由发电为主变为供

热为主,实行联片集中供热方式;积极调整能源结构和改进燃烧方式,将原煤、民用燃煤一律使用型煤,以减少大气污染物排放;积极发展城市煤气化,淘汰落后锅炉和燃烧装置,提高热效率,减少污染。

我国农村能源需求量很大,约为4吨标准煤。生产和生活用量分别占35%和65%。为了缓解我国农村能源紧张的局面,近期内需采取以下措施:

1)推广省柴灶,可提高效率一倍。

2)积极发展沼气,充分利用生物能源,实现生物合理循环。

3)大力营造薪炭林,既可解决能源短缺问题,又能起到绿化荒山,保持水土,改善环境作用。

4)积极开发小水电,在有条件的地方,应积极开发小水电资源,这是解决农村能源紧张和保护森林植被免遭破坏的重要途径之一。

2.2 煤炭

2.2.1 煤炭概述

2.2.1.1 煤炭的定义

煤炭是古代植物埋藏在地下经历了复杂的生物化学和物理化学变化逐渐形成的固体可燃性矿物。煤炭被人们誉为“黑色的金子”、“工业的食粮”,它是18世纪以来人类世界使用的主要能源之一,见图2-1。

图2-1 煤炭利用

碳是煤中最主要的组分,碳、氢、氧三者总和约占有机质总量的95%以上。此外,煤炭中还有极少量的硫、磷、氟、氯、砷等有害气体元素和一些放射性和稀有元素如锗、镓、铟、钛、铀等。有些元素在煤中富集度很高,可以形成工业性矿床,如富锗煤、富铀煤等，其价值远高于煤本身。

煤的结构模型如图 2–2 所示。

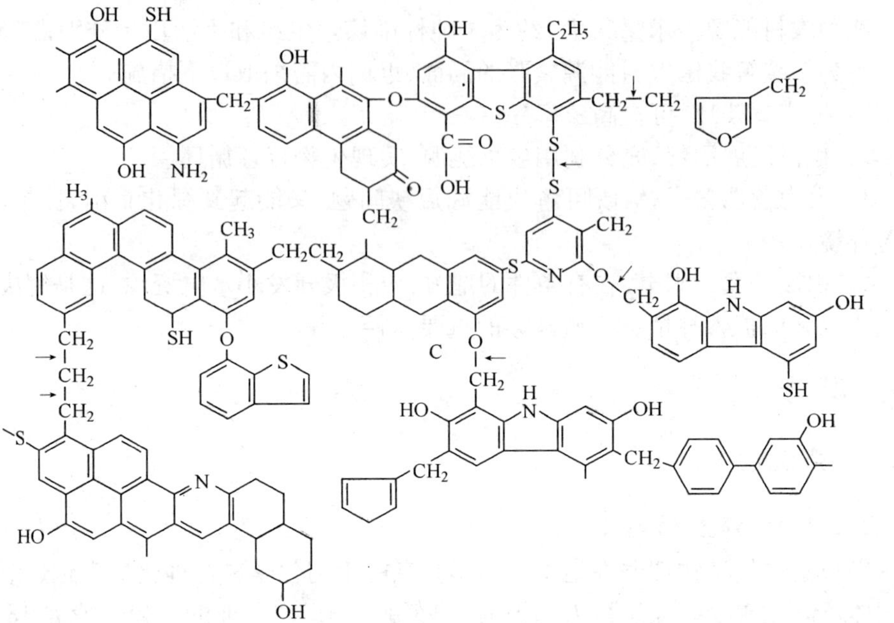

图 2–2　煤的结构模型图

2.2.1.2　煤炭的形成

在地质历史上，沼泽、森林覆盖了大片土地，包括菌类、蕨类、灌木、乔木等植物。但在不同时代，海平面常有变化，当水面升高时，植物因被淹而死亡。如果这些死亡的植物被沉积物覆盖，而不透氧气，植物就不会完全分解，而是在地下形成有机地层。随着海平面的升降，会产生多层有机地层。经过漫长的地质作用，在温度升高、压力变大的还原环境中，这一有机层最后会变为煤层。而且石炭纪地球植物大繁盛，为煤的形成提供强大的物质基础，后来的造山运动为煤的形成提供了外部条件。经过长年累月，便形成了煤，如图 2–3 所示。

在整个地质年代中，全球范围内有三大成煤期：

(1) 古生代的石炭纪和二叠纪。成煤植物主要是孢子植物，主要煤种为烟煤和无烟煤。

(2) 中生代的侏罗纪和白垩纪。成煤植物主要是裸子植物，主要煤种为褐煤和烟煤。

(3) 新生代的第三纪。成煤植物主要是被子植物，主要煤种为褐煤，其次为泥炭，也有部分年轻烟煤。

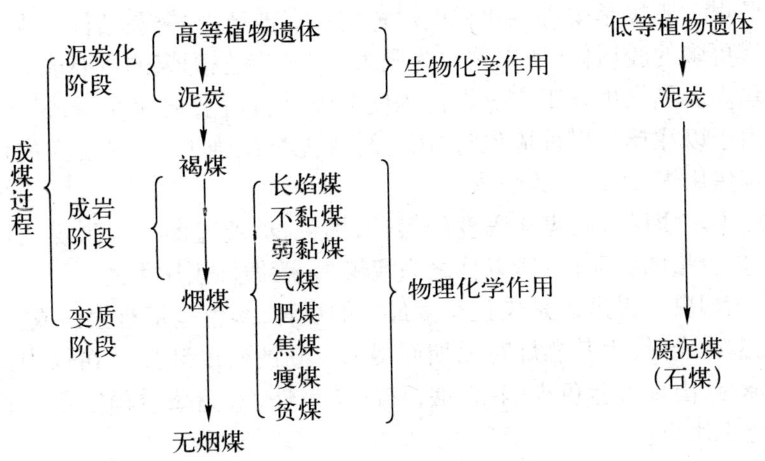

图 2-3　成煤过程示意图

2.2.1.3　分类

1989 年 10 月,国家标准局发布《中国煤炭分类国家标准》(GB 5751—1986),依据干燥无灰基挥发分 V_{daf},黏结指数 G,胶质层最大厚度 Y,奥亚膨胀度 b,煤样透光性 P,煤的恒湿无灰基高位发热量 Q_{gr} 等 6 项分类指标,将煤分为 14 类,即褐煤、长焰煤、不黏煤、弱黏煤、1/2 中黏煤、气煤、气肥煤、1/3 焦煤、肥煤、焦煤、瘦煤、贫瘦煤、贫煤和无烟煤。以下就十种主要煤种进行简单介绍:

(1) 褐煤。褐煤是煤炭中埋藏年代最短,炭化程度最低的一类。颜色大多呈褐色,因此称为褐煤。褐煤的水分、灰分含量都较高,煤质松,发热量低,无黏结性,多作为化工、气化或民用煤。

(2) 长焰煤。长焰煤的煤化程度稍高于褐煤,是最年轻的烟煤,常呈褐黑色,因燃烧时发出较长的火苗而得名。它的挥发分高,黏结性差,在低温干馏时能析出较多的焦油,所以除做动力用煤外还常做气化及低温干馏用。

(3) 不黏煤。不黏煤的煤化程度仅高于长焰煤,亦属年轻的烟煤。煤质特征几乎不具有任何黏结性,故称之为不黏煤。不黏煤的化学反应活性好,煤灰熔点低,其燃点也低,有的用火柴即可点燃,一般作为气化、动力或民用煤。

(4) 弱黏煤。弱黏煤是煤化程度较低、又具有弱黏性的烟煤。挥发分较高,灰分较低,灰熔点亦较低。主要做气化、动力和民用煤。

(5) 贫煤。贫煤是煤化程度最高的烟煤。燃点高,燃烧时火焰短,但热值较高。一般贫煤经洗选加工后多用作动力用煤。

(6) 气煤。气煤属于煤化程度低的煤种,颜色黑,弱玻璃光泽,挥发分较高。加热时产生大量气体和较多焦油,是制造城市用煤气和工业用煤气的良好原料,因此称为气煤。黏结性较好,是良好的炼焦配煤,也可作为低温干馏或动力用煤。

(7) 肥煤。肥煤是中等煤化程度煤种,黑色,玻璃光泽,黏结性最强。加热时,产生比焦煤更多的胶质体,所以称之为肥煤。它是炼焦配煤的主要成分。

(8) 焦煤。焦煤也属于中等煤化程度的煤种,黑色,玻璃光泽,是结焦性最好的煤种。由于以往单一煤种炼焦时,用这种煤能炼出强度大、块度大的优质焦煤,是最好的炼焦用煤,因此称为焦煤。

(9) 瘦煤。瘦煤是高煤化程度的煤种,黑色,玻璃光泽。与焦煤相比,在加热时,仅能产生少量的胶质体,所以称之为瘦煤,一般做炼焦用煤。

(10) 无烟煤。无烟煤是煤化程度最高的煤种,颜色呈带有银白或古铜色彩的灰黑色,似金属光泽,因其燃烧时无烟而得名。它的硬度和比重在煤中是最大的。无烟煤燃烧时,出现青蓝色火焰,无烟,它的结焦性差,储藏时稳定不易自燃,可做民用煤和化工用煤。

2.2.1.4 用途

煤是重要能源,也是冶金、化学工业的重要原料,主要用于燃烧、炼焦、气化、低温干馏、加氢液化等。

(1) 燃烧。煤炭是人类的重要能源资源,任何煤都可作为工业和民用燃料。

(2) 炼焦。把煤置于干馏炉中,隔绝空气加热,煤中有机质随温度升高逐渐被分解,其中挥发性物质以气态或蒸气状态逸出,成为焦炉煤气和煤焦油,而非挥发性固体剩留物即为焦炭。焦炉煤气是一种燃料,也是重要的化工原料。煤焦油可用于生产化肥、农药、合成纤维、合成橡胶、油漆、染料、医药、炸药等。焦炭主要用于高炉炼铁和铸造,也可用来制造氮肥、电石。电石是塑料、合成纤维、合成橡胶等合成化工产品。

(3) 气化。气化是指转变为可作为工业或民用燃料以及化工合成原料的煤气。

(4) 低温干馏。把煤或油页岩置于550摄氏度左右的温度下低温干馏可制取低温焦油和低温焦炉煤气,低温焦油可用于制取高级液体燃料和作为化工原料。

(5) 加氢液化。将煤、催化剂和重油混合在一起,在高温高压下使煤中有机质破坏,与氢作用转化为低分子液态和气态产物,进一步加工可得汽油、柴油等液体燃料。加氢液化的原料煤以褐煤、长焰煤、气煤为主。

综合、合理、有效开发利用煤炭资源,并着重把煤转变为洁净燃料,是我们努力的方向。

2.2.2 煤炭资源开采对环境的影响

2.2.2.1 煤矿开采对水资源的影响

煤矿开采对水资源的影响主要表现在两个方面,一方面是对地表及地下水系的破坏,另一方面是对地表及地下水系的污染。煤矿开采必然涉及对地下水的疏干和排泄。由于地下水的不断疏干和排泄,必然导致地下水位大面积大幅度的下降,矿区主要供水水源枯竭,地表植被干枯,自然景观破坏,农业产量下降,严重时可引起地表土壤沙化。煤矿大量排放矿井废水会不同程度地污染地表及地下水系;矸石和露天堆煤场遇到雨天,污水流入地表水系或渗入地下潜水层,选煤厂的废水不经处理大量排放,对地表、地下水源造成污染等等,使矿区周围的河流、沼泽地或积水池等变为黑色死水。我国淡水资源人均占有量仅为世界人均水平的1/4。特别是煤炭资源储量丰富的华北、西北地区,水资源尤为缺乏,主要产煤大省山西因采煤造成18个县28万人饮水困难,30亿平方米的水田变成旱地。地表水系的污染往往是显而易见的,相对容易治理。而地下水的污染具有隐蔽性且难以恢复,影响较为深远。由于地下水的流动较为缓慢,仅靠含水层本身的自然净化,则需长达几十年甚至上百年的时间,且污染区域难以确定,容易造成意外污染事故。

另外,煤中通常含有黄铁矿(FeS_2),遇水生成稀酸,使矿井排水呈酸性。洗煤厂也排出含硫、酚等有害污染物的黑水,煤矿废水量常常是采煤量的数倍。大量酸性废水排入河流,致使河水污染。

2.2.2.2 煤矿开采对土地资源的影响

引起矿区土地沉陷的煤层是层状沉积矿床,厚度相对较小,单位面积生产能力低,在矿山开采过程中,井下大面积采空,形成大量采空区,顶板冒落、岩层移动后,造成地面沉降,在地表形成低洼地。有的由于地表潜水位较浅,在低洼处形成沼泽地或积水池,有的表现为既深又宽的裂缝,形成严重的山体滑坡隐患。沼泽地或积水池、山体滑坡的形成,使矿区耕地减少或受到破坏,生态环境也受到严重影响。据估算,全国平均每采出1万吨煤沉陷面积在0.2万平方米以上,全国已有开采沉陷地45亿平方米。具体地说,煤矿开采对土地资源的影响主要表现在以下几个方面:

(1) 地表的破坏。在平原露天采煤时,先挖掉一条窄长地段的覆盖土层,采出剥露的煤炭;再将下一长条的覆盖上翻入这道地沟,剥出下一条煤炭,类似地,在丘陵地带露天采煤,则沿着等高线开沟,直下而上一步步向坡顶推进。结果,平原采煤后造成了一条条山脊与沟槽交替的"搓板",丘陵采煤后形成一层层"梯田"。露天采煤矿使地表土丧失,植被遭毁坏,自然风景被破坏,地面被污染,整个生态平衡被打破。

(2) 岩层和地表移动。采用地下开采方法,当煤层被采空后,上覆岩层的应力平衡被破坏,继之引起其上岩层的断裂,塌陷,直到地表整体下沉,开采中的矿井塌顶极少发生,废弃的矿井塌顶则司空见惯。覆盖岩层陷落通常波及地表。如果地面沉陷较深,则长期积水形成湖泊;若沉陷发生在市区,则街道、建筑物遭到破坏;若发生在农村,裂缝使地表和地下水流紊乱,地下开采引起的塌陷,下落体积可达采出煤炭的60%~70%,如开滦矿区地面沉陷平均为3米。

(3) 废物堆积。在开采和选煤过程中，排出大量煤矸石和废石，矿区固体废物堆积如山，全世界每年排矸量 10～12 亿吨。中国目前年排矸量超过 1 亿吨，而综合利用不到 2000 吨，现已堆积煤矸石 16～20 亿吨，占地约 1 万公顷。矸石堆积不仅占用土地，而且不断自燃，排放气体，污染环境，风吹则尘土飞扬，雨蚀则污染河流。

2.2.2.3　煤炭开采对大气环境的影响

煤炭开采导致废气排放，危害大气环境。因煤炭开采产生的废气主要指矿井瓦斯和地面煤矸石山自燃释放的废气。矿井瓦斯的主要成分甲烷是一种重要的温室气体，其温室效应是二氧化碳的 20 倍。据统计，我国煤矿开采排放的瓦斯量每年高达 70～90 亿立方米，对环境的污染十分严重，危及大气层、森林、农作物和人类自身。同时，瓦斯井下爆炸事故频繁发生，造成严重的生命和财产损失。矿区地面矸石山自燃放出大量 SO_2、CO_2、CO 等有毒有害气体，严重影响着大气环境并直接损害着周围居民的身体健康。煤矸石产出量很大，其排放量约占煤矿原煤产量的 15%～20%。据不完全统计，我国国有煤矿约有矸石山 1500 余座，历年积累量 30 亿吨。

2.2.3　煤炭运输对环境的影响

煤炭运输过程会造成严重的环境问题，同时也会导致巨大的经济损失。在我国，由于煤炭生产基地远离消费用户，导致了“北煤南运、西煤东运”的长距离煤炭运输格局。运输中产生的煤尘飞扬，既损失大量煤炭，又污染沿线周围的生态环境。据统计，2000 年，我国铁路运煤量为 6.49 亿吨，平均运输距离为 580 千米；经公路运输或中转到铁路的煤炭达 6 亿吨，平均运输距离为 80 千米。若以 1% 的扬尘损失计算，由于铁路、公路运输煤炭向大气中输送的煤尘至少 0.11 亿吨，直接造成的经济损失高达 12 亿元人民币以上，同时，造成公路、铁路沿线两侧严重的环境污染。

2.2.4　煤炭利用过程对环境的影响

2.2.4.1　温室效应

煤炭燃烧时，其主要燃烧产物 CO_2 是主要的温室气体之一，从而加剧了温室效应(见图 2-4)。在全球碳循环过程中，植物光合作用吸收 CO_2，动植物呼吸作用和氧化分解作用释放 CO_2，整个碳循环基本保持平衡状态。但由于人的参与，大量开发化石燃料，将埋藏与地下的固定碳元素经过燃烧释放到大气环境中，增加了大气中 CO_2 含量。CO_2 在大气中增多的结果是形成一种无形的玻璃罩，使太阳辐射到地球上的热量无法向外层空间发散，其结果使地球表面变热。

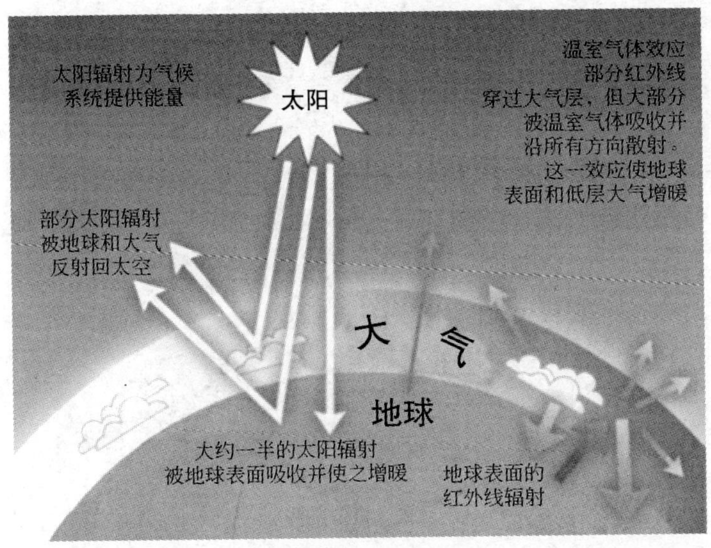

图 2-4 温室效应

温室效应的发生会造成严重的后果：地球上的病虫害增加；海平面上升；气候反常，海洋风暴增多；土地干旱，沙漠化面积增大等等一系列环境问题。科学家预测，如果地球表面温度的升高按现在的速度继续发展，到 2050 年，全球温度将上升 2～4 摄氏度，南北极地冰山将大幅度融化，导致海平面大幅上升，一些岛屿国家和沿海城市将可能淹于水中，其中包括几个著名的国际大城市，如纽约、东京和悉尼等。

2.2.4.2 酸雨

酸雨是指 pH 值小于 5.65 的酸性降水。酸雨主要是人为的向大气中排放大量酸性物质造成的，见图 2-5。我国的酸雨主要是因大量燃烧含硫量高的煤而形成的，多为硫酸雨，少为硝酸雨，此外，各种机动车排放的尾气也是形成酸雨的重要原因。

煤炭中含有大量的硫元素，在燃烧过程中，若不经过脱硫处理，这部分硫元素就会氧化为 SO_2 释放到大气中。SO_2 与空气中的水蒸气结合为 H_2SO_3，并进一步氧化为 H_2SO_4，使水汽 pH 值下降。当空气中水分达到饱和，便经过降水的形式降落到地面，从而形成所谓的酸雨。

酸雨会对环境和人体健康造成巨大危害。首先，酸雨可导致土壤酸化。我国南方土壤本来多呈酸性，再经酸雨冲刷，加速了酸化过程；我国北方土壤呈碱性，对酸雨有较强缓冲能力，一时半时酸化不了。土壤中含有大量铝的氢氧化物，土壤酸化后，可加速土壤中含铝的原生和次生矿物风化而释放大量铝离子，形成植物可吸收的形态铝化合物。植物长期和过量地吸收铝，会中毒，甚至死亡。酸雨尚能加速

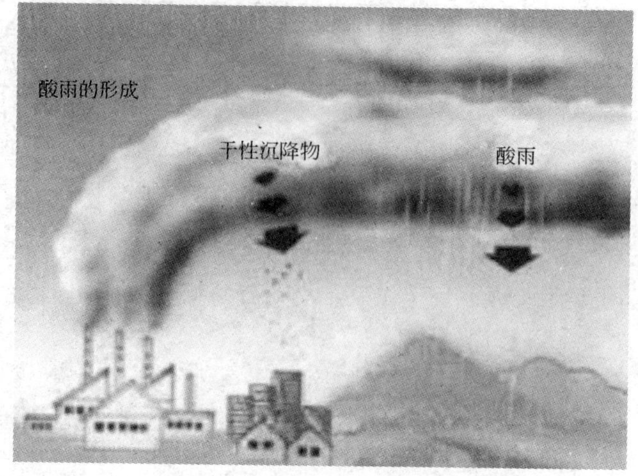

图 2-5　酸雨的形成

土壤矿物质营养元素的流失；改变土壤结构，导致土壤贫瘠化，影响植物正常发育；酸雨还能诱发植物病虫害，使作物减产。不仅如此，酸雨能使非金属建筑材料（混凝土、砂浆和灰砂砖）表面硬化、水泥溶解，出现空洞和裂缝，导致强度降低，从而使建筑物损坏，建筑材料变脏、变黑，影响城市市容和城市景观，被人们称之为“黑壳”效应。

2.2.4.3　粉尘

在一些城市，许多烟筒里冒出黑色的烟雾，或扶摇直上，或盘旋缭绕，人们形象地称之为“黑龙”。“黑龙”的真面目是烟尘，是燃烧不完全的小黑色炭粒。一般煤燃烧后约有原重量的 1/10 以这种烟尘的形式排入大气中。

粉尘的颗粒大小不等。颗粒较大的（直径在 10 微米以上），因为重量较大能很快降落到地面，被称为落尘。颗粒较小的（直径在 10 微米以下，其中有些比细菌还小），它们长时间在空中飘浮，被称为飘尘。

飘尘对人体危害更大。粒径为 5 ~ 10 微米的粒子能进入呼吸道，但可被鼻毛和呼吸道黏液阻挡排除。特别小的粒子（直径小于半微米的）可黏附在上呼吸道表面随痰排出。唯有半微米至 5 微米的飘尘，能直接到达肺细胞，并在那里安家落户。有的飘尘还可能携带致癌毒物，十分危险。

粉尘落在植物上，会堵塞植物气孔，阻挡阳光进入叶组织进行光合作用，影响农林作物生长。粉尘落在观赏树木和花卉上，降低观赏价值，影响城市市容。粉尘能加速金属材料和设备的腐蚀。粉尘落入精密机械设备中，会增加其磨损，甚至造成事故。

煤产生的粉尘还能把人们的手、脸甚至鼻孔熏黑，严重时还能刺激眼睛，引起结膜炎等眼病。煤产生的粉尘还能把建筑物表面熏黑，为保持美观，需经常耗资费力去粉刷建筑物。煤产生的烟尘在空中弥漫,很容易形成大雾,使城市交通事故增加。

2.2.5 煤矸石对环境的危害及综合利用

2.2.5.1 什么是煤矸石

煤矸石是采煤过程中和洗煤过程中排放的固体废物,是一种在成煤过程中与煤层伴生的一种含碳量较低、比煤坚硬的黑灰色岩石,包括巷道掘进过程中的掘进矸石、采掘过程中从顶板、底板及夹层里采出的矸石以及洗煤过程中挑出的洗矸石。煤矸石的主要成分是 Al_2O_3、SiO_2,另外还含有数量不等的 Fe_2O_3、CaO、MgO、Na_2O、K_2O、P_2O_5、SO_3和微量稀有元素(镓、钒、钛、钴)。

2.2.5.2 煤矸石的来源

从煤炭开采来看,我国每年生产 1 亿吨煤炭,排放矸石 1400 万吨左右;从煤炭洗选加工来看,每洗选 1 亿吨炼焦煤排放矸石 2000 万吨,每洗 1 亿吨动力煤排放矸石 1500 万吨。2005 年,国内各类煤矿生产煤炭 1045 亿吨,洗煤 385 亿吨,排放矸石达 19 ~ 20 亿吨。因而,全国国有煤矿现有矸石山 1500 余座,堆积量 30 亿吨以上(占我国工业固体废物排放总量的 40% 以上)。

2.2.5.3 煤矸石的主要成分

煤矸石主要由高岭土、石英、蒙脱石、长石、伊利石、石灰石、硫化铁、氧化铝和少量稀有金属的氧化物组成,是无机质和少量有机质的混合物。煤矸石的化学成分主要是 SiO_2、Al_2O 和 C,其次是 Fe_2O_3、CaO、MgO、Na_2O、K_2O、SO_3、P_2O_5、N 和 H 等,此外还常含有少量 Ti、V、Co 和 Ca 等金属元素,其中 SiO_2和 Al_2O_3的含量最高。

2.2.5.4 煤矸石对环境的影响

到目前为止,煤矸石的利用力度还不够大,技术不完善,地区发展不平衡,对环境的影响依然很严重,主要表现在下述几个方面:

(1) 影响土地资源的利用。煤矸石堆场多位于井口附近,大多紧邻居民区,煤矸石的大量堆放一方面占用大量的土地面积,另一方面还在影响着比堆放面积更大的土地资源,使得周围的耕地变得贫瘠,不能被利用。

(2) 污染大气。煤矸石露天堆放会产生大量扬尘,这主要是由于在地面堆放的煤矸石受到长时间的日晒雨淋后会风化粉碎;另外,煤矸石吸水后会崩解,从而很容易产生粉尘。在风力的作用下,将会恶化矿区大气的质量。

此外,煤矸石中含有残煤、碳质泥岩和废木材等可燃物,其中 C、S 可构成煤矸石自燃的物质基础。煤矸石露天堆放,日积月累,矸石山内部的热量逐渐积累。当温度达到可燃物的燃烧点时,矸石堆中的残煤便可自燃。自燃后,矸石山内部温度为 800 ~ 1000 摄氏度,使矸石融结并放出大量的 CO、CO_2、SO_2、H_2S、NO_x等有害气体,其中以 SO_2 为主。一座矸石山自燃可长达十余年至几十年。这些有害气体的排放,不仅降低矸石山周围的环境空气质量,影响矿区居民的身体健康,还常常影响周围的生态环境,使树木生长缓慢,病虫害增多,农作物减产甚至死亡。

(3) 危害水土。煤矸石除含有粉尘、SiO_2、Al_2O_3 以及 Fe、Mn 等常量元素外,还有其他微量重金属元素,如 Pb、Sn、As、Cr 等,这些元素为有毒重金属元素。当露天堆放的煤矸石山经雨水淋蚀后,产生酸性水,污染周围的土地和水体。当矸石堆场的矸石堆放不合理时,矸石堆易发生边坡失稳,从而导致矸石堆的崩塌、滑移,特别在暴雨季节,这种现象在山区尤为常见,易发生泥石流,从而对下游农田、河流及人员的安全造成威胁。

2.2.5.5　煤矸石的综合利用

煤矸石虽然对环境造成危害,但是如果加以适当的处理和利用,仍是一种有用的资源。对于煤矸石的综合利用,美国、英国等西方国家的总利用率已达到 90% 以上,而我国截至 2004 年,煤矸石的利用率只有 54%,规模生产仅局限在制砖业等产业,缺乏高附加值产品。近年来,随着经济的发展和世界能源现状面临日益严峻的挑战,在利用煤矸石发电,提取化工产品,回收有益矿物以及生产农用化肥、微生物肥料等方面,有了较大的发展。

(1) 回收煤炭和黄铁矿:通过简易工艺,从煤矸石中洗选出好煤,通过筛选从中选出劣质煤,同时拣出黄铁矿、洗混煤和中煤。回收的煤炭可作动力锅炉的燃料,洗矸可作建筑材料,黄铁矿可作化工原料。

(2) 用于发电:主要用洗中煤和洗矸混烧发电。我国已用沸腾炉燃烧洗中煤和洗矸的混合物(发热量为每千克约 8363 千焦耳)发电。炉渣可生产炉渣砖和炉渣水泥。日本有十多座这种电厂,所用中煤和矸石的混合物,一般每千克发热量为 14635 千焦耳,火力不足时,用重油助燃。荷兰把煤矿自用电厂和选煤厂建在一起,以利用中煤、煤泥和煤矸石发电。

(3) 煤矸石制建筑材料:

1) 煤矸石制砖。煤矸石制砖既利用了其中的黏土矿物,又利用了热量,是大量利用煤矸石的途径之一。煤矸石制砖工艺技术成熟,已经能够做到用 100% 煤矸石做原料,不外投加任何燃料制取空心砖。采用消化吸收先进制砖技术和设备,生产煤矸石承重多孔砖、非承重空心砖及外承重装饰砖、广场砖、道路砖等,是利用煤矸石的重要途径。

2) 煤矸石生产轻骨料。含碳量不高(质量分数低于 13%)的碳质页岩和选煤矸适宜烧制轻骨料。轻骨料是一种轻质和具有良好保温性能的新型建筑材料,发展前景非常广阔。用煤矸石烧制轻骨料有成球法和非成球法。成球法是将煤矸石破碎、粉磨后制成球状颗粒,入窑焙烧;非成球法是将煤矸石破碎到一定粒度直接焙烧。

3）煤矸石制水泥。煤矸石自燃或燃烧后具有一定活性,可以掺入水泥中作混合材料,与熟料和石膏按比例配合磨细生产硅酸盐水泥、普通硅酸盐水泥等。利用煤矸石中的黏土矿物部分或全部代替黏土配置水泥生料,烧制硅酸盐水泥熟料是煤矸石的又一利用途径,煤矸石既作了原料又代替了部分燃料。

(4) 煤矸石生产化工产品:根据煤矸石中不同的化学元素,我们可以从以下几个方面分析煤矸石在生产化工产品方面的应用:

1）制备硅系化工产品。煤矸石中 SiO_2的质量分数可达 50% 以上,可有效利用其中的硅元素,开发硅系列化工产品,如水玻璃、白炭黑、陶瓷原料等。

2）制备铝系化工产品。当煤矸石中 Al_2O_3的质量分数达到 35% 时,可以通过施以一定的能量,破坏其原有的结晶相,即可利用其中的铝元素,生产硫酸铝、结晶氯化铝、聚合氯化铝、氢氧化铝、铝铵矾、聚合氯化铝等 20 多种铝系产品。利用煤矸石生产硅系和铝系化工产品,成本低、能耗低,副产物价值高,无废渣、废水、废气产生,煤矸石的分解率高,并回收催化剂反复使用,为煤矸石的高价值利用开辟了一条新的途径,可以使煤矸石固体废物的处理达到无害化、减量化、资源化的综合利用要求。

3）制备钛白粉。当煤矸石中 TiO_2的质量分数达到 7.2% 时,便可用于制取钛白粉。此方法以白炭黑或水玻璃的残渣(其中 TiO_2的质量分数为 32% ~39%)为原料,具有成本低、产品性能好等特点。

(5) 其他应用:煤矸石可制轻质保温材料,也可利用煤矸石来充填塌陷区,复垦造地、筑路。

煤矸石的长期堆存,破坏生态平衡,给人类生存环境带来极大的危害,但是煤矸石又是丰富的天然资源,在工业、农业和建筑业中有着广阔的应用前景。综合利用煤矸石,不仅可以缓解我国耕地紧缺的现状,而且可以使煤矸石变成人们可以利用的一种资源,解决当前面临的资源紧缺问题,同时还可以改善人们生存的环境和减少自然灾害的发生。在我国全面建设"资源节约型、环境友好型"社会的进程中,我们只有通过多种途径开展煤矸石的综合利用,才能获得良好的经济、社会和环境效益,从而实现矿区的可持续发展。

2.2.6 发展适合我国国情的清洁煤技术

清洁煤技术是指在煤炭从开发到利用全过程中，旨在减少污染排放与提高利用效率的加工、燃烧、转化和污染控制等新技术的总称。清洁煤技术主要包括两个方面,一是直接烧煤洁净技术。这是在直接烧煤的情况下,需要采用相应的技术措施:(1)燃烧前的净化加工技术,主要是洗选、型煤加工和水煤浆技术;(2)燃烧中的净化燃烧技术,主要是流化床燃烧技术和先进燃烧器技术;(3)燃烧后的净化处理技术,主要是消烟除尘和脱硫脱氮技术。二是煤转化为清洁燃料技术,主要是煤的气化以及液化技术、煤气化联合循环发电技术和燃煤磁流体发电技术。清洁煤技术是当前国际上解决环境问题的主导技术之一，也是高技术国际竞争的重要领域之一。多年来，我国围绕提高煤炭开发利用效率、减轻对环境的污染进行了大量的研究开发和推广工作，并随着国家宏观发展战略的转变，已把清洁煤技术作为可持续发展和实现两个根本转变的战略措施之一，得到了中央政府的大力支持。

目前，我国的清洁煤技术在四个领域（煤炭加工、煤炭高效洁净燃烧、煤炭转化、污染排放控制与废弃物处理）的十多项技术方面，通过引进技术和自主开发、创新已建设了一大批示范工程，有效地促进了我国清洁煤技术的发展和应用，个别方面已领先于国际水平。但是，由于相关政策的不配套以及清洁煤技术重在社会效益和长远的综合经济效益的结合，一般都具有投入大、回收期长的特点，各级地方政府推进的积极性不高，使得这些技术的推广运用情况并不理想。

由于煤炭工业技术相对落后，发展洁净煤技术必须根据我国煤炭的资源特点，加强煤炭生产部门与用户、科研单位与企业的合作，同时加强国际合作，重点开发经济、有效、实用、先进的技术，积极探索和开发先进的煤炭深加工技术，最终达到我国煤炭洁净、有效的利用。清洁煤技术可表示成图 2-6 所示的形式。

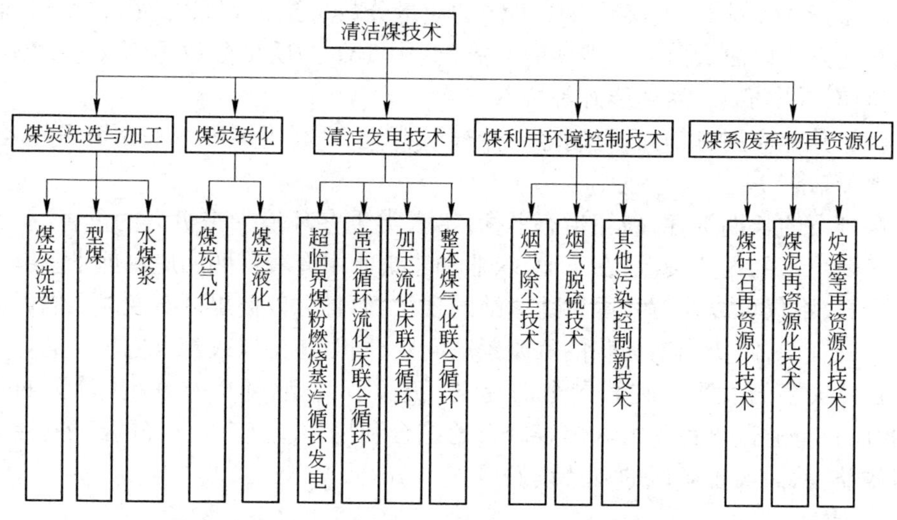

图 2-6　清洁煤技术

2.2.6.1　增加煤炭入洗比重

大力发展煤炭洗选加工，增加煤炭的入洗比重。为此，须对现有洗煤厂进行技术改造，增加入洗能力，新建一批洗煤厂，同时研究和开发选煤新技术，如难选煤的高效洗选技术、极细粒煤高精度洗选、缺水地区和褐煤干法选煤、高硫煤洗选脱硫新工艺等。引进国际先进技术和设备，使洗选设备大型化，提高可靠性，延长使用期限。

2.2.6.2 发展煤炭气化

煤炭气化可有效地提高热能利用率。以发展供民用的城市煤气为例,1 吨煤气化后供炊事用,相当于 1.5 ~ 1.9 吨煤直接燃烧的效果。如果全国供城镇的 1.5 ~ 2.0 亿吨民用煤中,有 0.3 亿吨煤采用气化供城市煤气,则可节约 0.1 ~ 0.15 亿吨煤,改输煤为输气既有经济效益又可缓解环境污染。

2.2.6.3 发展型煤

利用廉价粉煤生产工业型煤代替块煤,不仅可以缓解块煤供不应求的矛盾,而且可提高煤炭利用效率,减少污染物排放。煤炭占民用能源消费的 80% 以上,民用煤以无烟煤为主,大部分为散煤燃烧,其热效率很低,浪费和污染严重。多年实践表明,推广民用型煤和配套炉具,已取得显著的节能、环保等效益。生产型煤的投资只有煤炭气化的 1/15,因此,发展型煤是节约煤炭、减少污染、适合我国国情、经济实用的一种清洁煤技术。

2.2.6.4 褐煤和年轻烟煤的提质加工与温和气化

褐煤及年轻烟煤的储量占我国探明的煤炭总储量的一半以上,褐煤和年轻烟煤通过提质加工,可以降低水分,减少硫分,提高发热量,采用低、中温干馏和温和气化工艺可以生产中高热值煤气和粗汽油、柴油以及高品位的无烟燃料。

2.2.6.5 发展水煤浆与煤泥浆的利用

相对煤炭资源而言,我国石油资源十分稀缺,对燃油电站等用户使用水煤浆替代石油,是一条经济可靠的有效途径。我国水煤浆技术开发虽然起步较晚,但已进入商业性示范阶段。以选煤厂浮选精煤为原料,高浓度调整级配的制浆工艺为我国首创,制浆技术已达到国际水平。与此同时,随着我国煤炭入洗率的提高,高水高灰煤泥的产量将随之增加,如不合理有效地利用,既污染环境而且造成资源的浪费。现利用流化床燃烧技术(简称 FBC 技术)燃用煤泥浆已取得了成果,正在积极推广,扩大应用。

2.2.6.6 煤系伴生矿物的利用

我国煤系伴生的非金属矿资源十分丰富,煤系高岭土(岩)探明储量为 1.673 亿吨,基本上都属于大型(0.1 亿吨)和特大型(1 亿吨)矿床,品位都在 90% 左右,其开发利用处于起步阶段,深加工产品的制取尚处于小试和中试阶段。煤系膨润土探明储量达 8.88 亿吨,已取得了人工钠化、半干法联合制备活性白土、生产白炭黑新工艺等成果,可推广应用。煤系硅藻土探明储量为 1.9 亿吨,目前已有少量用于保温材料、保温砖、水泥混合剂、污水处理剂等。今后要解决精选、提纯、熔烧工艺和设备,以提高产品质量,开发高档次系列化产品,开拓新的用途。

2.2.6.7 探索煤炭深加工技术的研究开发

由于我国石油和天然气资源相对短缺,发展煤化工势在必行。现在我国煤炭深加工还很落后，今后应加强研究、开发的工作主要有：(1)高温及中低温煤焦油的精细加工，酚类产物的浓缩和精制；(2)煤岩分离和深度脱硫脱灰技术；(3)煤油共炼及煤的加氢液化的工业化；(4)一碳化学(化学反应过程中反应物只含一个碳原子的反应统称为一碳化学，一碳化学的主要目的是节约煤炭和石油资源，用少的碳原料生成多的燃料，提供给人类)制取醇类、烯烃、石蜡、合成汽油和其他化工产品；(5)高品质煤基活性炭、分子筛及碳素材料的制取，煤基新材料的研制。综上所述，清洁煤技术是一个庞大的系统工程，已受到政府、各工业部门、科研单位和高等院校的高度重视，制订了规划并将一些重点项目列入了21世纪议程。随着我国进一步改革开放和加强国际合作，为了大家共同生存的地球和人类的未来，我国以清洁煤技术为主导的煤炭加工利用必将取得更大的进步，真正做到发展经济、节约能源、保护环境。

2.3 石油

2.3.1 石油概述

2.3.1.1 *石油的形成过程*

石油是仅次于煤的化石燃料，按照有机成油理论，水体中沉积水底的有机物和其他淤积物一道随着地壳的变迁，埋藏的深度不断增加，有机物开始经历生物和化学转化阶段变化，先是被喜氧细菌然后是厌氧细菌彻底改造。细菌活动停止后，便开始了以地温为主导的地球化学转化阶段。一般认为，有效的生油阶段从50~60摄氏度开始，150~160摄氏度结束。过高的地温将使石油逐步裂解成甲烷，最终演化为石墨。因此，严格地说，石油只是有机物在地球演化过程中的一种中间产物。

石油主要是由烷烃、环烷烃、芳香烃等烃类化合物组成。组成石油的主要元素是碳、氢、硫、氧、氮，其中碳、氢元素最多。硫、氧、氮以化合物、胶质、沥青质等非烃类物质形态存在，一般硫、氧、氮三种元素的含量小于1%，此外还有微量钠、铅、铁、镍、钒等金属元素存在。

2.3.1.2 *石油的分类*

石油的组分极其复杂，确切的分类十分困难。通常在市场上有以下三种分类方法：

(1) 按石油的密度分类。根据密度由小到大，相应的将石油分为轻质石油、中质石油、重质石油。

(2) 按石油中硫的含量分类。硫含量小于0.5%的为低硫石油，硫含量为0.5%~2.0%的为含硫石油，含硫量大于2.0%的称为高硫石油。世界石油总产量中，含硫石油和高硫石油约占75%。石油中的硫化物对石油产品的性质影响较大，加工含硫石油时应对设施采取防腐蚀措施。

(3) 按石油中蜡含量分类。蜡含量为0.5% ~2.5%的称低蜡石油,蜡含量为2.5% ~10%的为含蜡石油,蜡含量大于10%的为高蜡石油。

2.3.2　我国油气资源现状及特点

2.3.2.1　我国油气资源现状

我国油气资源丰富,各类沉积盆地超过500个,沉积岩面积达670万平方米,其中,新生界沉积岩厚度超过1000米的盆地超过420个,总面积约530万平方米。

图2-7　油田开采

1994年结束的我国第二轮油气资源的评价结果表明,我国石油的总资源量为940亿吨,其中陆上为690亿吨,占73.8%,海域为250亿吨,占26.2%;天然气的总资源量为38.1万亿立方米,其中陆上为30万亿立方米,占78.1%,海域为81万亿立方米,占21.5%。目前来看,陆上油气资源主要集中在松辽盆地、渤海湾盆地、中西部三个地区。

在陆上690亿吨石油总资源量中,至2000年底累计探明210亿吨,探明程度占30.69%左右。可见,总资源探明程度比较低。在陆上30万亿立方米天然气资源量中,至2000年底累计探明2.6万亿立方米(不包括伴生气),探明程度只有8.56%。松辽盆地石油的探明程度为56.6%,探明程度相对较高,但还是有潜力可挖,特别是松辽南部地区,探明程度只有27.1%,天然气的探明程度就更低了,只有7.6%。渤海湾盆地石油的探明程度是44.2%,除济阳凹陷和东濮凹陷探明程度稍高外,其他地区都在40%以下;渤海湾地区天然气探明程度为16.1%。我国中西部地区天然气探明程度为9.4%,除准噶尔盆地外,其他盆地勘探程度都比较低,天然气探明程度只有6.5%。从以上的油气资源情况分析来看,我国大多数盆地勘探处于早、中期阶段。

2.3.2.2　我国油气资源特点

一般来说,油气田经过发现和储量增长高峰后,随着勘探的深入,发现越来越少，储量增长呈持续下降趋势。但是，我国多以多构造层系叠合盆地为主，经过多次构造活动，不同类型盆地叠加、改造和沉积，面貌复杂，表现在生烃层系与储集层系多，运移聚集期多，油气分布复杂，加之褶皱构造不够发育，陆相岩相岩性变化大等因素，造成一方面油气资源很丰富，另一方面油气在平面上和层系上分布相对不够集中，认识过程和勘探过程是逐步深化，呈阶段发展的。一个层系、一个领域、一个类型勘探到一定程度，将又转入新的层系、领域或类型。这种特定的石油地质特点，决定了我国石油勘探工作的长期性、曲折性、艰巨性。丰富的油气资源和复杂的石油地质特征决定了储量增长的阶段性非常明显，并且将随着勘探的深入和储量增长高潮迭起。

2.3.3　石油污染及防治

2.3.3.1　*石油污染*

石油污染是指石油开采、运输、装卸、加工和使用过程中，由于泄漏和排放石油引起的污染，石油对环境的污染可分为两个方面：一是油气污染大气环境，表现为油气挥发物与其他有害气体被太阳紫外线照射后，发生物理化学反应，生成光化学烟雾，产生致癌物和温室效应，破坏臭氧层等；二是地下油罐和输油管线腐蚀渗漏污染土壤和地下水源，不仅造成土壤盐碱化、毒化，导致土壤破坏和废毁，而且其有毒物能通过农作物尤其是地下水进入食物链系统，最终直接危害人类。

其中最为典型的有海洋石油污染。石油漂浮在海面上，迅速扩散形成油膜，可通过扩散、蒸发、溶解、乳化、光降解以及生物降解和吸收等进行迁移、转化。油类可黏附在鱼鳃上，使鱼窒息，抑制水鸟产卵和孵化，破坏其羽毛的不透水性，降低水产品质量。油膜阻碍水体的复氧作用，影响海洋浮游生物生长，破坏海洋生态平衡，此外还破坏海滨风景，影响海滨美学价值。概括地讲，海洋石油污染可引发多方面生态和社会危害。

（1）在生态危害方面：

1）影响海气交换。油膜覆盖于海面，阻断 O_2、CO_2 等气体的交换。O_2 的交换被阻碍导致海洋中的 O_2 被消耗后无法由大气中补充，CO_2 交换被阻首先破坏了海洋中 CO_2 平衡，妨碍海洋从大气中吸收 CO_2 形成 HCO_3^-、CO_3^{2-} 盐缓冲海洋 pH 值的功能，从而，破坏了海洋中溶解气体的循环平衡。

2）影响光合作用。油阻碍阳光射入海洋，使水温下降，破坏了海洋中 O_2、CO_2 的平衡，这也就破坏了光合作用的客观条件。同时，分散和乳化油侵入海洋植物体内，破坏叶绿素，阻碍细胞正常分裂，堵塞植物呼吸孔道，进而破坏光合作用的主体。

3）消耗海水中溶解氧。石油的降解大量消耗水体中的氧，然而海水复氧的主要途径——大气溶氧又被油膜阻碍，直接导致海水的缺氧。

4）毒化作用。石油中所含的稠环芳香烃对生物体有剧毒，且毒性明显与芳环

的数目和烷基化程度有关。首先大分子化合物的绝对毒性很高，而在水中，低分子类由于具有很强的水溶性和后续的很大生物可利用率，也表现出剧烈毒性影响。烃类经过生物富集和食物链传递能进一步加剧危害。有证据表明，烃类有致突变和致癌作用，而慢性石油污染的生态学危害更难以评估。

5）全球温室效应。考虑到大洋是大气中 CO_2 的汇，海上石油污染必将加剧温室效应，也可能促使厄尔尼诺现象的频繁发生，从而间接加重“全球问题”。

6）破坏滨海湿地。石油开发等人为活动导致我国滨海湿地丧失严重。据初步估算，我国累计丧失滨海湿地面积约 219 万公顷，占滨海湿地总面积的 50% 。

（2）在社会危害方面：

1）石油污染对渔业的危害。由于石油污染抑制光合作用，降低溶解氧含量，破坏生物生理机能，海洋渔业资源正逐步衰退。

2）石油污染刺激赤潮的发生。据研究，在石油污染严重的海区，赤潮的发生概率增加，虽然赤潮发生机理尚无定论，但应考虑石油烃类在其中的作用。

3）石油污染对工农业生产的影响。海洋中的石油易附着在渔船网具上，加大清洗难度，降低网具效率，增加捕捞成本，造成巨大经济损失，而对海滩晒盐厂，受污海水无疑难以使用，对于海水淡化厂和其他需要以海水为原料的企业，受污海水必然大幅增加生产成本。

4）石油污染对旅游业的影响。海洋石油极易贴岸，玷污海滩等极具吸引力的海滨娱乐场所，影响滨海城市形象。

2.3.3.2 石油污染的防治

A 海洋石油污染的防治方法及对策

目前国际上通行的治理及回收石油的技术、方法大概可分为以下几类：

（1）物理处理法。如使用清污船及附属回收装置、围油栏、吸油材料及磁性分离等。

（2）化学处理法。如燃烧、使用化学处理剂（如乳化分散剂、凝油剂、集油剂、沉降剂）等。

（3）生物处理法。人工选择、培育，甚至改良噬油微生物，然后将其投放到受污海域，进行人工石油烃类生物降解。

其中，生物降解法的优点在于迅速、无残毒、低成本，是目前研究的重点。微生物降解石油烃的速率主要与微生物的种类和数量及其介质的温度有关，还与石油组分的性质和分散的程度有关，分散程度大，降解的速率也大。

B 土壤石油污染的治理

20 世纪 80 年代以前，治理石油烃污染土壤还仅限于物理和化学方法，即热处理和化学浸出法。热处理法是通过焚烧或煅烧，可净化土壤中大部分有机污染物。

但同时亦破坏土壤结构和组分，且价格昂贵而很难实施。化学浸出和水洗也可以获得较好的除油效果。但所用的化学试剂的二次污染问题限制了其应用。

20世纪80年代以来，污染土壤的生物修复技术越来越引起人们的关注，生物修复技术也取得了很大进步，正在逐渐成熟。生物修复是利用生物的生命代谢活动减少土壤环境中有毒有害物的浓度，使污染土壤恢复到健康状态的过程。目前，治理石油烃类污染土壤的生物修复技术主要有两类：一类是微生物修复技术，按修复的地点又可分为原位生物修复和异位生物修复；另一类是植物修复法。

原位生物修复技术中原位处理方法是将受污染土壤在原地处理。处理期间，土壤基本不被搅动。除了要加入营养盐、氧源（多为 H_2O_2）外，还需引入微生物以提高生物降解的能力。有时，在污染区挖一组井，并直接注入适当的溶液，这样就可以把水中的微生物引入到土壤中。地下水经过一些处理后，可以恢复和再循环使用，在地下水循环使用前，还可以加土壤改良剂。污染土壤经过处理，所有多环芳烃的降解都很明显，但是，三环和多环芳烃的降解率一般明显低于60%。因为就地处理对温度较敏感，所以只能在气温大于8摄氏度的月份进行。在一定的时间内。原位处理不可能有效地去除大多数多环芳烃，而且这种方法因受温度和土壤类型的影响而具有一定的局限性。

异位生物修复技术中异位生物修复主要包括现场处理法、预制床法、堆制处理法、生物反应器法和厌氧生物修复法。

（1）现场处理法。近年来国外石油烃污染生物处理的研究很多，其中土壤耕作处理是现场处理土壤污染常用的方法。被污染的废物施在土壤上，通过施肥、灌溉和加石灰等管理措施，保持氧气、水分和pH的最合适值，并进行耕作以改善土壤的通气状况，确保在污染废物和下面土层中污染物的降解。降解过程所用的微生物多为土著微生物，但是要提高效果还需要引入驯化的微生物。

（2）预制床法。现场处理中土壤耕作处理最大的缺陷是污染物可能从处理区迁移。预制床的设计可以使污染物的迁移量减至最小，因为它具有滤液收集和控制排放系统。预制床的底面为渗透性低的物质，如高密度的聚乙烯或黏土。将污染土壤转移到预制床上，通过施肥、灌溉、调节pH值，有时还加入微生物和表面活性剂，使其最适合污染物的降解。与同一区域的原位处理技术相比，预制床处理对三环和三环以上的多环芳烃的降解率明显提高。

（3）堆制处理法。土壤的堆制处理就是将受污染的土壤从污染地区挖掘起来，防止污染物向地下水或更大的地域扩散，运输到一个经过处理的地点（布置防止渗漏底、通风管道等）堆放，形成上升的斜坡，并进行生物处理。堆制法是生物修复技术中的一种新型替代技术。堆制处理过程对污染土壤中的多环芳烃降解，多环芳烃的降解随着苯环数的增加而降低。当多环芳烃的初始浓度提高约50倍时，除荧蒽外，其他多环芳烃的降解随着污染浓度的提高而降低。

(4) 生物反应器法。生物反应器法是将污染土壤置于一专门的反应器中处理。生物反应器一般建在现场或特定的处理区。通常为卧鼓形和升降机形,有间隙式和连续式两种。因为反应器可使土壤与微生物及其他添加物如营养盐、表面活性剂等彻底混合,能很好地控制降解条件,因而处理速度快、效果好。生物反应器处理的过程为:先挖出土壤与水混合为泥浆,然后转入反应器。为了提高降解速率,常在反应器先前处理的土壤中分离出已被驯化的微生物,并将其加入到准备处理的土壤中。

(5) 厌氧生物修复法。修复受石油烃污染土壤的研究已开发了生物堆层、堆肥及土壤泥浆反应器等好氧修复工艺,但分离获得某些降解菌时,一些降解菌伴有产生高生态风险的产物。最近的研究表明以厌氧还原脱氯为特征的厌氧微生物修复技术有很大的潜力。

目前,对土壤有机污染的生物修复研究较多,但是,多集中在微生物作用上。事实上,植物对污染物的去除起着直接和间接的重要作用。植物生物修复是利用植物体内对某些污染物的积累、植物代谢过程对某些污染物的转化和矿化、植物根圈与根茎的共生关系增加微生物的活性的特点,加速土壤污染物降解速度的过程。植物修复的方式包括植物提取、植物降解和植物稳定化三种。植物提取是指利用植物吸收积累污染物,待收获后才进行处理,可以进行热处理、微生物处理和化学处理。植物降解是利用植物及相关微生物将污染物转化为无毒物质。植物稳定化是指在植物和土壤的共同作用下,将污染物固定,以减少其对生物与环境的危害。植物根系使土壤环境发生变化,起到了改善和调节作用,从而有利于污染物的降解。因此通过选择适当植物和调控土壤条件等手段,可以实现污染土壤的快速修复。植物生物修复是一项利用太阳能动力的处理系统,因具有处理费用低、减少场地破坏等优点而受到普遍重视。据美国实践,植物种植管理的费用在每公顷200~1000美元之间,即每年每立方米的处理费为0.02~1.00美元,比物理化学处理的费用低几个数量级。

C 水体石油污染的治理

水体石油污染和土壤治理不同,水具有流动性,不及时处理会使污染范围以很快的速度不断扩大。因此,水体石油污染首先是控制污染然后再对污染水进行处理。

a 海洋、江河、湖泊水体治理

对海洋、江河、湖泊石油污染治理,目前仅限于化学破乳、氧化处理方法进行分解处理和机械物理的方法进行净化吸附。清除海洋、江河、湖泊石油污染是非常困难的。防止油水合二为一的唯一选择是喷洒清除剂,因为只有化学药剂才能使原油加速分解,形成能消散于水中的微小球状物。清除水面石油污染还有一些物理方法,如用抽吸机吸油,用水栅和撇沫器刮油,用油缆阻挡石油扩散。英国有一位农场主发明了一种用禾草治理石油污染的方法,不仅能防止石油在海中扩散,而且能吸收比自身质量多15倍的石油,可防止油轮流出的石油污染水岸,禾草中又以大麦秸秆治污最为有效。1992年,一艘油轮在舍德兰群岛附近失事后,在海上放置了22千米长的禾草排,从而保护了海滨浴场和渔场不致遭受污染。俄罗斯莫斯科精细化工科学院的教授奥列格·乔姆金研制出了用农作物废料清除石油污染的全新方法。演示实验中,乔姆金在一盆水中挤了几滴重油,水盆中顿时漂起了一层薄薄的油花。紧接着乔姆金向水盆中撒入了一小撮稻米壳,几分钟后水盆中的油迹开始减少,两小时后水盆中的油迹完全消失了。对收集上来的污水以及石油工厂排出来的石油污水可采用生物处理法。生物处理法也称生化处理法。生物处理法是处理废水中应用最久、最广和相当有效的一种方法。它是利用自然界存在的各种微生物,将废水中有机物进行降解,达到废水净化的目的。

b 地下水体治理

对地下水石油污染治理,采用水动力学方法,通过抽水井或注水井控制流场,可以防止石油和石油化工产品污染的进一步扩大,同时对抽取出来的受污染的地下水进行处理。

近年来,臭氧氧化技术对石油污染的地下水处理取得了很大进展。经臭氧氧化反应后,水体中有机物种类增加,经过一定时间接触氧化反应后,苯系物和稠环芳烃类在水中的相对含量有较大幅度下降,但酯、醛、酮类和烷烃类在水中的相对含量却大幅上升。一般认为,水中芳香烃物质危害性较大,多具有较大的毒性和致癌性,而烷烃、酯类和其他低分子物质的危害性小得多。由上我们可以看出,臭氧氧化法是把危害性大的污染物转化为危害性小的污染物,污染水体没有得到根本治理,因此臭氧氧化法与吹脱、活性炭吸附、生物氧化等处理方法配合使用,才能得到良好的处理效果。

D 空气石油污染的治理

石油对空气的污染仅限于其所含的具有挥发性的物质以及轻质石油产品,而不像对于土壤和水体,石油中的黏稠胶体可以在这两者中成片成块的形成时间很长的污染。虽然如此,石油产品对空气的污染是非常严重的,对空气相对于水体更具有流动和扩散性,治理更加困难。到目前为止,对于石油产品对空气污染还没有一种很好的治理方法,局限于采用控制油气排放等措施,如制定汽车尾气排放标准等。具体的污染治理方法还有待于人类进行探讨和研究。

2.4 天然气

2.4.1 天然气概述

2.4.1.1 定义

从广义的定义来说,天然气是指自然界中天然存在的一切气体,包括大气圈、

水圈、生物圈和岩石圈中各种自然过程形成的气体。而人们长期以来通用的“天然气”的定义,是从能量角度出发的狭义定义,是指天然蕴藏于地层中的烃类和非烃类气体的混合物,主要存在于油田气、气田气、煤层气、泥火山气和生物生成气中。天然气又可分为伴生气和非伴生气两种。伴随原油共生,与原油同时被采出的油田气叫伴生气;非伴生气包括纯气田天然气和凝析气田天然气两种,在地层中都以气态存在。凝析气田天然气从地层流出井口后,随着压力和温度的下降,分离为气液两相,气相是凝析气田天然气,液相是凝析液,叫凝析油。

图2-8 天然气开采利用

天然气是清洁、优质的能源和化工原料。与其他化石燃料相比,天然气燃烧室仅排放少量的二氧化碳粉尘和极微量的一氧化碳、碳氢化合物、氮氧化物。它产生的单位热量放出的二氧化碳大约比煤少50%~60%,比石油产品少40%~50%,天然气燃烧后无废渣、废水产生,具有使用安全、热值高、洁净等优势。但是,对于温室效应,天然气跟煤炭、石油一样会产生CO_2。因此,不能把天然气当做新能源。

2.4.1.2 成因

天然气的生成过程与石油的生成过程既有联系又有区别:石油主要形成于深成作用阶段,由催化裂解作用引起,而天然气的形成则贯穿于成岩、深成、后成直至变质作用的始终;与石油的生成相比,无论是原始物质还是生成环境,天然气的生成都更广泛、更迅速、更容易,各种类型的有机质都可形成天然气——腐泥型有机质则既生油又生气,腐植型有机质主要生成气态烃。因此天然气的成因是多种多样的。归纳起来,天然气的成因可分为生物成因气、油型气和煤型气。近年来无机成因气尤其是非烃气受到高度重视。

（1）生物成因气。生物成因气是指成岩作用（阶段）早期，在浅层生物化学作用带内，沉积有机质经微生物的群体发酵和合成作用形成的天然气。其中有时混有早期低温降解形成的气体。生物成因气出现在埋藏浅、时代新和演化程度低的岩层中，以含甲烷气为主。

（2）油型气。油型气包括湿气（石油伴生气）、凝析气和裂解气。它们是沉积有机质特别是腐泥型有机质在热降解成油过程中，与石油一起形成的，或者是在后成作用阶段由有机质和早期形成的液态石油热裂解形成的。

（3）煤型气。煤型气是指煤系有机质（包括煤层和煤系地层中的分散有机质）热演化生成的天然气。煤田开采中，经常出现大量瓦斯涌出的现象，如四川合川县一口井的瓦斯突出，排出瓦斯量竟高达140万立方米。这说明，煤系地层确实能生成天然气。煤型气是一种多成分的混合气体，其中烃类气体以甲烷为主，重烃气含量少，一般为干气，但也可能有湿气，甚至凝析气。有时可含较多Hg蒸气和N_2等。

（4）无机成因气。地球深部岩浆活动、变质岩和宇宙空间分布的可燃气体以及岩石无机盐类分解产生的气体，都属于无机成因气或非生物成因气。它属于干气，以甲烷为主，有时含CO_2、N_2、He及H_2S、Hg蒸气等，甚至以它们的某一种为主，形成具有工业意义的非烃气藏。

自然界中天然气分布很广，成因类型繁多且热演化程度不同，其地化特征亦多种多样，因此很难用统一的指标加以识别。实践表明，用多项指标综合判别比用单一的指标更为可靠。从天然气成因判别所涉及的项目看，主要有同位素、气组分、轻烃以及生物标志化合物等四项，其中有些内容判别标准截然，具有绝对意义，有些内容则在三种成因气上有些重叠，只具有一定的相对意义。

2.4.1.3　分类

按照不同的标准，天然气有多种分类方法，以下介绍几种主要的天然气分类方式。

若将天然气按烃类组分关系划分，可以分为以下类别：

（1）干气，指在地层中呈气态，采出后在一般地面设备和管线中不析出液态烃（即较难液化）的天然气。一般来说，天然气中甲烷含量在90%以上的叫干气。

（2）湿气，指在地层中呈气态，采出后在一般地面设备的温度、压力下即有液态烃析出的天然气。一般而言，甲烷含量低于90%，而乙烷、丙烷等烷烃的含量在10%以上的叫湿气。

（3）贫气，指每立方米天然气中丙烷及以上烃类含量小于100立方厘米的天然气。贫气中甲烷含量较多，约占60%~70%，是天然气中较难液化的一类。

（4）富气，指每立方米天然气中丙烷及以上烃类含量大于100立方厘米的天然气。富气中甲烷含量约占60%~70%，还有较多的乙烷、丙烷、丁烷等，是较易

液化的一类天然气。

将天然气按矿藏资源特点可分为以下类别：

（1）常规天然气，指在沉积岩常见构造、地层和岩性圈闭中发现的有机成因气，包括煤成气、碳酸盐岩气、油田伴生气（在地层中与原油共存）、生物气等。

（2）非常规天然气，包括煤层甲烷、深盆气、水溶气、固体瓦斯气（天然气水合物）、泥页岩气以及致密砂岩气等。目前已探明并开采利用的储量绝大多数是常规天然气。

除此之外，其他的分类方法还有几种。依存在相态可分为游离气、溶解气（溶于油和水中）、吸附气和固态水合物；依与石油产出关系可分为伴生气和非伴生气；依分布特征可分为气顶气、气藏气、凝析气和煤层气等；依成因可分为生物气、生物—热催化过渡带气、热解气、热裂解气和慢源气；依其母质类型可分为油型气和煤型气。

2.4.2 我国天然气利用现状及发展展望

2.4.2.1 资源现状

世界天然气资源分布也很不均匀，主要集中在中东、俄罗斯和东欧，三者之和约占世界天然气总储量的70%，其中探明储量前十名的国家如表2-1所示。

表2-1 天然气探明储量前十名的国家

排　序	国　家	探明储量/万亿立方米	占世界比例/%	储采比
1	俄罗斯	1.35	26.6	80.0
2	伊　朗	0.76	14.9	大于100
3	卡塔尔	0.73	14.3	大于100
4	沙特阿拉伯	0.20	3.8	99.3
5	阿联酋	0.17	3.4	大于100
6	美　国	0.15	3.0	10.4
7	尼日利亚	0.14	2.9	大于100
8	阿尔及利亚	0.13	2.5	52.2
9	委内瑞拉	0.12	2.4	大于100
10	伊拉克	0.09	1.8	大于100

世界天然气的发展前景是诱人的。预计2015年世界天然气的产量将超过石油。2020年能源结构中天然气将占29%～30%，石油27%、煤24%、核电8%、其他能源4%。

我国天然气资源丰富，据2000年资料，全国天然气地质资源量为47.23万亿立方米，其中可采资源量为9.3万亿立方米。至1998年全国探明气田气储量为19430.28亿立方米，伴生气储量9955.33亿立方米。我国五大气田及其探明储量见表 2-2。

表 2-2　我国五大气田及其探明储量

气田名称	探明储量/亿立方米	可采储量/亿立方米
长庆气田	6230.62	4091.69
内蒙古苏里格气田	5336.52	3330.68
新疆克拉 2 气田	2840.29	2290
陕西大牛地气田	2615.71	1183.86
四川普光气田	2511	1883.04

2.4.2.2　天然气资源开发利用及发展展望

天然气的化学组成可分为烃类气体与非烃类气体两大类。烃类气体主要指甲烷（CH_4）和 C_{2-4} 重烃气，非烷烃气常见的有 CO_2、N_2、H_2S、H_2 及 He、Ar 等稀有气体。天然气有多种用途，不仅可作燃料，广泛用于住宅、商业、交通运输等诸多领域，同时也是高效、清洁的发电燃料。此外，天然气还是许多重要化工产品的原料。

A　烷烃气

烷烃气主要由常温、常压条件下呈气态的 CH_4 以及少量的乙烷、丙烷、丁烷组成。烷烃气作为天然气的主体，在我国的用途正由过去以化工为主的单一消费结构逐步向城市燃气、工业燃料、天然气发电和天然气化工等多元化消费结构转变。烷烃气可用于城市燃气、车用燃料、工业燃料、发电、燃气空调、燃料电池、化工原料等诸多方面。此外，液化天然气（LNG）的冷量利用受到越来越多的重视。

a　城市燃气

天然气具有清洁、高效、使用方便等优点，已成为现代城市住宅、商业和公共部门的优选能源。在保证天然气安全供应的前提下，其最有价值的利用方向是减少城市污染、改善大气环境。

从利用终端看，电能的效率比天然气的效率高，但如果从生产、供应和终端利用全过程（包括开采、加工、输送、转换、分配和利用）进行评价，天然气能源利用效率远大于电能。对于用电的终端用户，电能生产和供应的能量效率只有 27%，即在电能的生产和供应过程中约有 73% 的能量要损失掉；对于天然气的终端用户来说，在使用前，天然气生产和供应的能量效率达 90%，损失率仅为 10%。

b　车用燃料

在保留汽车原有供油系统的情况下，增加一套专用压缩天然气（CNG）装置，便形成 CNG 汽车。天然气汽车始于 20 世纪 30 年代，最先在意大利使用，至今已有 80 年左右历史。天然气汽车在环境保护、高效节能、使用安全等方面具有显著的优点，同时可切换使用汽油或柴油，因此发展迅速。截至目前，全世界有 CNG 汽车 228 万多辆，CNG 加气站 4600 多座。北京已拥有约 4000 辆 CNG 公交车，重庆

95%以上的公交车均使用CNG，西安、成都、乌鲁木齐等城市则以每年25%左右的速度发展CNG公交车。CNG汽车也由单一的公交车、出租车逐步扩大到邮政车、垃圾车、政府用车甚至私人车辆，我国清洁汽车已逐步形成区域化发展的模式。

以天然气替代汽油或柴油作为汽车燃料具有清洁环保、技术成熟可靠、安全、经济效益显著等优点。

c　工业燃料

天然气作为工业燃料主要用于锅炉和工业窑炉，与煤、燃料油、液化气相比具有明显的优势。天然气作为工业燃料，环境效益明显。以燃烧后排放的CO_2作为比较，如煤炭为100，则石油为83，而天然气仅为57，同时二氧化硫和氮氧化物等污染物仅微量排放。

我国现行天然气利用政策规定，在建材、机电、轻纺、石化、冶金等工业领域中，允许以天然气代油、液化石油气项目，允许环境效益和经济效益较好的以天然气代煤气项目以及允许这些领域中可中断的用户使用天然气。

d　发电

燃煤火力发电机组效率最高达到41.9%～45.3%，燃气轮机联合循环发电的效率最高可接近60%，以燃气轮机为核心的热电联产系统的总热效率可达80%，而分布式冷热电联产系统的效率可达90%。同燃煤发电厂相比，燃气发电污染物排放量低。此外燃气轮机起动后15分钟内即可并网发电，具有很好的调峰作用。

基于以上优点，20世纪80年代以来，世界发电用的天然气消费量及燃气发电在总发电量中所占的比例均快速上升。1997年国外用于发电的天然气消费量占总消费量的比例已由1980年的20%上升到33%以上。1980～1997年世界发电用天然气消费量增长了4592亿立方米，在世界电力生产总量中，天然气发电量的比例从12%增至15%。天然气发电是当前经济发达国家的主要天然气利用方向之一，国内一些学者也提倡天然气发电，但天然气发电耗用天然气量巨大，而在国内天然气是一种稀缺资源，尽管其对节能减排可发挥独特作用，但应当尽量避免天然气发电。在重要用电负荷中心，可利用热电联产或分布式冷热电联产系统调峰或作为应急备用电源，但前提是在天然气供应充足的地区。

e　燃气空调

燃气空调（又称燃气热泵），一般是指采用燃气（天然气、人工煤气、煤层气等）作为驱动能源的空调。其应用范围十分广泛，是热电联产或冷热电联产能源梯级利用中的重要组成部分。

燃气空调早在20世纪50年代前就已进入美国空调市场，60年代已占领市场份额的40%，但70年代以后由于天然气制冷技术赶不上电力制冷，被挤出市场。80年代中期后，由于天然气制冷技术的进步、能源利用效率的提高、天然气使用的普及以及环保因素，再加上天然气制冷可以消减夏季出现的用电高峰、填补夏季出现的用气低谷等因素，同时可平抑电网和燃气管网的峰谷差、提高燃气管网和电网设备资源的利用率等，促使天然气空调在美国、日本等国家得到进一步发展。

f　燃料电池

燃料电池与常规的干电池和蓄电池有很大差别，它是一种发电装置，但发电原理又异于常规火力发电。它不通过剧烈的燃烧反应，也不同于水力发电、风力发电和核能发电，而是通过电化学过程将富氢燃料和氧化剂反应而产生的化学能直接转化为电能的高效发电装置。电极本身基本不发生变化，其作用是对燃料（目前主要是氢）起催化离解作用。燃料由电池外部供给，只要连续通入燃料就不断输出电能。

燃料电池具有发电效率高和总热效率高的优点。一般燃料电池发电效率在40%以上，有些类型燃料电池发电效率可达60%，带热回收的燃料电池发电系统的总热效率可达80%。此外，燃料电池环境污染小，能够广泛应用于能源发电、家用电源、汽车工业、航空航天、建筑及移动通信等领域。

g　化工原料

化工原料所消耗的天然气虽然仅占全球天然气消费总量的5%以下，却生产种类众多的化工产品，年产量达2亿吨。除了一些产量较少可由天然气为原料直接制取的一次产品（甲烷氯化物、乙炔、二硫化碳、氢氰酸、硝基甲烷等）外，合成氨和合成甲醇这两种大宗产品以及日益受到重视的合成油都是天然气经由合成气（$CO + H_2$）间接制取的。全球以天然气为原料生产的合成氨和甲醇的产量分别占这两种产品产量的85%和90%，构成了天然气化工利用的核心。天然气还可用于化纤产品生产。此外，作为天然气的副产品，凝析气是一种重要的石油化工原料，尤其是作为生产乙烯和丙烯的原料。

我国大陆地区天然气资源比较分散，单井产量低，自然稳产期短，造成开发成本和井口价偏高。其结果是无论国产天然气、进口管道天然气还是进口液化天然气的价格均高于国外。因此，我国以天然气作为化工原料的产品必将缺乏国际竞争力。因此，应将天然气作为主要清洁能源，依据治理污染、高效合理、经济可行三原则进行取舍。

h　液化天然气（LNG）工业

液化天然气（LNG，简称液化气）是属于未来的一种特殊清洁燃料，也是为便于运输和保存，在冷凝或加压条件下经液化形成的天然气。

液化气主要由甲烷（CH_4）组成（占90%以上），其他成分为乙烷和丙烷，具有比其他常规燃料能源更优越的性质。例如，天然气热值高，每立方米热值约41816千焦耳；便于储存与运输；液化后体积缩小约为1/600，用大吨位冷冻船、汽车油罐运输；使用安全；经济上，使用液化气比使用普通天然气或油品要优越得多，不需修建长距离输气管道；污染较小，已将S、CO_2、水分等除去，满足能源来源形式多元化的要求。

世界上使用液化气的地方越来越多，随着世界天然气需求的增长，必然促进液

化气市场的繁荣。

我国每年进口数以千万吨计的LNG,同时携带着巨额冷量,日本、美国和欧洲一些发达国家都非常重视LNG冷能的回收利用,并积累了丰富的经验。利用这些冷量可用于发电,液化空气制取氮、氧、氩,制造干冰,分离^{13}C以及低温冷库等众多领域。

我国建设在海边城市的LNG接收终端,每年从国外进口大量的LNG,其冷量可观,应充分利用。在这些接收终端旁边建设生产液氧、液氮、液氩的大型空分装置是有效利用LNG冷能的最佳选择。建议LNG冷能要梯度、集成利用,以实现利用效率的最大化。

B 二氧化碳(CO_2)

高含CO_2的天然气与高含烃类气一样,均具有重要的经济意义。国内外不乏高含CO_2的天然气气藏,我国三水盆地深9井由于CO_2含量达99.55%,成为有很高经济价值的气藏。

CO_2作为一种化工原料,具有重要作用。据《化工经济技术信息》2007年11期的报道,全球回收的CO_2,约40%用于生产化学品,35%用于油田三次采油,10%用于制冷,5%用于碳酸饮料,其他应用占10%。

C 硫化氢(H_2S)与硫黄

H_2S是一种剧毒的化学物质,且非常不稳定,与空气混合可形成易爆混合物,溶于水后形成具有强烈神经毒性的生物氢硫酸。全球硫黄产量中约90%是从含硫油气中回收的。世界上硫黄产量最多的国家为美国、加拿大、苏联,占世界硫黄产量约2/3。其中,加拿大和苏联生产硫黄主要是从天然气中回收H_2S。现在的生产工艺可直接以天然气中的H_2S为原料来生产硫酸,大大降低了投资成本。世界硫黄产量的80%以上用于生产硫酸,硫酸是最重要的基本化工原料之一,主要用于生产磷肥,我国硫酸总产量的60%以上用于生产磷肥。

我国是硫黄资源较贫乏的国家,对外依存度高达90%。随着川东北普光等一系列大型(高)含H_2S气田(部分气井H_2S含量高达17%以上)的发现,我国硫黄市场供不应求的矛盾将得到有效缓解。2010年,普光、南坝、铁山坡等5个天然气净化厂全部投产,每年硫黄产能有望达到400万吨以上,将成为亚洲最大的硫黄生产基地、我国硫化工技术研发基地及我国硫化工产业基地,我国硫黄的对外依存度也将降低到60%。

除了最广泛的用途——制硫酸外,硫黄还广泛用于农药、橡胶、染料、造纸、医药、火药和炸药等行业,制糖行业和化纤行业也用得比较多。

D 氦气(He)

由于He在卫星飞船发射、导弹武器工业、低温超导研究、半导体生产等方面具有重要作用,因而是国防军工和高科技产业发展不可或缺的稀有战略物资之一。

含 He 天然气目前仍是工业化生产 He 的唯一来源。世界上超过 95% 的氦消费由美国供应，但俄罗斯拥有世界上最大的 He 资源量，四川威远气田（0.2%）是我国唯一能提取 He 的气田，我国每年需要进口大量的 He。

E　天然气水合物

地球上的天然气水合物资源量一直在论证。1977～1988 年间，科学家们仅根据形成天然气水合物的低温高压条件来推断其地理分布和估算其资源量，并指出世界上约有 27% 的陆地和 90% 的海域可能有天然气水合物分布，得出天然气水合物资源量为全球化石燃料资源量两倍的结论，约 $1\times10^{16}\sim1\times10^{18}$ 立方米数量级，且绝大多数分布在海洋中。这样的估算显然是偏高的，因为低温高压条件只是天然气水合物形成的必要条件，满足于这些条件的区域还要具有良好的成藏组合条件才能形成天然气水合物藏。1988 年之后随着大洋钻探计划在全球范围内的实施，科学家们对天然气水合物资源量做了重新估算，不同的研究机构和学者计算的资源量有很大的出入，且中间值相互之间不具有收敛性，这说明精确估算天然气水合物的资源量还有相当大的难度。研究表明，最新估算的资源量比早期估算的资源量减少了很多。尽管如此，天然气水合物的资源量还是相当巨大的。

目前全世界探明的油气总储量与估算的天然气水合物最低资源量基本持平，由此可见天然气水合物的资源量是相当可观的，哪怕只有 1%～2% 的总资源量是经济可采储量，它也将成为一种巨大的能源来源。仅我国的南海陆坡区 59 万平方千米海域的天然气水合物总资源量就达 845 亿吨油当量，其资源总量大约是全国石油与天然气总资源量的 10.2%（全国石油资源量 1072.7 亿吨，天然气资源量 45.58 万亿立方米）。美国能源部估计，仅美国的天然气水合物资源量就达 2830～8490 万亿立方米。据统计，目前世界上已探明的原油占原油总储量的近 80%，还可使用 40 年。随着人口增长和 GDP 的增加，能源消耗量会不断扩大，同时要降低 CO_2 排放对大气造成破坏性的影响，这样在一次性能源消费结构中就会降低煤炭的使用份额和提高天然气的使用率。预计 20 年之后天然气将跃居一次性能源的首位，21 世纪中叶天然气水合物将成为第一种最为普及的能源燃料。世界上一些主要的石油消费大国的油气后备资源严重不足，有些国家从长远的能源战略考虑把清洁的、高能量密度的、资源量巨大的天然气水合物作为解决本国能源危机的后备资源。所以，天然气水合物被公认为 21 世纪最具开发潜力的新能源，天然气水合物的研究已成为许多国家政府共同关注的新能源热点。

2.4.3　天然气水合物开发利用对环境的影响

2.4.3.1　影响气候变化

甲烷是大气中重要的气体组分，目前大气中的甲烷容量约为 6.9 万亿立方米，仅为大气中二氧化碳总量的 0.5%。但是，甲烷的温室效应比 CO_2 要大 21 倍，甲烷对温室效应的贡献占到15%,因此甲烷的温室效应是全球气候变暖的重要原因之一。同时甲烷燃烧产生大量 CO_2,也是造成温室效应的主要气体。

在开采天然气水合物过程中,如果向大气中排放大量甲烷气体,必然会进一步加剧全球的温室效应,极地温度、海水温度和地层温度也将随之升高,这会引起极地永久冻土带之下或海底的天然气水合物自动分解,大气的温室效应会进一步加剧。如加拿大福特斯洛普天然气水合物层正在融化就是一个例证。

2.4.3.2 海底滑坡

海底滑坡通常认为是由地震、火山喷发、风暴波和沉积物快速堆积等事件或因坡体过度倾斜而引起的。然而,近年来研究者不断发现,因海底天然气水合物分解而导致斜坡稳定性降低是海底滑坡产生的另一个重要原因。天然气水合物以固态胶结物形式赋存于岩石孔隙中,天然气水合物的分解会使海底岩石强度降低;另一方面因天然气水合物分解而释放岩石孔隙空间,会使岩石中孔隙流体(主要是孔隙水)增加和岩石的内摩擦力降低,在地震波、风暴波或人为扰动下孔隙流体压力急剧增加,岩石强度降低,以至于在海底天然气水合物稳定带内的岩层中形成统一的破裂面而引起海底滑坡或泥石流。

2.4.3.3 海洋生态环境的破坏

如果在开采过程中向海洋排放大量甲烷气体将会破坏海洋中的生态平衡。在海水中甲烷气体常常发生下列化学反应:

$$CH_4 + 2O_2 = CO_2 + 2H_2O$$

$$CaCO_3 + CO_2 + H_2O = Ca(HCO_3)_2$$

这些化学反应会使海水中 O_2 含量降低,一些喜氧生物群落会萎缩,甚至出现物种灭绝;另一方面会使海水中的 CO_2 含量增加,造成生物礁退化,海洋生态平衡遭到破坏。

但相比较石油和煤炭而言,天然气是较为安全的燃气之一,它不含一氧化碳,也比空气轻,一旦泄漏,立即会向上扩散,不易积聚形成爆炸性气体,安全性较高。采用天然气作为能源,可减少煤和石油的用量,因而大大改善环境污染问题;天然气作为一种清洁能源,能减少二氧化硫和粉尘排放量近100%,减少二氧化碳排放量60%和氮氧化合物排放量50%,并有助于减少酸雨形成,舒缓地球温室效应,从根本上改善环境质量。天然气的优点如下:

(1) 绿色环保。天然气是一种洁净环保的优质能源,几乎不含硫、粉尘和其他有害物质,燃烧时产生二氧化碳少于其他化石燃料,造成温室效应较低,因而能从根本上改善环境质量。

(2) 经济实惠。天然气与人工煤气相比,同比热值价格相当,并且天然气清洁干净，能延长灶具的使用寿命，也有利于用户减少维修费用的支出。天然气是洁净燃气，供应稳定，能够改善空气质量，因而能为该地区经济发展提供新的动力，带动经济繁荣及改善环境。

(3) 安全可靠。天然气无毒、易散发，比重轻于空气，不宜积聚成爆炸性气体，是较为安全的燃气。

(4) 改善生活。家庭使用安全、可靠的天然气，将会极大改善家居环境，提高生活质量。

2.5　水电

2.5.1　水电概述

2.5.1.1　定义

水力发电(Hydroelectric power)是将河流、湖泊或海洋等水体所蕴藏的水能转变为电能的发电方式。具体的讲，是利用河流、湖泊等位于高处具有位能的水流至低处，将其中所含之位能转换成水轮机之动能，再借水轮机为原动力，推动发电机产生电能。利用水力(具有水头)推动水力机械(水轮机)转动，将水能转变为机械能，如果在水轮机上接上另一种机械(发电机)随着水轮机转动便可发出电来，这时机械能又转变为电能。水力发电在某种意义上讲是水的位能转变成机械能，再转变成电能的过程。因水力发电厂所发出的电力电压较低，要输送给距离较远的用户，就必须将电压经过变压器增高，再由空架输电线路输送到用户集中区的变电所，最后降低为适合家庭用户、工厂用电设备的电压，并由配电线输送到各个工厂及家庭。

2.5.1.2　原理

水力发电的基本原理是利用水位落差，配合水轮发电机产生电力，也就是利用水的位能转为水轮的机械能，再以机械能推动发电机，得到电力。科学家们以此水位落差的天然条件，有效地利用流体力学工程及机械物理等，精心搭配以达到最高的发电量，供人们使用廉价又无污染的电力。

1882 年，首先记载应用水力发电的地方是美国威斯康星州。到如今，水力发电的规模从第三世界乡间所用几十瓦的微小型，到大城市供电用几百万瓦的都有。

2.5.1.3　分类

水电站是水能利用中的主要设施，见图 2-9，水力发电的分类也要根据水电站不同参数进行，而水电站的主要参数包括水库的特征水位及相应的库容、水电站的特征水头及流量、水电站的动力参数、水电站的经济指标、水电站的工程等级等。这里介绍几种分类方法。

图 2-9 甘肃省文县麒麟寺水电站

由于河道地形、地质、水文等条件不同,水电站集中落差、调节流量、引水发电的情况也不相同。按集中河道落差的方式,水电站可以分为以下几种:

(1) 堤坝式水电站。堤坝式水电站是在河道上修筑拦河大坝,抬高上游水位,以集中落差,并形成水库调节流量,然后建电厂。根据坝基地形、地质条件的差别,坝和电厂相对布置位置也不同,因此堤坝式水电厂又可分为河床式和坝后式两种基本类型。

1) 河床式电站。一般修建在河道中下游河道纵坡平缓的河段上,为避免大量淹没,建低坝或闸。适用水头为:25 米以下(大中型),8~10 米以下(小型)。厂房和挡水坝并排建在河床中,共同挡水,故厂房也有抗滑稳定问题;厂房高度取决于水头的高低;引用流量大、水头低。河床式电站主要包括:挡水坝、泄水坝、厂房、船闸、鱼道等。葛洲坝水电站就是我国目前最大的河床式水电站。

2) 坝后式水电站。多建在河流中、上游的峡谷中。由于淹没相对较小,坝可以建得较高,以获得较大的水头。当水头较大时,厂房本身抵抗不了水的推力,将厂房移到坝后,由大坝挡水。库容较大,调节性能好。如为土坝,可修建河岸式电站。三峡水电站就是坝后式水电站。

(2) 引水式水电站。引水式水电站是在地势险峻、水流湍急的河流中、上游,或坡度较陡的河段上,采用人工修建引水建筑物(如明渠、隧道、管道等),引水以集中落差发电。不存在淹没,不仅可沿河引水,甚至可以利用两条河流的高程差进行跨河引水发电。如我国川滇交界处,金沙江和以礼河高程相差 1400 米,两河最近点相距仅 12 千米,可以实现跨河引水发电。引水式水电站多建在山区河道上,受天然径流影响，发电引用流量不会太大，故多为中、小型水电站。

按照水电站蓄水蓄能的方式不同，水电站可以分为常规水电站和抽水蓄能水电站。常规水电站是利用天然河流、湖泊等水源发电。抽水蓄能电站利用电网负荷低谷时多余的电力，将低处下水库的水抽到高处上存蓄，待电网负荷高峰时放水发电，尾水收集于下水库。

除此之外还有多种分类方法，例如，按水电站利用水头的大小，可分为高水头（70 米以上）、中水头（15 ~ 70 米）和低水头（低于 15 米）水电站；按水电站装机容量的大小，可分为大型、中型和小型水电站（一般装机容量 5000 千瓦以下的为小型水电站，5000 ~ 10 万千瓦的为中型水电站，10 万千瓦及以上的为大型水电站或巨型水电站）。

2.5.2　我国水力发电发展现状及展望

2.5.2.1　发展现状

我国地域辽阔，水资源比较丰富，大部分地区雨量充沛，河流众多，水力资源极为丰富。据估计，流域面积在 100 平方千米以上的河流有 500 多条，除此之外，中小河流几乎遍布全国。正常年径流总量达 2.6 万亿立方米，居世界第六位。其中地下水总补给量约 7000 亿立方米，南方约为 4800 亿立方米，北方约为 2200 亿立方米。我国的水能资源占世界首位，理论蕴藏量达 6.8 亿千瓦，居世界第一位。根据我国各河流的初步规划，全国可能开发的水能资源为 3.8 亿千瓦，年发电量 1.9 万亿千瓦时，相当于大电厂每年消耗 7 亿吨标准煤。我国地势西高东低，西部地区河流落差大，因而形成西部水能资源多，东部少的格局。据调查，水能资源在西南地区约占全国总量的 70%；西北地区占 12.5%；中南地区占 9.5%；华东地区占 4.4%；东北及华北地区各占 1.8%。全国可能开发的大小水电站有 7600 多座（单站装机 500 千瓦以上），其中装机容量在 25 万千瓦以上的大型水电站 208 座。

2.5.2.2　我国水电发展面临的问题

我国的水电事业在新中国成立以后有了长足的发展，但还存在很多问题。例如二滩水电站是新中国成立以来四川省投资最密集、工程最大、技术难度最高的建设项目，但是一投产就面临着资源的巨大浪费和企业的巨额亏损这样的尴尬境地。这种情况在我国的水电站中普遍存在。究其原因，主要有以下几点：

（1）在管理体制上，高度垄断的电力工业体制阻碍了水电的发展。

（2）在目前经济利益关系上，火电生产的多少，与各大小煤矿的经济效益直接相关。我国长期以火电为主，各火电厂长期以来与各自的煤矿建立了固定关系，如果用水电代替火电，不仅火电厂将面临压力，煤矿也会面临很大的压力，造成火电厂和煤矿两方面的经济困境。因此，部门或单位受经济利益的驱动，形成了“保火电，轻水电”的局面，这样就造成了大量的水电资源被白白浪费，甚至弃损电量大大高于实际上网电量。

(3) 在技术上,由于水电的调峰或甩负荷相当容易,甚至几分钟即可完成大型水电机组的起动、并网发电或停车,而同级容量的火电机组则可能需要几十个小时来完成起动或停车。因此在大电网调度上,往往用水电机组做调峰或备用机组,在水量充足时以泄洪代发电,却不重视其在常规时期的发电应用,造成水电资源的巨大浪费。

总之,我国水电事业面临的问题归根结蒂是人们在思想上还没有认识到发展水电的必要性和紧迫性,往往因为水电客观上存在一次性投资大、建设周期长、建成初期回报少的特点,就只顾及眼前的经济利益,从而给水电的发展造成了多重客观阻力。因此,我们应该大力宣传在我国发展水电所具有的重大意义,改变人们对水电的观念,从本质上扫除各种障碍。

2.5.2.3 我国水电发展前景

随着改革的深化和国民经济的发展,我国的电力市场形势发生了根本的变化,由过去电量和容量"双缺"演变为电量相对过剩和调峰容量严重不足,这给水电的发展带来了良好的机遇。

A 总方针

现在和将来一段时间,我国的水电应该优先并主要开发调节性能好的水电站,并从全电力行业和社会经济发展的角度综合考虑和研究水电开发强度,避免出现浪费;合理评价抽水蓄能电站的经济效益,充分认识抽水蓄能电站的填谷、调峰、调频、调相、事故备用等作用的重要意义,协调发展中、东部地区的抽水蓄能电站;进一步加强水电"流域、梯级、滚动、综合"开发方式的研究;更加注重生态问题。

B 进行阶梯开发,建设水电基地

我国的水能资源主要分布在西部地区,占全国四分之三以上,但目前开发率仅为8%。尤其是云南省,全省水电可开发装机总容量约9000万千瓦,占全国水电可开发装机容量的23.8%,居全国第二位,省内水资源主要分布于金沙江、澜沧江、怒江、珠江、红河和伊洛瓦底江等六大水系,是我国西部最具水电开发潜力的省份。但是云南省的工业基础相对落后,水电资源主要位于交通不便的崇山峻岭之中,开发难度较大。随着西部大开发战略的实施,西电东输工程必将激活西部丰富的水力资源,促进我国水电事业的发展,发挥云南等省的地区优势,将其建设成我国的水电能源基地,实现西电东输,既可以满足当地经济发展对电力的需求,又能优化全国的能源结构。

C 继续重视小水电的开发

我国的小水电资源十分丰富,理论蕴藏量约为1.5亿千瓦,可开发容量约为7000多万千瓦,相应年发电量约为2000~2500亿千瓦时。小水电除了具有大水电的不污染大气、使用可再生能源而无能源枯竭之虑、成本低廉等优点外，因其资源分散、对生态环境负影响小、技术成熟、投资少、易于修建，而适宜于农村和山区，特别是发展中国家的农村和山区。

我国作为发展中国家，小水电建设已经取得了巨大的成绩，到 1997 年底，我国小水电总装机容量已达 2052 万千瓦，年发电量为 683 亿千瓦时。小水电建设多数情况可采用当地建筑材料，吸收当地劳动力建设，从而降低建设费用，并且其设备易于标准化，能降低造价，缩短建设工期，无需复杂昂贵技术，有利于我国经济不发达的山区和农村实现电气化，因而应继续重视其开发和建设。

2.5.2.4　水电技术发展

根据上述电力发展规划和“西电东送”的战略目标，我国待开发的水电站主要集中在西部。而西部水电站的建设条件非常复杂，工程规模巨大，因此在水电科学技术方面，我们要开创人类历史先河，攀登水电科技的高峰。从 20 世纪 80 年代开始至 21 世纪，我国水电科学技术成果丰硕，科技成果转化率高，创新程度也高，特别是新坝型成果的创新已被国内外同行业人士所借鉴。在我国西部规划和建设中的高坝中，不少是在 200 ~ 300 米之间，有的还超过 300 米。建设 300 米级的高坝，技术难点很多，即使是同一个技术概念，高坝和低坝的内涵也不尽相同。因此，应把 200 ~ 300 米的高坝作为重心，并围绕这一重心组织力量，精心安排，系统全面地开展科技攻关。

A　水电工程勘察技术方面

在水电工程勘察技术方面，形成资料采集、分析整理、成图一体化的工程地质综合分析成套技术。

B　高坝筑坝技术研究方面

在高坝筑坝技术研究方面，形成 300 米级高拱坝、200 ~ 300 米级高堆石坝、200 米级碾压混凝土重力坝配套技术。

(1) 在 300 米级高拱坝结构问题方面，以已建高拱坝原型观测资料为基础进行反馈分析，开展高拱坝结构稳定性及抗震安全性、抗滑稳定分析方法及安全系数取值问题研究，提出合理的高拱坝应力控制标准。在保证坝体应力、变形、安全的条件下，进一步优化体形结构。

(2) 在高土石坝筑坝技术方面，重点研究 200 米以上级高土石坝技术，以水布垭高混凝土面板堆石坝(233 米)为基础，以糯扎渡心墙坝(261 米)、苗家坝等混凝土面板堆石坝(300 米)为目标，研究以下内容：

1) 堆石料变形和渗透特性，特别是高应力和复杂应力条件下的变形性能以及风化料筑坝变形的长期稳定性研究。

2) 力学参数的选取及坝体应力应变计算方法研究，提出适合超高堆石坝计算分析的方法。

3）研究和完善超高面板坝上游防渗结构，提出适合高水头变形大的周边缝结构和材料以及抗裂、抗渗性能高、耐久性能好的混凝土配合比。

4）开展趾板建基面标准研究，提出深厚覆盖层上建趾板技术方法和措施。

5）对于土质心墙坝，重点研究拓宽心墙防渗土料的应用范围。

（3）在研究和完善 200 米级高碾压混凝土筑坝技术方面。主要研究内容如下：

1）对碾压混凝土重力坝，重点研究成层体系混凝土坝的稳定和应力分析方法、层面抗剪断和应力应变特性、坝体防渗、排水技术和相应的处理方案；优化混凝土配合比，完善大仓面连续浇注的温控计算方法和措施。

2）开展高碾压混凝土拱坝关键技术问题研究。建立高碾压混凝土拱坝结构设计及计算理论和方法，合理确定坝体细部结构，提出保持拱坝整体性的措施及防裂、抗裂措施。

（4）在高水头、大流量的泄洪消能技术方面，主要是优化枢纽布置，研究不同坝型泄水建筑物合理的布置形式及高水头、大单宽流量的泄水建筑物体型，提出过流面平整度控制标准和掺气减蚀措施。解决好消能防冲问题，提高消能效果，控制雾化范围，开发新型抗磨损、抗空蚀材料，开展导流建筑物与永久建筑的结合问题研究，降低工程造价。

（5）在大型地下洞室的稳定技术方面，主要研究内容如下：

1）综合分析岩体结构面、地应力、渗压以及施工等因素对大型地下洞室群稳定性的影响；研究围岩整体稳定的仿真计算方法、稳定性判别准则与合理的支护方式，优化防渗排水措施。

2）研究深埋长隧洞的勘探技术、岩爆规律及有害气体的预报和防范措施。

3）建立大型地下洞室群专家系统信息库，为设计和施工提供依据。

（6）在高边坡稳定技术方面，进一步进行水电工程边坡资料的登录工作，为工程设计和施工提供重要的参考依据。开发边坡工程地质条件的新型快速勘探技术，提高工程地质勘测精度和水平。开展复杂地质条件下边坡的失稳机理研究，开发和完善适用于不同失稳模式的边坡稳定分析配套软件，尤其是在复杂边界条件下的三维分析软件系统，为分析评价和处理提供依据。进一步研究和探讨边坡加固处理技术，尤其是各种加固处理措施的作用机制和效果，使现有的加固处理方案建立在更为经济合理的基础之上。建立边坡安全监测预警预报系统。

（7）在抽水蓄能电站关键技术方面，开展抽水蓄能电站工程结构问题研究：

1）开展地下厂房结构布置和振动特性研究、抽水蓄能机组蜗壳与外围混凝土联合作用分析研究等。

2）开展复杂地基上库盆防渗及渗流控制技术研究，包括防渗形式选择、接头处理、水库蓄水对基础及建筑物的影响及相应措施；对高悬水库基础的渗流场进行分析，提出渗流控制标准和相应的渗流控制措施等。

3）开展井式进出水口的水力学问题研究。

4）进一步开展大PD值预应力钢筋混凝土高压管道结构及埋藏式钢岔管结构受力分析研究，提高我国大PD值压力管道的设计水平，降低工程造价。

（8）在抽水蓄能电站机组运行技术研究方面，开展机组起动方式、工况转换及变频起动装置（SFC）谐波分析和预防措施研究：进一步优化水泵水轮机和发电电动机的主要技术参数、机组总体结构及主要机电设备布置形式，提高抽水蓄能电站的运行稳定性。

（9）在大型水电机组关键技术研究方面，主要是对大型混流式机组的重大运行技术问题进行研究：

1）结构优化设计、整机动态应力分析及整机刚度、强度研究；蜗壳钢板和混凝土联合受力的三维计算及真机应用研究。

2）转轮叶片水下动态特性研究，疲劳计算分析及寿命预估。

3）叶道涡及压力脉动的研究。

4）轴系稳定和振动研究，整机动力特性和振动分析的研究。

5）有关规程规范的研究。

（10）在新材料、新工艺应用研究以及大坝安全监测技术研究方面，主要是研究新型混凝土及掺合料，包括纤维混凝土的应用研究，掺合料、新型外加剂的开发等；开展新型防渗止水材料，特别是适合超高面板坝的填缝止水材料和高碾压混凝土上游面防渗材料的研究；研制适用于大孔隙、高地下水流速、细裂隙等特殊地层情况的灌浆材料及相应的施工工艺。

2.5.3　水电开发利用引发的环境问题及解决方法

当前，大多数发达国家的水电开发率很高，有的国家甚至高达90%以上，而发展中国家的水电资源开发水平极低，一般在10%左右。目前，我国水能资源开发也只达到百分之十几。我国正处于经济高速增长期，研究表明，在未来20年中，为解决水资源短缺问题，实现合理配置，满足防洪、电力供应等方面的要求，仍然需要修建大型水利水电工程。但是，修建大型水利水电工程对生态环境的影响问题已受到空前的关注，全世界大多数国家在比以往任何时候都更加认真地考证、研究，推迟甚至在某种极端情况下中止或放弃新的水电开发方案。因此，在今后一个时期，生态问题将成为我国水电建设乃至整个水利事业进一步发展的重要制约因素。

要正确处理修建大型水利水电工程与保护生态环境的关系，就必须科学地、实事求是地分析修建大型水利水电工程可能导致什么样的生态环境问题，生态制约的具体表现是什么，并结合实际对具体问题进行具体分析，分清主次，抓住关键，用

科学的发展观、人与自然和谐相处的理念正确认识并妥善处理现阶段遇到的问题，确保我国水电事业快速健康地发展。从普遍意义上讲，水利水电工程在环境方面的影响主要包括移民问题，对泥沙和河道的影响，对气候、水文、地质、土壤、水体、鱼类和生物物种的影响以及对文物和景观的影响、对人群健康的影响等。

2.5.3.1 对自然环境的影响

A 对气候的影响

一般情况下，地区性气候状况受大气环流所控制，但修建大、中型水库及灌溉工程后，原先的陆地变成了水体或湿地，使局部地表空气变得较湿润，对局部小气候会产生一定的影响，主要表现在对降雨、气温、风和雾等气象因子的影响。

a 对降雨量的影响

(1) 降雨量有所增加。这是由于修建水库形成了大面积蓄水，在阳光辐射下，蒸发量增加引起的。

(2) 降雨地区分布发生改变。水库低温效应的影响可使降雨分布发生改变，一般库区蒸发量加大，空气变得湿润。实测资料表明，库区和邻近地区的降雨量有所减少，而一定距离的外围区降雨则有所增加，一般来说，地势高的迎风面降雨增加，而背风面降雨则减少。

(3) 降雨时间的分布发生改变。对于南方大型水库，夏季水面温度低于气温，气层稳定，大气对流减弱，降雨量减少；但冬季水面较暖，大气对流作用增强，降雨量增加。

b 对气温的影响

水库建成后，库区的下垫面由陆面变为水面，与空气间的能量交换方式和强度均发生变化，从而导致气温发生变化，年平均气温略有升高。

B 对水文的影响

水库修建后改变了下游河道的流量过程，从而对周围环境造成影响。水库不仅存蓄了汛期洪水，而且还截流了非汛期的基流，往往会使下游河道水位大幅度下降甚至断流，并引起周围地下水位下降，从而带来一系列的环境生态问题：下游天然湖泊或池塘因断绝水的来源而干涸；下游地区的地下水位下降；入海口因河水流量减少引起河口淤积，造成海水倒灌；因河流流量减小，使得河流自净能力降低；以发电为主的水库，多在电力系统中担任峰荷，下泄流量的日变化幅度较大，致使下游河道水位变化较大，对航运、灌溉引水位和养鱼等均有较大影响；当水库下游河道水位大幅度下降以至断流时，势必造成水质的恶化。

C 泥沙淤积问题

以三门峡水库为例说明水库淤积问题。水库于1960年蓄水，一年半后，15亿吨泥沙全部淤在潼关至三门峡河段，潼关河床抬高4.5米，淤积带延伸到上游的渭河口,形成拦门沙,两岸地下水位也随之抬高,从而造成两岸农田次生盐碱化。

D 对水体的影响

河流中原本流动的水在水库里停滞后便会发生一些变化。首先是对航运的影响,比如过船闸需要时间,从而对上、下行航速带来影响;水库水温有可能升高,水质可能变差,特别是水库的沟汊中容易发生水污染,如水华现象的出现等;水库蓄水后,随着水面的扩大,蒸发量的增加,水汽、水雾就会增多等。这些都是修坝后水体变化带来的影响。水库蓄水后,对水质可产生正负两方面的影响。

(1) 有利影响:库内大体积水体流速慢,滞留时间长,有利于悬浮物的沉降,可使水体的浊度、色度降低;库内流速慢,藻类活动频繁,呼吸作用产生的 CO_2 与水中钙、镁离子结合产生 $CaCO_3$ 和 $MgCO_3$ 并沉淀下来,降低了水体硬度。

(2) 不利影响:库内水流流速小,降低了水、气界面交换的速率和污染物的迁移扩散能力,因此复氧能力减弱,使得水库水体自净能力比河流弱;库内水流流速小,透明度增大,利于藻类光合作用,坝前储存数月甚至几年的水,因藻类大量生长而导致富营养化;被淹没的植被和腐烂的有机物会大量消耗水中的氧气,并释放沼气和大量二氧化碳,同样导致温室效应;悬移质沉积于库底,长期累积不易迁移,若含有有毒物质或难降解的重金属,可形成次生污染源。

E 对地质的影响

修建大坝后可能会触发地震、塌岸、滑坡等不良地质灾害。

(1) 大型水库蓄水后可诱发地震。其主要原因在于水体压重引起地壳应力的增加;水渗入断层,可导致断层之间的润滑程度增加;增加岩层中空隙水压力。

(2) 库岸产生滑塌。水库蓄水后水位升高,岸坡土体的抗剪强度降低,易发生塌方、山体滑坡及危险岩体的失稳。

(3) 水库渗漏。渗漏造成周围的水文条件发生变化,若水库为污水库或尾矿水库,则渗漏易造成周围地区和地下水体的污染。

F 对土壤的影响

水库蓄水引起库区土地浸没、沼泽化和盐碱化。

(1) 浸没:在浸没区,因土壤中的通气条件差,造成土壤中的微生物活动减少,肥力下降,影响作物的生长。

(2) 沼泽化、潜育化:水位上升引起地下水位上升,土壤出现沼泽化、潜育化,因过分湿润致使植物根系衰败,呼吸困难。

(3) 盐碱化:由库岸渗漏补给地下水经毛细管作用升至地表,在强烈蒸发作用下使水中盐分浓集于地表,形成盐碱化。土壤溶液渗透压过高,可引起植物生理干旱。

G 对鱼类和生物物种的影响

这里的鱼类是特指的,生物物种则泛指动物、植物和微生物。当前社会上极为

关注的是大坝建设对洄游鱼类造成的影响。事实上,洄游鱼类由于种类不同,其生存的环境也各不相同,如鲟鱼,相当一部分是在北纬45°左右的日本北海道和我国乌苏里江、黑龙江、松花江等河、海之间洄游。而且,并不是每条河流都有洄游鱼类。世界各国在建坝时解决鱼类洄游问题通常采取两种办法:一种是采取工程措施,建鱼梯、鱼道等;另一种是对洄游鱼类进行人工繁殖。我国长江葛洲坝工程建设中,解决中华鲟洄游问题就选择了人工繁殖的办法,事实证明是比较成功的。需要强调的是,在不同的地区、不同的河流上建坝,对鱼类和生物物种的影响是不同的,要对具体的河流进行具体的分析,不能一概而论。

(1) 对陆生植物和动物的影响:

1) 永久性及直接的影响,库区淹没和永久性的工程建筑物对陆生植物和动物都会造成直接破坏;

2) 间接的影响,指局部气候,土壤沼泽化、盐碱化等所造成的对动植物的种类、结构及生活环境等的影响。

(2) 对水生生物的影响:主要指对水生藻类植物的影响。水库淹没区和浸没区原有植被的死亡以及土壤可溶盐都会增加水体中氮磷的含量,库区周围农田、森林和草原的营养物质随降雨径流进入水体,从而形成富营养化的有利条件。

(3) 对鱼类的影响:切断了洄游性鱼类的洄游通道;水库深孔下泄的水温较低,影响下游鱼类的生长和繁殖;下泄清水,影响了下游鱼类的饵料,影响鱼类的产量;高坝溢流泄洪时,高速水流造成水中氮氧含量过于饱和,致使鱼类产生气泡病。如长江葛洲坝,每秒下泄流量为41300~77500立方米,氧饱和度为112%~127%,氮饱和度为125%~135%,致使幼鱼死亡率达32.24%。

2.5.3.2 对社会环境的影响

A 对人群健康的影响

不少疾病如阿米巴痢疾、伤寒、疟疾、细菌性痢疾、霍乱、血吸虫病等直接或间接地都与水环境有关。如丹江口水库、新安江水库等建成后,原有陆地变成了湿地,利于蚊虫滋生,都曾流行过疟疾病。由于三峡水库介于两大血吸虫病流行区(四川成都平原和长江中下游平原)之间,建库后水面增大,流速减缓,因此对钉螺能否从上游或下游向库区迁移并在那儿滋生繁殖,都是需要重视的环境问题。

B 对移民的影响

三峡水库将淹没陆地面积632平方千米,移民总数超过110万人。移民政策的调整表现为:

(1) 将原计划在三峡库区就地后靠搬迁的部分农村移民,远迁到库区以外的经济发达地区,至今已经搬迁移民近40万,外迁的有10万。

(2) 对一批原计划搬迁重建的工矿企业实行破产或关闭。据资料统计,三峡库区原有1599个工矿企业中有1013个实行了破产或关闭。

C 对生物和文物的影响

我国是历史文明古国,文物古迹极多。水库库区淹没后可能对文物和景观带来影响,这一问题也需要引起高度重视。水库蓄水淹没原始森林,涵洞引水使河床干涸,大规模工程建设对地表植被的破坏,新建城镇和道路系统对野生动物栖息地的分割与侵占,都会造成原始生态系统的改变,威胁多样生物的生存,加剧了物种的灭绝。如贡嘎山南坡水坝的修建,造成牛羚、马鹿等珍稀动物的高山湖滨栖息活动地的丧失以及大面积珍稀树种原始林的淹毁。

2.5.3.3 解决方法

生态与环境是当前全社会十分关注的问题。关注生态,是经济社会高度发展后人们思想认识的升华所产生的必然结果。发展是第一位的,在发展中应牢记可持续发展的理念,以科学的发展观来统领新时期水利水电事业,实现可持续发展。

水利建设不可避免地在一定程度上改变了自然面貌和生态环境,使已经形成的平衡状态受到干扰破坏。水利工程师的职责是研究由平衡状态到不平衡状态再到平衡状态的发展规律。只要遵循"因势利导,因地制宜"的原则,合理规划,周全设计,精心施工,加强科学管理,大多负面影响都可以得到缓解。水利工程带来的环境问题千变万化,只要没达到极度恶化的程度,就总能找到解决的办法。水利工程能否带来环境效益,能否把对环境的负面影响降低到最低限度是衡量水利工程建设成败的重要标志之一。因此,我们必须充分发展和应用现代科学技术,深入研究自然与生态的平衡机制,研究人类改变自然时对生态的近期和长远的影响。

为了建立生态环境友好的大型水电工程建设体系,需要重点进行以下工作:

(1) 对能源的开发,不可仅仅盯着眼前的、局部的经济利益,而应该着眼长远,对整个生态系统负责。应按照"大水利"思路制定总体规划,彻底改变"技术经济最优"的工程目标。工程项目的选择、建设和运营都要真正体现生态效益、经济效益、社会效益的统筹兼顾。

(2) 完善有关法律,在不宜进行水电项目建设的自然保护区、风景名胜区、地质公园、森林公园、世界遗产区、生态功能区以及其他需要进行保护的区域内,划定保护河段和保护流域区,禁止进行水电工程建设和其他大型工程建设。应真正把加强地区的生态建设与环境保护作为根本点和切入点,对严重破坏和影响生态环境、国家自然保护区、国家风景名胜区和世界遗产的水电建设项目,应该重新进行评估和审查。

(3) 因地制宜,确定适当的开发目标。过去的水力资源规划,按照流域梯级开发模式,往往追求100%的开发率。由于移民和耕地的补偿费用会越来越高,因此考虑社会稳定和保护耕地资源,在规划时应因地制宜,选择适当的开发目标。对于移民和淹没耕地少、生态环境问题少的河流,可以100%开发;对于移民和淹没耕地多、生态环境问题大的河流,可以放弃部分河段的开发。参照多数发达国家的情况,水电资源平均开发率为70% ~80%是可行的。

(4) 研究和完善移民政策,使移民能长期共享水电开发的效益。我国水库移民经历了安置型和开发型两个阶段,国家还出台了库区后期扶持政策。为了解决好移民能走上可持续发展的道路,有专家建议研究"投资型"移民政策。其主要思路是将淹没的土地、房屋及其他有价设施进行评估,加上对生态环境的补偿作为股份,参与水电开发建设,使移民和开发方形成利益共同体,使移民能长期共享水电开发的效益。建设期安置移民的费用通过预支若干年应得的收益来解决。移民区地方政府和移民代表作为股东参与工程建设的决策管理。这一建议值得研究探索。

第 3 章　新能源利用与环境保护

随着国民经济的不断发展，旧的能源逐渐消耗殆尽，并带来了各种各样的环境问题，光化学烟雾、酸雨、臭氧层空洞等，每一项都深深地危及人们的生命健康，对生态平衡造成了不可挽回的有害影响。然而解决这些弊端的根本方法就是开发新能源，用新能源来代替旧能源，以此来缓解能源危机和日益严重的环境问题，给深受污染迫害的人们带来希望，为世界的发展带来光明的前景。

所谓的新能源又称为非常规能源（常规能源包括煤、石油和天然气等），是指不同于传统能源的各种能源形式，主要包括核能、太阳能、风能、地热能、海洋能、生物质能和氢能等。它们具有环境友好、资源丰富、成本低廉等优点，是现代化社会发展所急切需求的最佳能源形式。针对每一种新能源，本章将做逐一介绍。

3.1　核能

图 3-1　大亚湾核电站

提到核能，大家脑海中会立刻浮现出核能发电站、核辐射和核武器等。可以说核能是一把双刃剑，既能给人类带来方便，带动经济的发展，也能给生态平衡带来

不可挽回的灾难。那么到底什么是核能,它是怎么产生的,它的优点有哪些,缺点又怎样,如何正确地使用核能,下面将就以上问题做一一讲解。

3.1.1 概述

核能又称为原子能,是指在原子核中的核子重新分配时所释放出来的能量。它能量极其巨大,与化学反应时释放出来的能量截然不同。具体来说,化学能是靠化学反应使原子由高能态变成低能态,从而释放出能量,而核能则是产生在原子核中核子的重新分配过程中,例如核裂变、核聚变等反应过程。在这些过程中,中子等核子不断转变,从而产生能量。用爱因斯坦的能量方程来描述为 $E=mc^2$,每个铀原子核裂变时,能够放出2亿电子伏特的能量,也就是说1千克铀裂变所释放出来的能量相当于2500吨标准煤燃烧所释放出来的能量,能量之大可以清楚地看出。

3.1.1.1 核能的分类

核能有三种,分为核裂变能、核聚变能和核衰变能。核裂变能是在核裂变过程中产生的,它是重元素的原子核裂变所释放出来的能量。一般只有重原子才能发生裂变反应,具体过程为当铀或钍等重原子吸收一个中子后,原来的原子核会裂变成两个或者更多质量较轻的原子核,同时有两个或三个中子和大量的能量将释放出来。产生的中子又将攻击其他的重原子的原子核,自发产生新的中子和能量,这样接连下去,不断地撞击和释放,从而产生链式反应。核裂变现在被广泛地应用到核能发电中,各个核能发电站都是应用核裂变释放能量的原理来提供水蒸气发电的。

核聚变则不同于核裂变,它是由质量较轻的元素原子核,一般为氢原子的同位素——氘或氚的原子核,融合成质量较大元素的原子核时所释放的能量。氢弹的爆炸就是利用核聚变的原理,通过无数次的聚变释放出大量的能量,从而对外界环境产生破坏。这是不可控制的核聚变反应,但是要想在日常生产生活中利用核聚变,就必须对核聚变进行有效的控制,人为地掌握它的聚变速度和反应进程,使核聚变按照人类的需求进行反应,否则将会造成不可预料的严重后果。并且从产生核能的元素含量角度来说,在地球上重氢的含量远远地超过放射性铀元素的含量。据有关统计,海水中大约每600个氢原子中就有一个氘原子,海水中氘的总量约40万亿吨;氚元素也可以由锂元素制得,所以说不管是氘还是氚都是资源丰富,足够人类使用。然而自然界中存在的可裂变元素铀-235只占天然铀中的0.7%。而且是只有为数不多的国家拥有铀矿,其他的铀均来自海洋,但总量也不超过500万吨,不能够满足人类越来越大的需求量。由于以上原因,核聚变反应越来越引起人们的关注,它将成为当今科学家研究的热点。

核衰变能是指原子核自发地释放中子变成另一种原子核时所释放的能量。常见的核衰变有三种,即α-衰变、β-衰变和γ-衰变,其中α-衰变是指在衰变过程中原子核放射出质量数为4的氦元素而转变成另一种元素的过程;而β-衰变是指在衰变过程中原子核放射出电子而变成另一种元素的过程;γ-衰变则是指激发态的原子核放射出γ射线变成低能态或基态原子核的过程。

(1) α-衰变:　$_{a}^{b}X \longrightarrow {}_{a-4}^{b-2}Y + {}_{4}^{2}\mathrm{He}$

(2) β-衰变:　$_{a}^{b}X \longrightarrow {}_{a}^{b+1}Y + e$

(3) γ-衰变:　$_{a}^{b}X \longrightarrow {}_{a}^{b}Y + \gamma$

3.1.1.2　核能的优缺点

首先来关注一下核能的优点,具体如下:

(1) 核能是通过核裂变、核聚变等过程获得的能量,不同于化石燃料需要燃烧才能获得能量,因为省去了燃烧过程,所以不会产生各种有毒有害气体或悬浮物质对大气造成污染,同时也避免了二氧化碳和氮氧化物等温室气体的排放,不会引起温室效应,保护了人类赖以生存的大气免受污染,对生态环境保护工作的进行起到了很好的促进作用。

(2) 核能能量巨大,前面已经提到,大约1千克的铀裂变所产生的能量相当于2500吨标准煤燃烧所释放的能量,并且核聚变释放的能量更是远远地大于核裂变所释放的能量,因此说核能能量巨大。如果能充分利用核能将大大地减少化石燃料的消耗,既经济又环保。

(3) 产生核能的各元素含量丰富,特别是在海洋中。经过前面的介绍已经知道产生核能的元素有重元素铀、钍以及轻元素氘、氚等。它们在海洋中含量丰富,单单是氘元素大约每600个氢原子中就有一个氘原子,海水中氘的总量约为40万亿吨。产生核能的各元素含量之丰富可以从以上数据中清楚地看出。

(4) 核能的单位产能物质体积较小,每一小块物质就可以产生大量的能量。因此可以省去大量的运输费用,经济性能较好。

了解了核能的各个优点以后,再来看看它的缺点有哪一些。下面是核能的种种缺点和不足:

(1) 在核能的产生过程中同时会有核废料产生。核废料的处理和处置非常困难,它具有相当大的放射性,一旦泄漏会对环境和人体造成极大的伤害。1986年4月26日,在苏联切尔诺贝利核电站发生了严重的核泄漏事件,造成了大量的伤亡。这还仅仅是当时的反应,事故发生后整个切尔诺贝利成为荒凉的不毛之地,多少年后人们仍然深受其害。因为放射性物质的衰变期特别漫长,所以长时间与放射性物质的接触使这里的人们以及动植物身体发生变异,曾经在这里发现体积非常巨大的变异老鼠。核废料的危害之大可以清楚地看到。因此说,核能虽然具有很多好处,是新能源中非常具有发展前景的一种,但是它的安全性不高。如果不能合理

地处理核废料,那么核能对人类来说就是非常不利的。

(2) 核反应的进行需要人为控制,让核反应按照人类的需求进行。如果不能控制核反应的速度和进程,将会产生非常严重的后果。因为核裂变是一种链式反应,如果不能人为地控制,反应将不断地进行下去,能量急剧积累,会对设备及环境人体造成损害。因此我们应大力发展科学技术,对核反应进行有效的控制。这样才能使核能应用到人类所需要的地方。

(3) 核能受到世界各国家的关注,因此要慎重合理地利用。不合适地利用核能,可能会引发国际争端,造成政治分歧。因此在利用核能的同时,我们应尽力调整好与世界各国家的交流,使核能的利用标准化、程序化。

(4) 核能的产热效率较低,与普通化石燃料相比,产生同样的热量,核能消耗较大。在利用核能进行发电时,我们应首先把核反应产生的能量转变成热能,使之加热生成水蒸气等,带动发电机进行发电。所以说虽然核能释放的能量很多,但是较低的热能利用效率不能带来较大的经济效应。

3.1.1.3 利用核能的技术

一般所说的核技术包括核能技术、核动力技术、同位素技术、辐射技术、核燃料技术和核辐射防护技术等。用以下两个例子进行说明:

首先是关于人造太阳的事例。前面已经提到如果对核聚变不进行控制,那么它将持续不断地反应,释放出大量的能量。太阳自身就是一个没有控制的核聚变反应体。因此可以模拟太阳的这个特点,人工制造人造太阳,希望它能像太阳一样源源不断地给人类输送能量。这是一个全超导非圆截面核聚变实验装置(EAST),是继圆截面核聚变实验装置的第二次放电实验。在 2007 年 1 月 14 日 23 时 01 分至 1 月 15 日 01 时连续放电四次,单位放电时间长约 50 毫秒,EAST 产生等离子体最长时间可达 1000 秒,温度超过 1 亿摄氏度。全超导核聚变装置的再次成功放电,标志着我国在全超导核聚变实验装置领域进一步站在了世界的前沿。

第二个事例是 2010 年 12 月 21 日,我国第一座动力堆乏燃料后处理中间试验工厂中核 404 中试工程热调试取得成功。它的成功调试,使我国的核技术取得了重大的突破,核燃料利用效率增加了大约 60 倍,使我国的铀资源足够使用 3000 年左右。具体原理为在核反应进行中当核燃料不能够提供一定的功率时,我们就需要更换核燃料。但是更换下来的这些燃料仍然含有高达 95% 的铀元素,而且核反应阶段还会有钚等元素产生,所以说这些燃料还不是核废料。那么乏燃料后处理的工作宗旨就是从这些核燃料中将铀和钚提取出来,再经过一系列处理使之成为新的燃料,添加到核反应堆中进行新的反应,形成一个闭合的循环。经过这样的循环使用过程,核燃料的利用效率得到了极大的提高,使有限的核燃料能够充分地发挥作用。

3.1.2 核能的利用

由于核技术的支持和核能的众多优点，人类现在已经将核能利用到了军事、农业、工业等诸多领域，使核能在日常的生产生活中起到了非常重要的作用。

3.1.2.1 利用核辐射进行诱变育种

普通的农作物具有的性状并不是很优良，即使是通过杂交等技术获得的性状也很局限。但在实际中自然界生物的变异却是普遍存在的，并且具有多样、不定向性。因此如果人类能合理利用变异的这种性质，就可以获得生物的很多优良性状。核素是诱导生物产生变异的重要引导物，因为它具有放射性，会使基因中的碱基发生增添、缺失或改变，甚至是染色体的变异。而基因和染色体又决定着生物体的遗传和变异，使生物体表现出相应的性状。因此说核辐射可以对农作物进行诱变育种，从而获得优良性状。太空育种利用的就是这个原理，比如现在市场中已经普遍食用的太空辣椒，它个体大、美观并且营养丰富，对人类的生长发育非常有利。

3.1.2.2 核电站

全球各地核电站均受到了很大的重视，核电站的供电量为总供电量的17%左右，甚至有的国家达到70%。我国有大亚湾核电站、秦山核电站和岭澳核电站等，预计到2020年核电站的供电量将达到我国总供电量的4%。核电站发电是利用核裂变链式反应的原理，是铀等重金属元素在核反应堆中发生裂变反应从而产生巨大的能量，使水转变成大量的水蒸气，进而由水蒸气推动汽轮机带动发电机进行发电。核能的有效利用，将会节省相当大的化石燃料消耗量，大气污染也会得到改善。

3.1.2.3 利用核技术探测金属并进行焊接

核反应过程中会产生大量的放射线，如α射线、β射线和γ射线等。这些射线具有非常大的能量，在照射金属时，能够探测出金属的缺口，并将缺口焊接。与普通焊接相比，利用射线进行焊接，效率更高，焊接得更精密，所得物件质量更好。

3.1.2.4 将核技术应用到医学上

在我国，大中小型医院中均备有X光片透视仪、CT以及核磁共振等仪器。它们都是利用射线来检测出人体的病变器官，并且能够利用射线的高能量将肿瘤等病变细胞或者组织切除。这种方法既检测治疗快速，又能减轻病人的痛苦，因此在现代医疗领域得到广泛的应用。

3.1.2.5 同位素标记技术

初中课本中介绍到用S和P等元素的放射性同位素来验证DNA而不是蛋白质是生物体的遗传物质。光合作用碳循环的验证也是用了放射性同位素跟踪的方法。同位素标记技术的研究对科学的进步起到了非常重要的作用。有了这种技术

的支持,人们就可以清晰地看到生物体代谢的各个过程,了解其中奥妙的机制,为人类的发展做出更加重大的贡献。

3.1.3 核能发电

核反应堆发生核裂变反应时会释放出大量的热量,利用这些热量可以产生足够的蒸汽带动发电机进行发电。核电站发电就是利用这个原理。它同热力发电基本相似,所不同的是热力发电的蒸汽是由化石燃料燃烧所释放出的化学能所产生的,而核能发电则是利用核裂变过程中所释放出来的热量产生的。

利用核能发电有众多优点,前面已经阐述,这里不再重复。基于这点,现今社会中已有众多国家在发展核电,希望利用核能发电来缓解能源危机问题。但是核裂变是一个链式反应,如果不能人为地控制,反应将不断地进行下去,能量急剧积累,会对设备及环境人体造成损害。所以在利用核能发电之前如何按人类需求来控制反应是必须解决的。除此之外,在核裂变反应过程中有大量的中子和放射性物质产生,比如核废料,它们有严重的放射性,对人体健康产生重大的威胁。2011 年 3 月 11 日,日本发生了里氏 9.0 级地震,福岛第一核电站发生放射性物质核泄漏。这次核泄漏波及范围较广,韩国、中国以及美国等国家均受到辐射影响,在当地检测出放射性物质的存在。所以说核电站的利用有利也有弊,应该综合考虑。

3.1.4 国内的主要核电站

随着核技术的不断发展,越来越多的核电站在我国兴起,从最早的秦山核电站到现在高科技的核电站,大大小小有十多个。下面对其一一做简要的介绍。

(1) 秦山核电站:地处浙江省海盐县,它是我国自行设计、建造和运营管理的第一座 30 万千瓦压水堆核电站,由三期工程组成。秦山核电站的成功发电,结束了我国无核电的历史,标志着我国从此踏上了发展核电之路,使我国的核工业取得了突飞猛进的发展,成为继美国、英国、法国、苏联、加拿大和瑞典之后第七个能够自行设计、建造核电站的国家,为我国带来丰硕的成果和巨大的荣耀。

(2) 广东大亚湾核电站:它是我国大陆第一座百万千瓦级大型商用核电站,拥有两台 98.4 万千瓦的压水堆核电机组。大亚湾核电站各项技术先进,管理优化,1994 年 5 月投入正式商业使用。

(3) 岭澳核电站:它位于广东大亚湾海岸大鹏半岛东南侧,是继大亚湾核电站之后的第二座大型商用核电站,共分为三期工程,第三期工程采用我国改进型 CPR 压水堆技术,计划拥有两台 100 万千瓦的压水堆核电机组,将于 2014 年投入商业运行。岭澳核电站在大亚湾核电站的基础上,对各项技术、设备进行了改进,全面提高了核电站的安全性能和经济性能。

(4) 田湾核电站:它地处江苏省连云港市连云区田湾,是“九五”计划中的重点建设工程,也是迄今为止中俄两国最大的技术经济合作项目。田湾核电站内拥有 4 台百万千瓦级核电机组,并预留出 4 台的空地。它的设计寿命是 40 年,年发电 600 ~ 700 亿千瓦时,产值 250 亿元以上,极大地促进了我国核事业的发展和华东地区的崛起。

(5) 红沿河核电站:它地处辽宁省大连市瓦房店东岗镇,是我国“十一五”计划期间首个批准的核电项目,也是东北地区首个核电站。与岭澳核电站相比,红沿河核电站在安全性能与经济性能上有了更大程度的提高,对东北老工业基地的振兴起到了很大的促进作用。

(6) 宁德核电站:位于福建省宁德市辖福鼎市秦屿镇的备湾村,规划建设 6 台百万千瓦级压水堆核电机组,预计年发电量达到 300 亿千瓦时,计划于 2013 年左右投入商业运行。宁德核电站的建成将合理调整福建省的能源结构,使经济、社会和环境协调发展。

(7) 阳江核电站:它地处广东省阳江市东平镇,是我国“十一五”技术的重要能源项目之一,采用国家先进的第三代核电技术,计划建设 6 台百万千瓦级的核电机组,从 2006 年开始施工建设。它的成功运营大大地缓解了广东地区的供电危机。

(8) 三门核电站:它位于浙江南部,是浙江境内的第二座完全由我国自行设计、建造和运行管理的核电站。它是我国首个国家核电建设自主化依托项目,采用先进的第三代压水堆核电技术,2007 年开工建设,计划拥有 6 台百万千瓦级的核电机组。

(9) 海阳核电站:它坐落于山东省烟台海阳市留格庄镇原冷家庄和董家庄,规划建设 6 台百万千瓦级压水堆机组,并预留两台的余地, 共分三期工程完成。海阳核电站建成后将成为我国最大的核能发电项目,将大大缓解山东地区的供电紧张问题,使核事业在华北平原也发展起来。

(10) 方家山核电站:它位于浙江省海盐市,是秦山一期核电工程的扩建项目,采用第二代改进的压水堆技术,规划建设两台百万千瓦级压水堆核电机组,分别在 2013 年和 2014 年建成投入商业运行。方家山核电站的建立,将使秦山核电站成为国内装机容量最大的核电站。

(11) 咸宁核电站:它地处湖北省通山县大畈镇大堪村,于 2009 年启动建设,采用第三代核电技术——非能动型压水堆核电技术,标志着我国进入第三代核电发展阶段,使核电站的安全性能与经济性能有了全面的提高。

3.1.5　核能的发展趋势

随着能源危机的不断加重,核能作为一种新能源将越来越引起人们的重视,它

的合理利用将极大地促进社会、经济和环境的可持续发展，为人类带来光明的前景。对此，我国核电站应积极开发研制新技术、新设备，使软件、硬件设施能紧跟时代步伐，努力提高核燃料利用效率，减少废弃物的产生量，降低对工作人员和周围居民的健康伤害，走可持续化、环境友好化、资源节约化的发展道路，为国家、人民提供更多的便利，尽最大能力提高核能发电占总体发电量的比重。同时我们应该与时俱进，学习与核能有关的知识、技术，提高自己的环保意识，实践自己的环保能力，做一名绿色的国民，做一名合格的公民。

通过全国人民的共同努力，核能这种新能源一定会在社会能源结构中占有举足轻重的地位，我们的地球将会充满生机。

3.2 太阳能

太阳能是人类生存的源泉。人类的生存依赖于太阳，何时何地都与太阳有着千丝万缕的联系。早在3000多年前，人类就利用太阳的热量来晒热水、干燥衣服，一直发展到现在的太阳能热水器，它们虽然差别很大，但是其中的原理却是一样的，都是利用太阳能内的热量来将水体加热，给人们提供各种服务。因此说，太阳能与人类的生存息息相关。但是怎么才能更好地利用太阳能，使它的利用效率更高；还有没有其他方面的用途，使它能发挥更大的作用，这些都是人们需要大力研究和学习的。下面就太阳能利用（见图3-2）的各方面做简要的介绍。

图3-2 太阳能利用

3.2.1 概述

太阳能是指太阳光辐射的能量，是一种可再生的新能源。这里指的是狭义上的太阳能，而广义上的太阳能则是地球上许多能源的来源，可以说风能、生物质能等所有的能源都是来源于太阳能。例如,照射到地面的太阳光被地表植物吸收,通过光合作用合成生物体代谢所必需的有机物储存在植物体内。经过一个生命周期,死后的植物将被埋入地下,并经过千百万年的腐化转变最后成为煤、石油等化石能源,通过这样的过程太阳能就转变成了化石燃料。这个例子证实了地球上的其他能源来自于太阳能的观点。

3.2.1.1 太阳能的特点

太阳能具有如下特点:

(1) 太阳能来源丰富,在地球上随处可见。白天只要是有太阳辐射的地方就有太阳能。据统计,每年到达地球表面的太阳辐射能约相当于130万亿吨煤燃烧所释放的能量。太阳能的总量属当今世界上可以开发利用的最大能源,所以说太阳能是取之不尽、用之不竭的。特别是在夏天和极地极昼时期,白天日照时间特别长,具有非常可观的太阳能能源。如我国西藏拉萨地区有“日光之城”之称,平均日照时间远远超过同纬度的其他城市,如果能充分利用太阳能进行生产生活,将节省大量的煤炭、石油,环境质量也能得到很大的提高,使经济和社会得到持续发展。

(2) 各地区太阳能差别小,可直接开发利用。太阳光所照之处均有太阳能,不像其他能源一样在不同地区含量差别特别大,因此不需要经过运输,可以就地取材,直接开发利用。这个特点决定太阳能可以节省大量的运输费用和开采时间,使生产、生活能够持续高效地运行。

(3) 具有环境友好、安全无害等特点。这是它作为新能源的必备条件之一。开发利用太阳能不会对环境造成任何危害,它是最清洁的能源之一。它不像核能,万一泄漏就会造成极大的生态危机,而是绝对安全可靠的,并且在使用过程中没有任何有毒有害物质的排放,对生产者和消费者均不造成伤害。

资源丰富、易取易得、安全无害等优点使太阳能可以在现今社会中得到广泛的使用,但是它的缺点又对其有一定的制约作用,限制了太阳能的进一步开发利用。

首先,太阳能受到自然条件的极大限制,只有晴天才能够发挥效果,雨天或者是雪天等没有阳光的天气下就会失去其原有的作用。太阳能具有极其不稳定的缺点,这使它的开发使用存在很大的难度和复杂性。然而只有持续、稳定的能源才能满足人们的生产生活需求,保障社会持续高效的运行。因此如何将太阳能收集起来以提供持续、稳定的能量成为开发太阳能作为新能源的核心限制技术,这是制约太阳能利用的瓶颈。

除此之外,太阳能的利用效率还很低,目前还没有先进的技术可以使太阳能的利用率得到大幅度的提高,而效率低的直接后果就是增加成本,这个缺点极大地限制了太阳能的开发利用。并且虽然到达整个地面的太阳能能量非常巨大,但是这种能量非常分散,能量密度太低,因此需要安装相当大面积的捕光装置才能获得足够的功率来提供器械运转。这样也就会使造价相应的提高。高的价格必然会缩小

市场份额,对太阳能的开发极其不利。

与此同时,还要注意到太阳能装置的寿命相对较短,非晶硅15年左右就会失去效果。而且一般太阳能的集热装置由玻璃制成,玻璃没有铁制品的刚度大,在运输与使用过程中非常容易遭到损坏,这样不但给运输增加了困难,而且使相应的费用增加。

最后,在冬天,太阳光的辐射角度较小,日照时间较短,到达地面的太阳能能量较低,利用太阳能进行工作的相应设备将不能正常运行,不能提供足够的能量来满足人类的需求。并且从生活常识中知道,冬天如果太阳能热水器中有残余的水分,在较低温度下,它们会凝结成冰,体积扩大,从而使管道破裂,整个设备失去作用。

以上就是太阳能的优、缺点,了解到这些知识可以使人类有重点地改进太阳能装置,避免受太阳能缺点的限制,更加充分地利用它的优点来造福人类。

3.2.1.2　太阳能的利用原理

太阳能的利用原理总体上来说就是将太阳能转变成热能、电能等能源的过程。首先利用太阳能收集装置将辐射到地面的太阳能收集起来,然后通过一系列的能量转换装置将太阳能转变成其他更易利用的能源,如热能、电能等,以供使用。具体流程如图3-3所示。

图3-3　太阳能的利用

3.2.2　太阳能的利用

3.2.2.1　太阳能发电

太阳能最大的用途就是用来发电。现今在全国各大中小城市均安装了太阳能电池板用来收集太阳能发电,以作为路灯等耗电设备的能量来源。那么太阳能发电为什么这样备受关注呢?具体来说,是因为它具有不受地形限制、不需要长距离铺设线路,利用太阳能而不消耗常规能源等优点,因此可以被广泛利用。

目前已有两种发电思路,一种是将太阳能直接转变成电能,这里指的是太阳能光伏技术;另一种则是将太阳能先转变成热能,然后再利用热能产生电能,也就是太阳能热发电技术。在利用太阳能直接发电技术中,太阳能电池是最核心的设备。它利用单晶硅、多晶硅、非晶硅等能产生光伏效应的材料以实现光发电的过程。具体原理如下:当太阳光照射到太阳能电池板表面时,光子被硅材料上的硅原子吸收,与此同时将光子的能量传递给硅原子,使硅电子发生跃迁,成为自由电子,并在P-N结(P型晶体硅经过掺杂磷可得N型硅,形成P-N结)两侧集聚形成电位差,在外加电压的作用下,将会有电流产生,流过整个回路。这样就实现了利用太阳能发电。

太阳能路灯就是利用太阳能直接发电的一种设备。具体来说,太阳能路灯会在白天将照射到太阳能电池板上的光能收集起来,经过一系列能量转换器将光能转换成电能,储存在电池中,供全天使用。即使是在阴天和夜晚,只要是储存在太阳能电池板中的太阳能能量足够就可以维持照明,这样的路灯既节约了大量的电能,又方便美观,与当今社会的可持续发展战略相协调一致,是今后应该格外关注的地方。

谈完了太阳能光伏技术的利用之后,再来看一下太阳能热发电技术。它是将太阳能利用技术与传统的发电技术相结合的产物。太阳能热发电技术是首先利用集热装置将辐射到地面的大量太阳能收集起来,然后使之产生足够的蒸汽带动汽轮发电机进行发电。太阳能热发电的形式有三种,分别为塔式、碟式和槽式。这种产电技术与光伏发电技术相比,具有更大的优势。它的经济性能较后者更加优越,并且可以和传统的发电技术相结合,更有利于太阳能代替传统化石燃料的进展,使代替过程更加易于实现。据有关新闻报道,ATKearney 咨询公司近日通过欧洲太阳能热能协会,估计在今后 15 年内将使太阳能热发电的生产成本降低 50%,使太阳能热发电挑战传统发电,增大太阳能热发电所占的比重,实现太阳能这种新能源的替代。

3.2.2.2　太阳能加热

太阳能中蕴藏着大量的热能,能将湿衣服晒干,将潮湿的土地变得干燥。那么如果能用一种设备将这些热能收集起来给一定量的水加热,为人们的日常生产、生活提供大量的热水和蒸汽等,将会节省出很大一部分能量和资金。因此可以说利用太阳能加热是现今太阳能作为新能源最广泛的用途。据统计,几乎在每个城市家庭中都会有太阳能热水器,它的广泛利用使太阳能这种新能源深入人心,促进了社会、经济和环境的协调发展。

太阳能热水系统由集热器、保温水箱和连接管道组成。它利用白天太阳的辐射能将水加热,使水温升高,上下水体的温度差又将导致下部水体密度比上层的大,从而产生闭合水体的微循环,使整个水箱中的水均得到加热。然后在保温水箱的保温作用下,通过连接管道的输送将源源不断的热水提供人们使用,既节约了能源,又充分满足了人们的需求,可以说是一举两得。

3.2.2.3　太阳能催化作用

太阳能的能量巨大,具有很好的化学催化作用。例如植物光合作用的光反应阶段,太阳能起到光分解水的作用。因此可以利用太阳光的这种催化作用,分解水体产生氢气和氧气,其中可以将氢气作为另一种新能源——氢能。

3.2.2.4 太阳能光合作用

植物能利用太阳能进行光合作用，在体内合成生命活动所必需的各种有机物质。因此可以模拟植物的光合作用，人为合成大量人类需要的有机物，满足生活、生产所需。

3.2.2.5 太阳能汽车

太阳能汽车早期在墨西哥制成，它的顶部安装了一个带太阳能电池的大棚，用来吸收太阳能并把它转化成电能，将电能储存在电池中供给汽车的电动机，以带动汽车运动。普通的燃油汽车会排放大量的有害尾气，而太阳能汽车因不使用化石燃料作为能源，所以避免了产生大量有毒有害的汽车尾气，使能源危机得以缓解，并保护了生态平衡免遭破坏。据有关人士统计，如果用太阳能汽车代替燃油汽车，那么每一辆汽车的二氧化碳排放量可减少43% ~54%，能极大地促进环境保护工作的进展。

但是太阳能汽车也有它的致命缺点，首先造价过高，远远超过了燃油汽车的价格。然而价格是决定市场很重要的因素，没有合适的价格就没有广大的市场需求，因此高的造价不利于太阳能汽车的普遍推广。其次，太阳能汽车的效率过低，不能充分满足人们的生产、生活需求，它的低效率会大大制约社会的发展，因此说这个缺点也将制约太阳能汽车的推广与应用。针对这些缺点和不足，人们应该积极开发研究更先进的技术，用科学来解决实践中的各种难题，最后实现太阳能汽车的实际运用。

3.2.2.6 太阳能建筑

太阳能建筑是将太阳能利用设施与建筑有机结合在一起的产物，实现了太阳能与建筑的一体化。它利用太阳能集热器代替了传统的屋顶覆盖层或保温层，将建筑、美学与环境综合在一起，既节约了能源，避免了资源的重复使用，又保证了建筑物的美观、大方，节省了大量的能源，实现了建筑物的环境友好。因此说太阳能建筑与传统的太阳能利用设施相比，具有极大的优势。但是另一方面，太阳能与建筑的一体化又会使每平方米的建筑成本有所增加，经济方面仍然需要进一步改进。

3.2.3 太阳能利用的国内外发展

随着化石燃料的不断消耗，能源危机在渐渐地向人类逼近，太阳能作为一种新能源的代表，因为它具有环境友好、可再生、资源丰富等优点而得到广泛利用，一场轰轰烈烈的阳光革命在全球展开。引领这场阳光革命的国家是德国。通过政府的相关政策方针和科学技术支持，德国的太阳能产业在全世界范围内占据了举足轻重的地位。随后日本、美国、中国等国家也参加到了这场革命中，太阳能产业的发展可谓是达到了一个前所未有的顶峰。特别是近几年,太阳能产业在我国得到了迅速的发展,我国已成为仅次于德国和日本之后的第三大太阳能光伏产品生产大国。太阳能产业在我国的迅速发展与政府的支持是密切相关的。

据报道,山东省临沂市出台了民用建筑节能与可再生能源建筑一体化的应用管理办法,要求全市县城以及城市规划区内新建、改建、扩建的 12 层及以下住宅建筑和集中供应热水的公共建筑,必须应用太阳能热水系统,并与建筑进行一体化设计与施工。除此之外,临沂市还鼓励开发单位实施与建筑一体化的太阳能采暖、空调、光电转换和照明技术。从这则消息中,我们就能清楚地看到我国对太阳能的开发和利用给予了大量的政策支持,这与太阳能在国内的迅速发展是分不开的。

然而,在我国太阳能产业快速发展的背后,仍然存在着非常严重的问题。首先我国的太阳能产品国内需求量过少,国内市场不能满足企业生产需求。因此我国的太阳能产品生产企业只能依赖于国外的市场,靠出口来实现经济的运转。美国是我国太阳能产品出口的大国,是长期拉动我国太阳能产业发展的主要动力。正是这种强烈的依赖性使得我国的太阳能产业的发展缺乏可靠性和主动性,一旦国外的市场达到饱和,国内的市场需求又满足不了企业的生产,就会导致生产太阳能产品的相关企业破产,使我国的太阳能产业接近崩溃的边缘,给我国的经济发展带来严重的后果。

为了解决这些问题,人们应该从根源出发,找到影响国内太阳能需求较少的根本因素,大力发展太阳能产业,开发研究新技术、新产品,用科学技术来解决实践中的各种缺点和不足,使太阳能产品更加实用,使太阳能产品更加贴近人们的生活。与此同时还要通过宣传教育向广大人民传播环保知识,使人们能够了解太阳能产业的发展现状和发展趋势,让太阳能产品走进寻常百姓家。试想,如果全国 13 亿人口都能充分利用太阳能,我国将节约多少的化石能源,到那时环境质量将得到极大的改善,经济、社会与环境的持续发展将得到实现。所以说作为现代化国民中的一员,我们应该大力关注太阳能产业的发展,用自己的实际行动支持太阳能产业,从小事做起,从身边做起,为我国的环保事业贡献出自己最大的力量。

3.3　风能

风是自然界中的一种自然现象,它是由太阳辐射造成的。太阳辐射到地球上,使大气层的气温和空气中水蒸气的含量发生变化,不同地区、不同高度的气温和水蒸气不同,从而引起大气层气压的差异,使空气自发地由高压地区向低压地区流动,这样就形成了风。风的运动使空气产生动能,这个也就是下面所要讲的风能,风能的利用见图 3-4。

图 3-4 风能的利用

3.3.1 概述

3.3.1.1 风的基础知识

风是相对于地球表面的空气运动，通常是指风的水平分量，它是由于太阳对不同地区的辐射强度不同以及地球自转影响所产生的，正如 3.2.1 节所讲，风能来源于太阳能。风是一个矢量，一般用风速和风向来表示。

风速是指单位时间内空气的运动位移。根据时间的不同，可以把风速进一步划分为瞬时风速和平均风速。瞬时风速是指在无限短时间内空气的运动位移；平均风速则是指在一段时间内空气的平均移动距离。风速常用米/秒、公里/小时或海里/小时为单位来表示。不同的风速对地面物体的影响不同。根据这一点，前人把风对物体的影响分为 13 个等级，也就是今天所说的风级，如表 3-1 所示。

表 3-1 风级

风级	风的名称	风速/$m \cdot s^{-1}$	陆地上的风波	水面现象
0	无风	0~0.2	静，烟直上	平静如镜
1	软风	0.3~1.5	烟能表示风向，但风向不能转动	微浪
2	轻风	1.6~3.3	人面感觉有风，树叶有微响，风向标能转动	小浪
3	微风	3.4~5.4	树叶及微枝摆动不息，旗帜展开	小浪
4	和风	5.5~7.9	能吹起地面灰尘和纸张，树的小枝微动	轻浪

续表 3-1

风　级	风的名称	风速/$m \cdot s^{-1}$	陆地上的风波	水面现象
5	清劲风	8.0～10.7	有叶的小树枝摇摆，内陆水面有小波	中　浪
6	强　风	10.8～13.8	大树枝摆动，电线呼呼有声，举伞困难	大　浪
7	疾　风	13.9～17.1	全树摇动，迎风步行感觉不便	巨　浪
8	大　风	17.2～20.7	微枝折毁，人向前行感觉阻力甚大	猛　浪
9	烈　风	20.8～24.4	建筑物有损坏（烟囱顶部及屋顶瓦片移动）	狂　涛
10	狂　风	24.5～28.4	陆上少见，见时可将树木拔起，建筑物损坏严重	狂　涛
11	暴　风	28.5～32.6	陆上少见，有则必有重大损毁	非凡现象
12	飓　风	大于 32.6	陆上绝少，其摧毁力极大	非凡现象

平均风速是随时间发生变化的，一般常用日变化、月变化、季变化、年变化和年际变化来描述。比如日变化，在白天风速会随着太阳的升起而增大，而在夜晚风速则会减小。了解风速的变化可以使人们更加了解自然界的各种规律现象，从而调节自己的生活，以便更好地适应环境。

风向是指空气流动的方向，一般按 16 个方位来记录。在高空中还常用 0～360°范围内的数字来表示风向。根据风在极坐标系上不同方向发生的频率不同，可以做出风向玫瑰图，如图 3-5 所示。这种图可以表示出当地的主导风向和在各个方向上风发生的概率，为城市的规划建设提供重要的资料。

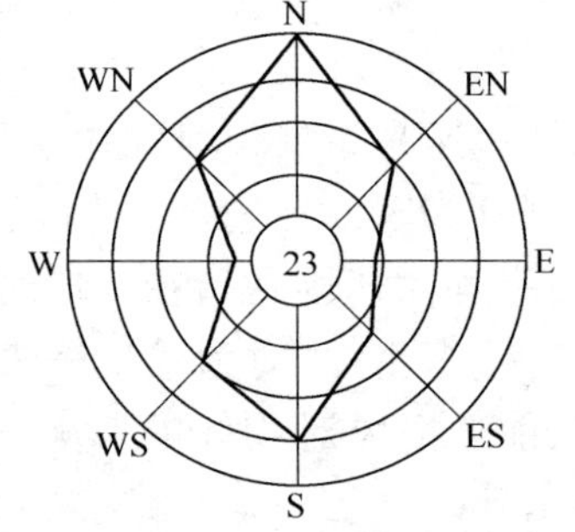

图 3-5　风向玫瑰图

风在地球上会形成环流，常见的环流有大气环流、季风环流和局地风场。大气环流是指全球范围内的大气运动。它是由于太阳光在不同纬度辐射的能量不同而造成的。赤道地区受热较多，空气膨胀向上运动，而在高纬度特别是极地地区，大气因辐射热量较少而冷却下沉，这样就形成了一个全球范围内的环流。季风现象则是指在一个较大范围内风向发生的显著的季节变化，是由海陆间热力的差异所造成的。夏季时大陆的温度高于海洋，所以气流从海洋吹到大陆，冬天时正好相反。局地风场不同于以上两种环流，它是小范围的地方性风场，是由局部地区的地形影响产生的，主要有海陆风、山谷风、过山气风和城市热岛环流。例如山谷风，它产生于山谷地带，是由于山坡和山谷的不同受热所引起的，白天盛行山坡风，晚上则盛行山谷风。

风的各种环流对人类的生产、生活有着至关重要的作用，例如大气环流完成了全球系统之间能量的传递和物质的交换,对全球气候的变化产生了重要影响。深入了解大气环流的相关知识,可提高天气预报的准确性,使人类更好地生存和繁衍。

3.3.1.2 风能的优缺点

风能的优点如下:

(1) 风能作为新能源之一,具有环境友好的特点。风能在生命周期全过程中不会产生任何有毒有害的物质,不会造成大气污染和固体废弃物污染,而且因为风能的利用不需要经过燃烧过程,所以不会有大量的二氧化碳等温室气体的排放,从而缓解了当今世界的温室效应。风能不同于核能,没有高危性的核废料产生,可以说是和太阳能相似的安全无害的新能源,这点是其他能源所无法匹敌的。

(2) 风能储量巨大、广泛 ,并且是可再生能源,所以利用风能来发电可大大减缓我国的能源危机,提高能源供应的安全性。全国在距离地面 10 米高处气象测风仪的观测数据统计显示,我国风资源丰富,特别是在内蒙古和新疆地区,这两地的风量占全国的 70% ~80% 左右。陆地可开发约 2.53 亿千瓦,海洋则可产电约 7.5 亿千瓦,合计全国可用风能产电约 10 亿千瓦。

(3) 风能发电成本低廉。随着风能利用技术的不断提高,风能发电的生产成本已得到极大的降低。在有些地区,利用风能来发电的价格甚至会低于普通的火力发电。风能是一种能够很好地替代传统化石燃料的新能源,人们应将其更好地开发利用。

风能虽然具有以上各种优点,但是它的缺点也非常突出,这是限制风能广泛利用的决定因素。具体如下:

(1) 风能利用的过程中会产生较严重的噪声污染。虽然利用风能发电不会产生各种各样的有毒有害气体,但是风力发电机的工作运转,会产生非常大的噪声,对人类的正常生产生活产生影响。因此,一般风力发电站都要求建立在空旷无人的地方,尽量减少对人类的干扰。

(2) 风的大小不稳定,完全依赖于天气情况。它的不稳定就必然会造成能量大小的不稳定。只有在风能较大时,才能为人类提供足够的能量。因此这个缺点将对风能的开发研究起到极大的限制作用。人们应该在风速较大时将风能转变成电能储存起来,这样才能提供持续的能量。

(3) 风能的转化效率较低,费效比不高。这个问题来源于风能自身存在的易变性。上面已经提到只有在风速稳定的情况下,风力发电机的工作才能较好地进行。遇到阵风、清风甚至是无风的天气时,风力发电机就失去了作用。这是科学家需要不断努力研究的地方。

(4) 能够利用风能发电的地区有限,不是任何地方都可以。在我国内地,只有内蒙古、新疆等全年风速和风量都较大的地区,才能利用风能发电。它不像太阳能一样,地球上的任何地方都可以拥有,这是制约风能推广的重要因素。

(5) 利用风能发电对鸟类和蝙蝠等生物会造成影响。它们可能会误撞到风力涡轮机上,而产生致命的伤害。据报道,风力发电的兴起已经引起了多种生物的灭绝。

3.3.2　风能发电的原理及利用

我国是利用风能最早的国家。早在2000多年前,我们的祖先就开始利用风来推动帆船在江河中行驶。随后几百年,又出现了利用风能进行灌溉的工具,称为水车,又叫做孔明车。发展到现在社会,风能最大的用途就是发电。利用风能进行发电已经成为一种趋势,它的广泛推广可以极大地提高环境质量,保证人类、社会、经济和环境的持续发展。

风能也就是风的动能,它能够带动风轮进行转动,将风的动能转变成风轮的机械能,然后风轮又将带动发电机进行发电,把机械能进一步转化成电能。因为风具有不稳定性,所以利用风能发电所得到的电压也不稳定。然而在生产生活的各个方面,人们一般需要输出电压为220V的交流电。所以产生电流后,人们应该将其用蓄电池收集起来,然后再把它转化成220V的交流电供给人们使用。

这个过程也就是所说的风力发电,发电过程中用到的所有装置称为风力发电机组,主要包括风轮、机舱、塔架和基础四部分。风轮是将风的动能转变成自身机械能的装置,而机舱则在底盘上安装有发电系统,是将风轮的机械能转化成电能的装置。根据风轮旋转轴方向的不同,可以把风力发电机分为两类:一类是水平轴风力发电机,它的风轮围绕水平轴旋转,风轮在塔架前面迎风的称为上风向风力机,在塔架后面迎风的称为下风向风力机;另一类则是垂直轴风力发电机,它的风轮围绕垂直轴旋转,可接受来自任何方向的风,同水平轴风力机不同,它不需要调向装置来使风轮对准风向。

在风力发电机中应用最广泛的要数双馈型风力发电机。它是一种绕线式转子发电机,由励磁控制,是定子和转子都能向电网馈电的发电机,因此被称为双馈型发电机。它不仅与异步风力发电机有很多相似之处,还具有独立的励磁绕组,可以像同步发电机一样对发电机施加励磁,调节其功率因子。双馈风力发电机的推广,使风力发电可以输出恒频的电能,对风能的推广起到了极大的促进作用。

利用风能发电主要有三种形式:一是独立风力发电系统。它不并网发电,只能独立使用。具体原理和上面所讲的风力发电的原理相一致。也需要将产生的电能经充电器整流,再对蓄电池充电,使之转变成化学能,然后经过逆变电源的作用,把化学能重新转变成220V的交流电,供给用电体使用。第二种就是将风力发电与其他发电形式相结合。最后一种是并网风力发电系统,它是将利用风能所得到的电能施加到普通供电系统中去,由同一系统供电。

3.3.3 风能的发展趋势

全世界风能资源丰富,是一种非常优秀的新能源,近年来在世界各地得到了很好的发展,特别是在德国、丹麦、美国等国家,风力发电装机容量均已经超过300万千瓦。据全球风能协会统计,风电已经覆盖大约70个国家,它的广泛推广将给世界带来一片欣欣向荣的景象。

风力发电技术是限制风能利用的重要因素之一,对此人类应该大力发展技术,使它能更好地适应社会的需求。具体说来,风力发电机的单机装机容量应该不断增大,使一台风力发电机能够提供更多的电能;同时风力发电机利用风能的效率应该提高,就此我们可以把发电机组的桨叶变得更长一些,把塔架高度提得更高一些,这样就可以捕捉到更多的风能。在政府方面,国家应该给予大力的政策支持,充分利用自身的宏观调控能力,将风能的开发利用列入国家的发展计划中,制定一些经济、政治措施,鼓励风力发电产业的发展。作为社会中的一员,我们应该时时刻刻注意提高自己的环保意识,积极主动使用新能源,将风能真正地应用到日常生活中,以响应国家的节能环保号召。

3.4 地热能

地热能和前面所讲的几种新能源一样,其实并没有想象中的那么神秘。早在很久以前,人类就已经学会使用地热能来满足生活和生产的各种需要。比如说温泉就是直接利用地热能的一种形式,人们可以利用温泉来洗浴、做菜和治疗疾病等,它对人类的帮助非常大。那么地热能到底来源于哪里?它的存在形式是什么?有哪些用途?具体原理是什么?下面就对地热能的相关知识做简要的介绍。

3.4.1 概述

地热能是一种可再生的新能源,它来自于地球内部,是由地球内的熔融岩浆和放射性物质的衰变所产生的。地热能储量巨大,会通过地下水的流动和熔岩裂缝将热量从下往上传递到地表,加热地下水体,甚至会引起地震和火山爆发等剧烈的现象。

值得注意的是,全球地热能的潜在资源约相当于现在全球能源消耗总量的45万倍,地热能的热能总量约是煤全部燃烧所产生热量的1.7亿倍。从上述数字可以看出,全球地热能储量相当丰富。如果能够充分利用地热能来提供能量以满足社会发展所必需,那么环境问题将迎刃而解,社会、经济和自然将实现可持续发展(见图3-6)。

图3-6　冰岛的奈斯亚威里尔地热发电站

3.4.1.1　地热能的分类

地热资源按其存在形式的不同可分为水热型地热资源、干热岩型地热资源和地压型地热资源。其中水热型地热资源又可以进一步分为蒸汽型地热资源和热水型地热资源。因此也可以将地热能的储存形式分为五类,依次为蒸汽型、热水型、地压型、干热岩型和熔岩型。

从温度的角度,还可以把地热能分为高温地热能和中低温地热能两种类型。其中温度大于150摄氏度的为高温地热能,主要出现在地壳表层各大板块的边缘,通过板块间的碰撞、摩擦产生巨大热量;温度小于150摄氏度的则称为中低温地热能,主要由地壳板块内部的活动产生。

最后按照技术经济条件的不同,可以将地热能分为两类,分别为经济型地热能和亚经济型地热能。经济型地热资源是指距离地表小于2000米的地球内部热量,而亚经济型地热能则是指距离地表2000~5000米的热量,因为其深度较大,所以不便于进行开发利用,没有经济型地热能的作用大。

3.4.1.2　地热能的分布

地热能主要分布在地壳各大构造板块的边缘,如板块生长、开裂、大洋扩张脊和板块碰撞、衰亡、消减等地方,由各大板块内部以及板块之间的碰撞和摩擦产生。世界各地主要有以下五个地热资源相对集中分布的地带:

(1) 环太平洋地热带。中国、日本、美国等国家均位于这个地热带,带中还伴有地震、火山爆发等现象的频繁出现。

(2) 地中海、喜马拉雅地热带。其中我国西藏地区的羊八井地热田就出现在这个地热带。它是由欧亚板块和印度、非洲板块相碰撞所产生的热量。

(3) 大西洋中脊地热带。主要包括冰岛的克拉弗拉、纳马飞亚尔和亚速尔群

岛等地热田，此地热带位于大西洋海洋板块开裂的部位。

（4）红海、亚丁湾、东非大裂谷地热带。包括肯尼亚、乌干达、扎伊尔、埃塞俄比亚、吉布提等国家的地热田。

（5）其他地热带。如中亚、东欧地区的一些地热田和中国的胶东、辽东半岛以及华北平原的地热田等。

3.4.1.3 地热能的优缺点

谈到能量的优缺点，人们不免会联想到前面所介绍的三种新能源形式。它们均具有环境友好、储量丰富等优点。那么地热能是否也同上述能量相似，具有这种优势呢？下面将先深入了解一下它的特点，具体如下：

（1）地热能作为新能源中的一种，是清洁无害的可再生能源。只要开发地热能的速度小于地热的产生速度，就可以保持地球上地热能的含量稳定，为人类持续不断地提供能量。这一点和太阳能、核能和风能是一致的。

（2）地热能的储存量巨大，尤其是在我国各省市地区，中低温资源普遍存在，特别是西藏地区。据统计，单单西藏，其高温地热能资源就占全国地热总量的80%。此外，在陕西、湖南、湖北、四川等地还有大量温泉存在，有的温泉温度甚至高达260摄氏度。我国的地热资源非常丰富，可供大力的开发和利用。

（3）地热能的单位成本与开采化石燃料或者核能等能源的成本相比比较低廉，这是地热能的优势之处。其中值得人们注意的是地热厂较其他能源厂的建造所需要的时间短并且容易。这样将大大降低利用地热能的成本，并且使地热能更易被开采应用。

（4）勘探、开发利用地热能的各种技术设备，主要包括钻探技术、沉积盆地传导型热田勘探技术等均较先进，并逐渐趋于成熟。再加上地热能有着广阔的市场需求和发展空间，所以开发利用地热能是一种不可阻挡的趋势，它有着光明的发展前景，是人类应该广泛关注的。

那么地热能的缺点又有哪些呢？

（1）在开采利用地热资源的过程中会有一些有毒有害的气体不可避免地随着热气喷向空气中，对空气造成严重的污染，并且影响到工作人员以及周围居民的生命健康。

（2）地热能的热利用效率较低，只有大约30%的地热能可以用来推动涡轮发电机进行发电。这主要是由地热能本身的性质所决定的，地热蒸汽的温度和压力都不如火力发电时的高，因此说只有相当一小部分热能才能用来发电，其他的热量都散失到了周围的大气中，导致周围环境的热污染。

（3）前面已经提到只要开采利用地热能的速度小于地热能自身的可再生速度，那么地热能就可以持续不断地给人类提供能量。但在现实中，地热能的可再生速度很慢,开发利用的速度很有可能会大于其再生的速度。所以这样就会使能量减少得非常迅速,不能维持持续性,甚至可能引起地面的严重沉降。

(4) 地热能虽然储量巨大,但是它的分布极不均匀,只在某些地区才可以开发利用,比如说西藏地区、温泉所在地以及其他地热能分布相对集中的地方。并且它不能像煤、石油、天然气等易于经过运输使全国各地都可以利用,这一缺点同风能相似,极大地限制了地热能等能源的全面推广。

3.4.2　地热能的利用方式

人类在很早以前就开始利用地热能,尤其是中国,早在2000多年前对地热能就已经开始了探索。但是真正地开发、利用却起步较晚,大概要追溯到20世纪70年代。地热能的用途主要有两种,一种是直接开发利用地热能,另一种则是间接利用地热能中的能量。

3.4.2.1　直接开发利用

可以说,直接开发利用地热能在世界范围内的应用是最广泛的,它得到了许多国家的密切关注。据统计,截止到1990年,世界上已有14个国家地热能直接利用的总热力容量大于1亿瓦。它的广泛应用主要归功于直接利用地热能本身的优点。首先,它不像地热发电一样,需要150摄氏度以上的热水才能够维持设备的正常运转,对热水或者蒸汽的要求不高,一般40摄氏度以上的热水就可以满足要求,所以说不管是高温地热能还是中低温地热能都可以被直接利用。这个优点很大程度上扩大了地热能直接应用的范围,使地域限制减少。其次,直接开发地热能的热利用效率要远远地高于间接利用。它可以将热利用效率从6.4%~18.6%提高到50%~70%,并且建厂的规模会大大减小,投资得到降低。这样使地热能的经济性能得到很大的改善,同时减小了对周围环境所造成的热污染。

地热能的直接开发利用形式有很多,比如说采暖、洗浴、医疗和务农等,可以应用到诸多方面,节约大量的能源,给人类带来极大的好处。

首先,了解一下温泉。由于地热能内部热量的作用,地下水体被加热,温度升高,通过岩石裂缝到达地表,或者是地表水体由于渗透作用,在地壳深处形成地下水,然后经过地热能的作用加热形成热水,通过裂缝在静水压力的带动下流出地表,从而形成了温泉。我们可以利用温泉来洗浴、治病和做菜等,它对人类有着很大的益处。

泡温泉是当今社会的一种享受,它既可以增加旅游胜地的经济效益,又可以治疗人体的一些疾病,一举两得。那么为什么温泉能起到治疗疾病的作用呢?主要原因是温泉来自地下,是一个天然的熔炉,里面溶解了大量的元素和离子,有些物质对人类还非常有益。通过泡温泉,大量的化学物质会沉积到人体皮肤上,改变皮

肤的酸碱性,吸收、沉淀某些物质,并刺激人体的神经系统和内分泌系统,从而起到治疗疾病的作用。不同的温泉含有不同的化学物质,因此具有不同的作用。通常碳酸氢盐泉可以治疗人体的神经痛、皮肤病、关节炎和香港脚等疾病,而酸性硫酸泉则可以治疗皮肤病、风湿、妇科病和脚气等。其他成分的温泉这里不再做一一介绍。当然温泉只是对某些疾病有治愈作用,并不是能医百病。这点是人们应该注意的。

其次,人们还可以利用地热能来为城市供暖。这个应用能节约大量的化石燃料,充分利用天然的地热能,使城市冬季的大气污染得到很大程度上的改善。利用地热能来供暖无论是在经济性上,还是在环保性上都具有相当大的优势,现在在世界各国间都受到了广泛的关注。

除此之外,地热能还可以被利用到农业、林业、牧业、渔业、工业等方面,主要用于建造地热温室、灌溉农田、培育良种、水产养殖、花卉育种和产品脱水、烘干等。尤其是在我国,在农业上应用地热能的广泛性已经遍及到全国各地,规模也远远地大于其他国家,带来了非常可观的经济效益。

3.4.2.2 间接利用地热能

间接利用地热能最重要的方式就是利用地热发电。它同火力发电的原理是一样的,都是蒸汽动力发电。因为地热能来源于地下,特别是高温型的地热资源,作为地热发电的能量,具有较高的温度和压力。我们可以利用地热能中的蒸汽和热水等带动汽轮机转动,将蒸汽的热量转变成汽轮机的机械能,然后再通过发电机将汽轮机的机械能转变成电能,供给人们使用。在这个过程中,蒸汽和热水充当了载热体的作用,根据载热体的不同,可以将地热发电进一步划分为蒸汽型地热发电和热水型地热发电两种类型。

蒸汽型地热发电是以蒸汽为载热体进行的发电,热水型地热发电则是以热水为载热体而进行的发电。两种方式相比,蒸汽型地热发电在引入蒸汽之前,需要对蒸汽进行干燥和净化等处理。虽然这种方式比较简单,但是干蒸汽的含量非常有限,只有在较深的地下才能开采到,耗费人力物力,经济性能不好,不如热水型地热发电的实用性高。

3.4.3 地热能的发展趋势

地热能作为一种性能优越的新能源,在世界各地均得到了广泛的应用。其中我国在直接利用地热能方面当属世界第一。据统计,当前地热发电在全球 27 个国家的总装机容量已经达到了 107.51 亿瓦,年发电利用 672.46 亿千瓦时,平均利用系数为 72%(即总装机容量在全年中有 72% 的时间在工作),是风力发电的 3 倍,是太阳能光伏发电的 5 倍。随着技术的不断改进和政府的政策支持,地热能将会得到更大程度上的发展。

地热能作为一种具有光明发展前景的新能源,将给人类带来希望,指引着社会向新能源方向发展,给人类赖以生存的地球带来生机和力量。

3.5　海洋能

人类共同生存在一个美丽的蓝色星球——地球,其表面积约为5.1亿平方千米,其中陆地表面积仅占29%,约为1.49亿平方千米,而海洋面积占71%,达3.61亿平方千米。以海平面计算,地球上全部陆地的平均海拔约为840米,而海洋的平均深度却为380米,整个海水的容积多达13.7亿立方千米。由此可见,地球上海洋的储藏量非常大。一望无际的大海,为人类提供水源、生物资源、航运以及丰富的矿藏,并且作为水圈的主要部分,还蕴藏着巨大的能量,是自然界循环的重要环节。海洋将太阳能、风能等以机械能、热能等形式储存在海水里,容量大且不易散失,是储存能量的一种有效媒介。在能源消费量持续攀升和传统能源日益紧缺的影响下,探求和发展新能源已成为一种必然。海洋能作为一种可再生的清洁能源逐渐被人们重视并逐步发展起来(海洋能发电见图3-7)。

图3-7　海洋能发电

3.5.1　概述

海洋能够通过各种物理过程接受、转化、储存和散发能量,并以波浪、潮汐、海流、潮流、盐度差、温度差等形式存在于海洋中。海洋能是指蕴藏在海洋中、依附在海水中的可再生能源,包括潮汐能、波浪能、海流能、潮流能、海洋温差能和海洋盐度差能,广义的海洋能还包括海洋能农场。其中,潮流能和潮汐能源自太阳、月球及太空中其他星球的吸引力,其他海洋能源自太阳辐射的能量。海洋能有机械能和热能两种形式。潮汐能、波浪能、潮流能、海流能都是机械能。海水温差能是一

种热能。低纬度的海平面温度较高,与深层低温水形成温度差,可产生热交换。在河口水域存在海水化学能,即海水盐度差能。这是由于入海径流的淡水与海水盐水之间存在盐度差,若两者之间以半透膜相隔,则会产生渗透压力,由此产生盐度差能。

作为一种新型能源,海洋能的主要特点有以下几个方面:

(1) 可再生、蕴藏量大。地球上丰富的海洋资源是海洋能得以发展利用的基础。海洋能源自太阳、月球等天体之间的引力作用,是再生性能源,取之不尽用之不竭。另外,海洋储量大,即代表着海洋能蕴藏量大。但是,海洋能在海洋水体中单位体积所拥有的能量是比较小的,因此,若想得到海洋能,需从大量的海水中获得。

(2) 能量不稳定、多变。海洋能具有多种形式,其中温度差能、盐度差能和海流能是比较稳定的,但潮汐能、波浪能、潮流能等属于不稳定能源,其发生频率、规模、能量大小等是多变的。但是,潮汐能和潮流能的变化具有一定规律,人们可以根据其发生情况总结变化规律,以此进行潮汐、潮流预报,预测未来一定时间内潮流潮汐的大小和强弱,方便相应电站的安全运行。

(3) 清洁无污染。海洋能是一种清洁能源,其本身对环境污染影响小,是一种具有高环保价值的能源。

3.5.2 海洋能的能量形式

海洋能包括潮汐能、波浪能、海流能、潮流能、海洋温差能和海洋盐度差能,广义的海洋能还包括海洋能农场。其中,潮流能和潮汐能源自太阳、月球及太空中其他星球的吸引力,其他海洋能源自太阳辐射的能量。

3.5.2.1 潮汐能

海水由于月球引力的变化会产生潮汐现象,海水平面周期性地升降。由潮汐现象产生的能量即为潮汐能。潮汐能是由海水的潮涨潮落所形成的水的势能和动能。潮汐能是由日、月引潮力的作用,使地球的水圈、岩石圈分别与大气圈产生周期性的运动和变化。潮汐能的主要能量来源是天体引力,地球、月亮与太阳系统的吸引力以及热能是形成潮汐能的来源。其能量与潮量和潮差成正比,换言之,即与潮差的平方和水库的面积成正比。海洋潮汐中蕴藏着巨大的能量。涨潮过程中,海水汹涌而来,流速很大,具有很高的动能,随着海水水位的升高,动能转化为势能;而在落潮过程中,海水水位降低,势能转化为动能,海水奔腾而去。在动能与势能转化的过程中,潮汐能得以发挥其作用。世界上潮差较大的约为 13 ~15 米,我国最大值为杭州湾瞰浦 8.9 米。一般说来,平均潮差达到 3 米就具有实际应用价值。

潮汐能的主要利用方式是发电。原理是在沿海地区建立贮水库，涨潮时将海水贮存下来，使其具有较高的势能，在落潮时放出海水，在高低潮位之间存在较大的海水落差，利用落差推动水轮机旋转，带动发电机发电。潮汐电站按照运行方式和对设备的不同要求，可分为单库单向型、单库双向型和双库单向型三种类型。

3.5.2.2　波浪能

波浪能是指在风的作用下产生的、海洋表面波浪所具有的动能和势能，并以位能和动能的形式由短周期波储存的机械能。它是海洋能中最不稳定的一种能源。波浪能是由风把能量传递给海洋而产生的。风推动海水移动，当水团相对于海平面发生一定位移，产生波浪，使波浪具有一定势能；而水质点发生移动，使波浪具有动能。波浪发电是波浪能力利用的主要方式。波浪能发电是利用波浪能装置将波浪能转化为机械能，再转换成电能，达到发电用途。波浪能利用的关键是波浪能转换装置，一般通过三级转换：第一级为受波体，能吸收海洋所具有的波浪能；第二级为中间转换装置，能产生足够稳定的能量并优化第一级转换；第三级为发电装置，将旋转机械的动能通过发电机转换成电能。此外，波浪能还可以用在供热、制氢、海水淡化等多个方面。波浪能量巨大，并且广泛存在，自古至今便吸引众多人们想尽各种办法，试图将汹涌波浪为人所用。我国的波浪能研究始于1982年，经过近30年的研究，已研发了多种波能装置，如10瓦航标灯用振荡水柱装置、岸式振荡水柱装置、百千瓦级振荡浮子式波浪能独立发电系统、具有抗台风能力的高效漂浮式波能装置等，波浪发电技术已逐步接近实用化水平。

3.5.2.3　海流能

海流是指海底水道和海峡中比较稳定的海水流动以及由潮汐引起的有规律的海水流动。海流能就是海水流动产生的能量，是动能形式的海洋能。海流的形成原因有多个方面，其中最主要的原因是海面上常年风向不变的海风，使海洋表面海水不断处于运动状态，而表面水又将这种运动传递到海洋深处。这种海流成为风海流或是漂流。随着海水深度的增加，海水的流动速度逐渐降低，但有时会出现海水流速随海水深度增加而改变的现象，甚至会出现下层海水流动方向与表层海水流动方向相反的情况。在中低纬度的海域，风是形成海流能的主要动力。另一原因是由于处于不同海域的海水具有不同的温度和盐度，由此导致海水流动。这种海流称为密度流。海流的形成原因还有其他许多方面，据此又可以将海流分为地转流、裂流、补偿流、河川泄流等。

海流能的利用方式有发电、助航等。助航是人们对于海流的传统利用方式，人们利用海流的时间、流向等方便航船行驶，减轻航行负担，缩短航行时间。海流发电原理与风力发电相似，但是由于发电设备必须放置于水下，因此海水发电存在众多关键技术问题，如防腐、电力输送、安装维护、海洋环境中的安全性能等。

3.5.2.4 潮流能

潮流能主要集中在岸边、岛屿之间的水道或湾口，是由于月球和太阳的引潮力而使海水产生的周期性水平运动形成的动能。潮流能与其他海洋能、太阳能、风能一样，是一种可开发利用的自然资源，具有无污染和可再生性。

在广阔的海洋中蕴藏着丰富的潮流能量，据计算，全世界海洋的潮流总能量约为1.05亿瓦，我国海域辽阔，海岸线绵延超过18万公里，潮流能源丰富。我国的潮流能发电实验最早是浙江一位农民在1978年进行的，他制作了螺旋桨式的水轮机，通过液压传动装置带动发电机发电，在舟山群岛西侯门潮流流速3米/秒的条件下，发电功率达5.7千瓦。自20世纪80年代起，许多沿海城市（如青岛）的研究单位都进行过潮流发电船的试验，电力均为千瓦级。潮流发电船将水轮机安装在锚定的船舶两侧，利用潮流冲击水轮转动发电。根据对130个航门水道的统计，我国的潮流能6年平均发电功率为1400万千瓦。潮流高能密度区有杭州湾北侧、渤海海峡老铁山水道、舟山群岛金塘水道和西侯门水道等。其中浙江舟山海域和杭州湾口的潮流能量占全国潮流总量的50%左右。

3.5.2.5 海洋温差能

太阳光照射在海洋表面，海洋表面海水将太阳的辐射能大部分转化为海水的热能，并存储在海洋上层。而海洋深层的海水由于接受不到阳光照射，温度偏低，这样便会形成垂直方向的海水温差。另外，接近冰点的海水大面积地从极地缓慢地流向赤道，流动海水的深度一般不足1000米，这样就会在热带或亚热带海域终年形成20摄氏度以上的垂直海水温差。海洋温差能，又称作海洋热能，即指涵养表层海水和深层海水之间水温差的热能。利用海水温差能可以实现热力循环并发电。

海水的热容量很大，世界上海水体积也非常庞大，因此海水容纳的热量是巨大而丰富的。海水表面温度和深层海水温度相差可以达到20摄氏度以上，巨大的温差蕴藏着丰富的能量。据估算，世界海洋的温差能可转换为20亿千瓦的电能。这些热量主要来自于太阳辐射能，还有地球内部向海水深处放出的热量、海洋中放射性物质的放热、海水流动或海流摩擦产热等。因此，处于不同海域位置的海水蕴含的热能量是不同的。利用海水温差能发电的基本原理是利用海洋表面的高温海水作为热源对循环工质加热，或直接作为工质，工质汽化后能驱动汽轮机发电；再利用深层的低温海水冷却工质气体，使之重新液化为液体，并进入下一轮驱动循环。海洋温差能发电的循环系统主要有开式循环、闭式循环、混合式循环和提升式循环四类。

3.5.2.6 海洋盐度差能

海水和淡水之间或者是两种含盐浓度不同的海水之间存在的化学电位差叫做海洋盐度差能，是以化学能形式出现的海洋能。盐度差能主要存在于海洋与河海的交界处，如河海的入海口，是海洋中能量密度最大的一种可再生能源。一般海水盐度为3.5%时,海水和淡水之间的化学电位差有相当于240米水头差的能量密度,即2352千焦的能量。据估计,世界各河口的盐度差能高达30亿千瓦,其中可利用的为2.6亿千瓦 ,其能量甚至比温差能还要大。目前海洋盐度差能主要利用在发电方面,盐度差能发电是利用不同含盐浓度海水的化学电位差能,利用一定的转换装置转变成电能,具体有渗透压式、蒸汽压式和机械化学式等,其中渗透压式最受重视。在不同盐度的水体之间放置一层半透膜,在膜两侧会产生一个压力梯度,迫使水从低盐度一侧渗透到高盐度一侧,从而将高盐度海水稀释,使得膜两侧海水的盐度相等,这个压力就称作渗透压。世界上对于盐度差能的研究以美国、以色列等国领先,中国、日本、瑞典等国也进行了一些研究。但总体看来,世界上对海洋盐度差能的研究还处于实验室探索水平,距实际应用还有较长距离。

3.5.3 海洋能的利用

各种形式的海洋能蕴藏量非常巨大,据估计,全世界的海洋能能量有780亿千瓦,其中波浪能700亿千瓦,潮汐能30亿千瓦,温度差能20亿千瓦,海流能10亿千瓦,盐度差能10亿千瓦。尽管海洋能储量丰富,但人类对海洋能的开发利用程度还比较低。主要原因在于:海洋能的能流密度比较低,而且海洋能的大部分蕴藏量远离海岸城市,开发利用困难;海洋能经济效益低,成本高;海洋能利用中的许多技术问题没有过关。

我国海洋资源丰富,海洋能储量丰富,开发潜力大,前景可观。我国潮汐能可开发资源约为2200万千瓦,潮汐能资源最丰富的地区属江浙地带,平均潮差为4~5米;海流能可开发资源约1400万千瓦,以浙江沿岸最多,占全国总量的一半以上,其次是台湾、福建、辽宁等地,占全国总量的40%多;波浪能可开发能量1300万千瓦,可开发利用的区域较多,如台湾、浙江、广东、广西、山东等;温度差能是我国各类海洋能中蕴藏量最多的能源形式,可开发资源量超过13亿千瓦。我国的海洋能开发已有几十年的历史,海洋发电技术已有较好的基础和相对丰富的操作经验,海洋电力产业正在稳步增长。对于潮汐电站,小型的潮汐发电技术已经基本成熟,并已初步具备中大型潮汐发电站的技术条件,其中江厦潮汐试验电站总装机容量位居世界第三,并已实现并网发电和商业化运行。波浪技术处于示范试验阶段,并已取得了一系列发明专利和科研成果。我国的波浪发电技术研究始于20世纪70年代,自80年代起获得了较快发展,航标灯浮用微型潮汐发电装置已日趋商品化,在沿海海域航标和大型灯船方面应用广泛。海流能利用技术经过30年的研究积累了丰富的经验,关于水轮机性能的研究已经达到国际先进水平。其他形式的海洋能,如海水温差能、盐度差能等的研究开发还处在实验室研究阶段。自2005年《可再生能源法》颁布以来,在国家多项政策、制度的鼓励下,我国的海洋能开发逐渐受到重视,海洋能研究日趋活跃,并逐渐步入良性发展轨道。

但我国还远不是海洋能利用大国，制约我国海洋能发展的主要因素是法律政策的支持力度不够，必须建立和完善相应的支持政策才能有效促进我国海洋能利用的长足发展。譬如指定可行的海洋能发展计划，对可再生能源法律进行统一、整合和细化，完善海洋能开发利用的综合管理制度，细化对海洋能开发利用的资金支持政策，引导鼓励私人和民营资本投入开发海洋能，促进海洋能发展的多元化等。国家给予政策法律支持，科研机构给予理论和技术支撑，广大人民给予力量实践，海洋能开发定会得到长足高效的发展，为我国经济作出巨大贡献。

3.6 生物质能

3.6.1 概述

生物质能是指生物将太阳能以化学能的形式贮存在生物质中，即以生物质为载体的能量。而生物质是指通过光合作用形成的各种有机体，包括所有的动植物、微生物以及以植物和微生物为食物的动物及相关的生产废弃物，如农作物及其废弃物、动物粪便、木材及其废弃物等。生物质是太阳能主要的吸收和存储器，通过光合作用将太阳能富集存储在有机物中，是人类生产生活所需能源的基础。生物质能主要来自于植物的光合作用，可转化为固、液、气态燃料，是一种取之不尽用之不竭的可再生能源。地球上的植物进行光合作用所消耗的能量占太阳照射到地球的总辐射能量的 0.2%，虽然比例很大，但却是相当于目前人类消耗总能量的 40 倍。有机物中所有来源于动植物的能源物质，除矿物燃料外都属于生物质能，按照

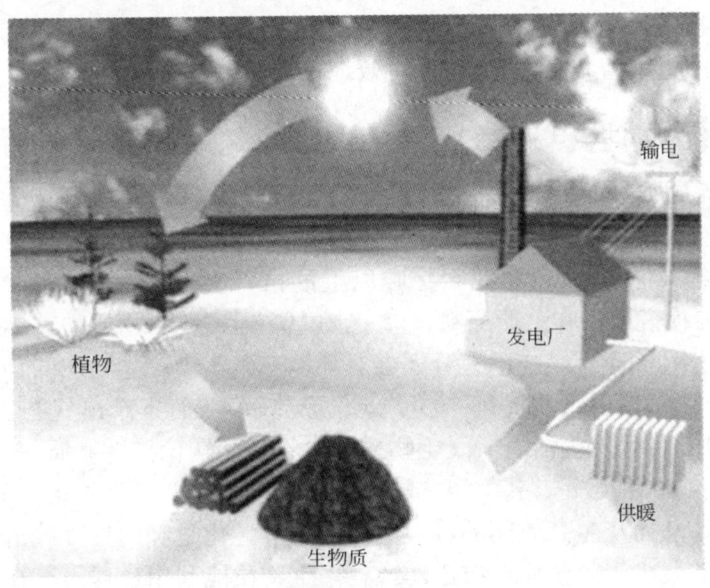

图 3-8 生物质能发电流程

来源可以分为林业资源、农业资源、生活污水及工业有机废水、城市及工业有机废弃物和动物粪便等五大类。

林业资源并非指各种经济林、作物林等，而是指在森林生长过程中、林业生产过程中所提供的各种生物质能源，如薪炭林，各种零散木材，残留树枝、树叶，木材加工过程产生的木屑、锯末、板头，果壳、果核类的林业副产品废弃物等。农业资源主要是指农业作物和农业生产过程中的废弃物，如农作物秸秆（玉米秸、稻秸、麦秸等）、农业加工废弃物（如稻壳）。农业生物质资源中包括能源作物，即能够为人类提供能源的农作物，如油料作物、水生植物、草本能源作物等。生活污水是指人类日常生活中产生的各种废弃排水，如洗浴水、盥洗水、清洁用水、厨房用水等。工业有机废水主要是食品、制药、屠宰、酿酒等行业生产过程中产生的富含有机物的废水。动物粪便是由其他形式的生物质，如粮食、秸秆、牧草、饲料等转化成的动物排泄物。

目前生物质能已被世界各国所重视，并纷纷进行研究发展。人类对于这种新生能源的喜爱，主要是因为生物质能具有总量丰富、分布广泛、可再生、低污染的特点，使其能更有效更广泛更清洁地为人类创造巨大的能量。据生物学家估计，世界上的陆地每年产生 1000 ~ 1250 亿吨的生物质，海洋产生 500 亿吨的生物质，两者之和相当于目前世界总能耗的 120 倍，远远超过每年的总能源需求。由于生物质能通过植物的光合作用产生，而太阳能属于可再生资源，资源丰富，意味着生物质能也是一种资源丰富并且可再生的能源。另外，生物质的主要组成元素是 C、H、O，S、N 含量低，使用过程中生成的含硫化合物、含氮化合物较少，不易产生空气污染；并且，生物质燃烧时释放的二氧化碳与其生长时吸收的二氧化碳量相当，对大气二氧化碳的贡献值几乎为零，可以有效地减轻温室效应。

3.6.2　生物质能的应用

目前生物质能的利用方式有三种，即直接燃烧、热化学转化和生物化学转化。据统计，我国每年生产生物质资源约 50 亿吨，其中薪柴、秸秆、禽畜粪便和城市垃圾的资源量约 9 亿吨，而每年 3.6 亿吨以上的秸秆会用于直接燃烧提供能量，有 1.2 亿吨作为牲畜饲料和工业原料，1.2 亿吨左右还田。生物质的直接燃烧利用方式，不仅利用率低，而且燃烧不充分还会对环境产生污染。生物质的物理化学转化是在一定条件下，使生物质气化、液化、碳化或热解，从而生产出气态、固态燃料和一些化学物质，供生产生活所需。生物质的生物化学转化指生物质—沼气转化、生物质—乙醇转化、堆肥等。其中沼气转化是使有机物质处于厌氧条件下，由微生物进行发酵作用从而产生高效能的可燃气体。乙醇转化是利用粮食或植物等生物质经发酵、蒸馏、脱水等工艺而形成乙醇燃料。生物质能利用过程中存在能量转化效率低、应用不广泛等问题，必须要通过生物质能转换技术高效地利用生物质能源，

才能生产出多种清洁燃料，使生物质能为人类提供更多的便利。图 3-9 所示是生物质能利用过程中常用的技术。

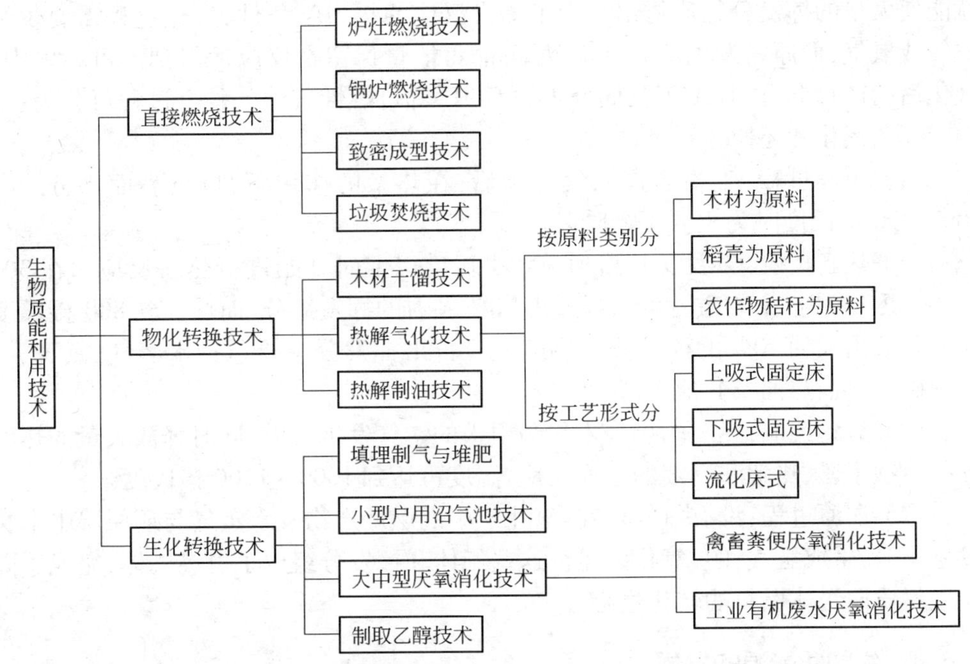

图 3-9　生物质能利用技术

目前国内外应用比较广泛、技术比较成熟、发展前景比较广阔的技术为生物质气化技术和生物质液化技术，均属于物化转换技术。生物质气化技术是指在一定的热力学条件下，将碳氢化合物转化成可燃烧的气体，如氢气和一氧化碳等。这种技术的主要优点是将生物质资源转化成气体燃烧，利用率高并且无污染，用途广泛。但是，不足之处在于技术所要求的工艺系统比较复杂，生成的气体燃料不方便存储和运输，需要专门的用户和配套设施。将生物质进行气化后还可以用于发电，利用可燃气推动发电设备发电，既能解决生物质资源难以利用的缺点，又可以充分利用燃气，减少燃气燃烧所需的设备技术要求，是生物质能最有效、最洁净的利用方法之一。生物质液化是使生物质在缺氧条件下热解，使其降解为液态燃油、可燃气体和固态生物碳的过程。该技术的主要优点是可以将生物质制成燃油，可替代石油产品，发展前景广阔；但该技术比较复杂，成本高，某些关键技术仍处于实验室研究阶段，距实际推广利用还有较长距离。

3.6.3　生物质气化原理

生物质气化是利用空气中的氧气或含氧物作气化剂，在高温条件下将生物质燃料中的可燃部分转化为可燃气（主要是氢气、一氧化碳和甲烷）的热化学反应。

20世纪70年代，Ghaly首次提出了将气化技术应用于生物质这种含能密度低的燃料。生物质的挥发分含量一般在76%～86%，生物质受热后在相对较低的温度下就能使大量的挥发分物质析出。为了提供反应的热力学条件，气化过程需要供给空气或氧气，使原料发生部分燃烧，尽可能将能量保留在反应后得到的可燃气中，气化后的产物含有H_2、CO及低分子的C_mH_n等可燃性气体。整个过程可分为：干燥、热解、氧化和还原。

（1）干燥过程：生物质进入气化炉后，在热量的作用下，析出表面水分。在200～300摄氏度时为主要干燥阶段。

（2）热解反应：当温度升高到300摄氏度以上时开始进行热解反应。在300～400摄氏度时，生物质就可以释放出70%左右的挥发组分，而煤要到800摄氏度才能释放出大约30%的挥发分。热解反应析出挥发分主要包括水蒸气、氢气、一氧化碳、甲烷、焦油及其他碳氢化合物。

（3）氧化反应：热解的剩余木炭与引入的空气发生反应，同时释放大量的热以支持生物干燥、热解和后续的还原反应，温度可达到1000～1200摄氏度。

（4）还原过程：没有氧气存在，氧化层中的燃烧产物及水蒸气与还原层中木炭发生反应，生成氢气和一氧化碳等。这些气体和挥发分组成了可燃气体，完成了固体生物质向气体燃料的转化过程。

3.6.4　生物质能源的发展

人类自利用、改造自然开始，首先熟练掌握的能源载体便是生物质能，钻木取火便是最早的例子。木柴热值高，易于存储和运输，能量容易释放，在人类发展历程中扮演着重要的角色。但是随着人口增长和经济的发展，木材远远不能满足人类生产生活的能量需求，煤炭资源便取而代之。随着技术的发展，石油和天然气逐渐被人们开采利用，化石燃料逐渐取代生物质能。然而，化石燃料在经历了半个多世纪的美好时光后，人们又意识到能源短缺问题和全球变暖的威胁，生物质能源又被重新请到了人类社会中。

在生物质能的发展过程中，人们对于这种能源的认识和开发程度不同，生物质能通常也被划分为不同的“代”。第一代生物质能源是指那些意在代替化石燃料的新的能量利用方式，如焚烧发电、液化燃料发电、粮食乙醇等。粮食乙醇是先把粮食中的淀粉转变成糖，再通过酵母发酵的方式将糖转化成乙醇。乙醇比汽油加速性能好，对环境更友好，但是由于粮食乙醇产业成本偏高，并且存在“与民争粮”的问题，在全世界范围内普及并不广泛。第二代生物质能则主要指纤维素的分解和利用。纤维素和半纤维素占全世界植物总量的一半以上，各种草、碎木片、农作物秸秆等都是廉价的纤维素来源。但是纤维素乙醇也存在一定问题，如分解纤维素技术不成熟、政府补贴投资有限、原料采集困难、工艺不完善等。第三代生物质

能是指藻类生物燃料。在众多的非粮食生物质中,藻类分布广泛、油脂含量高、环境适应能力强、生长周期短、产量高,是生物燃料的新型原料。国外对藻类的研究起于20世纪50年代,处于实验室探索试验阶段;进入21世纪后,研究工作逐步从实验室走向中型规模验证和生产放大阶段。许多国家为促进生物燃料发展和鼓励消费,采取了多种形式的补助鼓励政策,如补贴支持、金融支持、边境措施、技术标准等,有效地促进了藻类生物燃料的发展。

3.6.5 我国的生物质能

我国是生物质能非常丰富的大国,据推测,我国生物质能资源的理论值相当于50亿吨左右的标准煤。如此丰富的生物质能源,对我国现代化建设具有非常重要的经济意义。我国是一个人口大国,又是经济迅速发展的国家,面临着经济发展和环境保护的双重考验,利用生物质能这种高效新能源对于推行可持续发展战略、实现经济与环境双重发展具有重要意义。另外,我国作为一个农业大国,有80%的人口住在农村,农作物秸秆和薪柴等生物质能源非常充裕,使用量和适用范围也逐步增大,因此发展生物质能技术,为广大农村地区提供生活生产用能方便,是我国发展新农村的一项有效举措。

自从"六五"以来,我国对农作物秸秆热解气化、致密成型,禽畜粪便厌氧消化等技术进行攻关研究,已经取得了一定的成果。目前我国的生物质能发展的状况主要表现为农作物秸秆能源化利用初见成效,沼气产业快速发展,生物液体燃料初具规模。但是其中也存在着一定问题,如自主研发能力弱、开发思路不明确、政府扶持力度不够、成本较高、生产运行机制不完善等。这些瓶颈制约着生物质能的发展使用,需要国家给予一定的引导和支持。农业生物质能产业发展要以邓小平理论和"三个代表"重要思想为指导,以科学发展观为统领,在保障国家粮食安全的前提下,围绕拓展农业功能、发展循环农业、促进农民增收,充分发挥资源和技术优势,以充分利用农业废弃物,大力加强沼气建设,积极推广秸秆气化和固化成型燃料为重点,适度发展能源作物,通过加强科技创新、加大政策扶持、强化体系建设,引导、整合和利用社会力量广泛参与,推进农业生物质能产业健康有序发展,提高农业资源利用效率,降低能源消耗,优化能源结构,减少污染排放,走中国特色的农业生物质能产业发展道路,为建设社会主义新农村、保障国家能源安全、保护生态环境作出积极贡献。坚持循环农业理念、推动农业废弃物能源化利用,坚持不与人争粮、不与粮争地,坚持技术可行、强化自主创新,坚持因地制宜和产业协调推进,促使农业生物质能健康快速高效发展。

3.6.6 生物燃料

受石油资源短缺、油价上涨、环境保护、全球气候变化等多方面的影响,从20

世纪 70 年代以来,许多国家开始将目光转向清洁高效的新能源,生物质能中的生物燃料便是其中一类。生物燃料,即利用生物资源生产的生物柴油和乙醇燃料等,能够替代石油制取的柴油和汽油,是非常高效的可再生能源。目前各国对于生物燃料的研究非常之深之广,取得了很大的成绩。

巴西是世界上最大的生物燃料生产国,自 2006 年开始推行乙醇—汽油双燃料汽车,随着石油价格不断上升的趋势,使用乙醇混合燃料越来越显示出其经济优势。现在,巴西全国有一半以上的汽车都采用双燃料。巴西国内生物燃料产业的日益开阔,带动了美洲地区的生物燃料市场,美国也逐年加大对生物燃料的研究成本,并不断提高燃料产量,希望以此缓解美国的汽油供应紧张问题,同时减少石油进口。根据欧盟再生能源推广协会在 2010 年 8 月份的发布报告显示,2009 年欧佳梦生物燃料总使用量为 1210 万吨油当量,占道路运输燃料使用量的 4%。据估计,欧洲运输领域使用的生物燃料在 2008 ~ 2009 年间增长了 18.7%,欧洲生物燃料产业的发展目前已进入了成熟阶段。

生物燃料的主要组成部分是生物乙醇和生物柴油。生物乙醇是指通过微生物的发酵将各种生物质转化为燃料酒精。它可以单独或与汽油混配制成乙醇汽油作为汽车燃料。生物乙醇的发展过程伴随着生物燃料的发展也经历了三代——粮食乙醇、纤维素乙醇和藻类乙醇。世界各国对燃料乙醇发展高度重视,竞相开发。美国、巴西走在世界前列,而美国燃料乙醇的生产量占世界产量的 33%(见表 3-2),两国的燃料乙醇产量占世界总产量的 69%。目前,巴西燃料乙醇的生产量约占全球产量的 36%,约为 1265 万吨,国内使用 1226 万吨,占全国非柴油车用燃料的 40%左右,年出口约 40 万吨左右。欧盟 27 个成员国,2005 年生产燃料乙醇 72 万吨,欧盟各国燃料乙醇生产原料主要为小麦和薯类。

表 3-2　美国近年来燃料乙醇生产使用情况

年　份	使用量/亿升	使用量/万吨
2000	60.6	484.48
2003	106.4	850
2004	128.7	1027
2005	151.4	1211.2
2006	212.0	1514
2010	227.1	1800

生物柴油是清洁的可再生能源,它是以大豆和油菜籽等油料作物、油棕和黄连木等油料林木果实、工程微藻等油料水生植物以及动物油脂、废餐饮油等为原料制成的液体燃料,是优质的石油柴油代用品。生物柴油的优点体现在:(1)生物柴油含硫量低,具有良好的环保性能;(2)具有较好的低温发动机起动性能;(3)可再

生;(4)润滑性好,使机械使用寿命长;(5)安全性能好;(6)燃料性能高。如此优良的生物柴油得到世界各国的青睐,经过不断研究试验,形成了比较成熟的生产方法,即用动物和植物油脂与甲醇或乙醇等低碳醇在催化剂催化和高温条件下进行酯化反应,形成相应的脂肪酸酯,再经洗涤干燥即可得到生物柴油。

生物质能作为新兴的清洁能源,已受到世界各国的重视,其开发利用技术已逐步成熟并不断优化创新,但其中也存在许多技术、工艺、原料方面的问题,在以后的使用过程中也必然会凸显出更多的困难。但是,伴随着科学技术的发展,人们必将克服困难,开发出更合适的方法技术,使得生物质能更好地为人类所利用。

3.7 氢能

随着化石燃料耗量的日益增加,储量的日益减少,终有一天我们会面临资源枯竭的现实,这就需要寻找一种不依赖化石燃料的、储量丰富的新的含能体能源。介绍过太阳能、核能、海洋能等清洁能源后,本节介绍氢能源及氢经济的相关内容。

图 3-10 氢能的循环利用

3.7.1 氢

氢是自然界中最普遍存在的元素,氢及其同位素占到了太阳总质量的 84%,宇宙质量的 75%,在当前是一种极为优越的新能源。氢位于元素周期表的首位,它的原子序数是 1,常温常压下呈气态,在超低温高压下又可成为液态,无色无臭。氢主要蕴藏于海洋中,有数据显示,海洋的总体积约为 13.7 亿立方千米,若把其中的氢提炼出来，约有 1.4×10^{17} 吨，所产生的热量是地球上矿物燃料的9000倍。氢不能视为一次能源，而应是一种能源载体，其主要特点有：

（1）清洁无污染。首先，氢气本身对人体是无害的，其次，氢燃烧时相对其他燃料是最清洁的，其产物是水和少量氨气，其中水不仅对于大气环境和水环境没有任何污染，而且还可以继续制氢，反复循环使用，而少量氨气经过适当处理也不会对环境产生严重的危害。就这两点来讲，对于氢的开发利用是很有必要的。

（2）资源丰富。氢是宇宙中最常见的元素，据估计它构成了宇宙质量的75%，另外，由于氢气可以由水分解制取，而水恰恰是地球上最为丰富的资源，因此，某种程度上来讲，氢也是资源丰富的能源。

（3）高热值能源。这一点，我们通过一组数据来说明：氢的单位重量（1千克）的发热量为121000千焦，是汽油热值的3倍、煤热值的4倍。除核燃料外，氢的燃烧热值是所有矿物燃料、生物燃料和化工燃料中最高的。

（4）适用范围广。贮氢燃料电池既可用于汽车、飞机、宇宙飞船，又可用于其他场合供能。

3.7.2　氢能源

氢能，顾名思义，是指燃烧氢所获取的能量。具体来讲，是氢原子在高温高压下聚变成一个氦原子反应所产生巨大的能量。氢能被视为21世纪最具发展潜力的清洁能源，是人类社会当前及未来极其重要的能源之一。

3.7.2.1　特点

氢能的主要特点有以下几方面：

（1）环保安全。前面我们已经提到，氢气无味无毒，对人体无害，燃烧产物主要是水，不会污染环境，因此是环保型能源。另外，氢气不同于其他燃油燃气会聚集地面造成易燃易爆危险，氢气泄漏后不会聚集地面，反而会自动逃离地面，因此是安全的。

（2）循环再生，可持续性。这一点我们前面介绍到，由于氢能主要来源于水，而其燃烧后的产物也是水，这样实现了资源的可持续性再生。

（3）来源广泛。这点与氢的特点是相符的，氢气可由水电解制取，而水资源相对丰富，并且每1千克水可制备1860升氢氧燃气，从这点意义上来讲，氢能源是广泛存在的。

（4）催化特性。氢气是一种活性气体催化剂，可以与空气混合的方式加入催化燃烧各种燃料，加速反应过程，促进完全燃烧，以提高焰温、节能减排。

（5）高温高能，热能集中。1千克氢气的热值为142256千焦耳，是汽油的三倍。氢氧焰火焰挺直，温度可高达2800摄氏度，高于常规液气，而且热损失小，热能集中，利用效率高。

3.7.2.2 制氢和贮氢

在氢能开发的过程中，技术是不可忽略的因素，开发中的关键技术主要包括制氢和贮氢两方面。其中，制氢工艺是氢气能否作为燃料被广泛使用的关键。在大规模生产氢的途径中最可行的是电解水，然而电解时需要耗用的电力比燃烧氢气本身所产生的能量还要多，这样在经济上是不足取的。于是，利用太阳能和水力发电的设想开始付诸实施。最早的是1986年加拿大魁北克省启动的"水力氢试验计划"，该计划是利用魁北克省丰富的水力资源提供电力，并用高性能离子交换膜电解水，所产生的氢气吸附在一种贮氢合金内，运往消费地——欧洲。再有日本1993年开始实施的"氢利用清洁能源计划"，该计划是在太平洋上赤道位置建立"太阳光发电岛"，以太阳能电解水制取氢。

贮氢是氢能源利用的另一大难题，这是由于氢气本身很轻，必须经过压缩或者液化，其浓度才能达到成为有用燃料的要求。当前，用贮氢合金吸收和贮存氢是一种固态存储方法。贮氢合金的工作原理是：氢原子贮存于金属结晶间隙，以氢化物的形态存在，这种金属氢化物有很好的安全性和经济效益。贮氢合金在冷却或加压时能吸入氢气，与金属形成金属氢化物；当加热或减压时，金属氢化物会重新分解出氢气以供利用。

3.7.2.3 氢能利用

早在200年前，人类就对氢能利用产生了兴趣，到20世纪70年代，世界多个国家和地区广泛开展了对氢能源利用的研究，目前多种因素使氢能经济的吸引力日益明显。多种因素主要包括：日益严重的空气污染、对零废弃排放的交通工具需求的增加、对国外石油进口需求的减少、全球气候变暖的现状和可再生电能供应的需求等等。

为了达到清洁新能源的目标，氢能的利用是多方面的，有的已经实现，而有的是人们正在努力追求的。例如氢能在工业领域中已经有非常悠久的历史了，在有机玻璃制品火焰抛光、连铸坯切割等领域的应用非常普及。最早的氢能利用应该是世界上第一艘"LZ－127齐柏林"号飞艇利用氢的巨大浮力实现了空中飞渡大西洋的航程，这是氢气的奇迹。氢气的利用还包括用氢气代替汽油做汽车发动机的燃料，利用氢气发电。氢气代替汽油做汽车发动机的燃料，是由氢气和氢能源的特性所决定的。氢气是一种高效燃料，不仅热值高，热量集中，而且点火能量低，因此其利用效率比汽油汽车的燃料效率高20%，同时，氢气的安全环保性使得氢能汽车是最清洁、最理想的交通工具。当前主要有两种氢能汽车，即全烧氢汽车和氢气与汽油混烧的掺氢汽车，其中掺氢汽车是被广泛使用的。掺氢汽车的优点是汽油和氢气的混合燃料可以在稀薄的贫油区工作，能改善整个发动机的燃烧状况。在我国城市化进程发展迅速的现状下，交通拥挤更为明显，汽车发动机多处于部分负荷下运行，采用掺氢汽车是尤为有利的选择。

利用氢气发电也是随着人类社会进程出现的。其中最典型的是燃烧氢气发电。各种用电户的负荷是不同的,电网中常常需要起动快并且比较灵活的发电站来调节峰荷,而氢能发电是再适合不过的选择。利用氢气和氧气燃烧组成氢氧发电机组,结构简单且易维修,起动迅速。其最优之处在于当电网负荷低时,能够吸收多余的电来进行电解水,生产氢和氧,以备高峰时发电。这种调节对于电网的运营是非常有利的。当今更为新型的氢气发电方式就是氢燃料电池,这是利用氢和氧直接经过电化学反应来产生电能的装置。燃料电池污染少,装置灵活,现在造价已大幅度降低,转向地面使用。当然,随着制氢技术的不断成熟和化石能源的日益紧缺,氢能利用会迟早进入家庭。氢气可以用于各种生活设施,如厨房、浴室、空调机等,以代替煤气,给人们提供清洁、安全的生活条件,创造舒适的生活环境。

3.7.3　氢能经济

近年来,在全球范围内,随着加快研究氢能的规模应用呼声日高,出现了一些专门词汇,如“氢能经济”、“氢－电”、“氢能基础设施”。本节简要介绍氢能经济。氢能经济是能源以氢为媒介(储存、运输和转化)的一种未来的经济结构设想,是20世纪70年代提出的。

3.7.3.1　氢能经济兴盛的原因

氢能经济兴起的原因主要有以下几方面:

(1) 绿色可持续发展的需求。随着城市化进程的不断加快,城市交通运输需求大幅增加,交通工具所耗能源的需求也不断增加,大量尾气排放,对世界各国环境造成了严重的污染,且全球气候变暖形势不容乐观。有调查数据显示,北京市机动车排放的尾气中,一氧化碳、氮氧化物、可吸入颗粒物分别占全年总排放量的63.4%、46%和50%,可见,汽车的尾气排放已经成为了当前主要的污染源。于是,发展绿色经济、可持续性经济是非常必要的,发展绿色交通工具是十分紧迫的,并且以氢为能源的燃料电池电动车被人们认为是最有发展潜力的绿色交通工具。

(2) 清洁新能源的需求增加。当前石油资源紧缺,预计在未来50年左右会枯竭,然而石油需求量却不断增加。中东地区资源丰富,却成为发达国家虎视眈眈的对象,对全球和平造成了潜在的威胁。就我国国情来讲,我国的石油资源基本靠国外进口,对外依存度日益增加,能源安全问题也不容乐观,因此,开发能够替代油气资源的清洁新能源已成为我们国家的当务之急。

(3) 燃料电池和贮氢技术的不断突破。燃料电池和贮氢技术的不断突破使以氢为能源的清洁绿色交通工具成为现实。燃料电池发电率高且安装便捷,是比较理想的高效清洁的装置。至于贮氢技术,我们在前面氢能源部分已经提到过,贮氢技术是使燃料电池实用化的有效技术。近年来贮氢技术主要包括压缩贮氢、冷冻贮氢、金属氢化物固态贮氢和纳米材料吸附贮氢等。

3.7.3.2 优越性

(1) 无污染。这一点我们前面已经介绍过,与传统的燃料能源相比,氢能源作为燃料动力,其产物不会对环境造成污染。另外,氢不会聚集地面造成爆炸危险,更不会出现类似于石油泄漏的环境危机。

(2) 消除温室气体。从前面的内容我们可以了解到,氢主要来自于电解水,不会向环境排放温室气体,同时氢与氧重新结合再次生成水,这样的循环是一种可持续性的完美循环。另外,氢经济的特点是采用的氢能源不同于传统的燃料能源,不会向环境排放任何有害气体,能有效避免温室效应。

(3) 分布式生产。氢主要采用电解水的方式获得,因此氢的生产相当方便简单,甚至在家里都可以自己生产氢以供生活,从这种角度来看,氢经济是分布式生产。

(4) 消除经济依赖。氢经济时代的世界各国不再依赖于石油资源丰富的国家和地区,不再依赖于石油储备设施,而是自我发展创新,不需进口,消除经济依赖,实现自我独立发展。

3.7.3.3 存在的问题

(1) 成本问题。氢经济时代既然要完全用氢气来满足人们的日常生产和生活,必定需要大量的管线基础设施来储存和运输氢气。再有,由于氢会加速普通钢管的碎裂,所以专门的氢气运输管线价格高昂,比天然气管线贵近三倍。既然氢气管道易碎裂,定期的管线维护是必要的,这方面的成本是高于其他电线管路的。

(2) 发电的技术问题。氢主要来自于电解水,要实现氢经济,就必须停止使用矿物燃料,完全使用可再生能源——氢能源,然而其最大的难题在于:如何获得足够的电力来从水中分解出氢,并且完全不使用矿物燃料来发电?这么强的电力从何而来?据统计,发达国家美国约68%的发电量是来自于煤和天然气。在氢经济时代,所有的发电能力必须是可再生能源来实现,且运输工具的动力来源也必须用氢来实现,只有如此,才能实现废气的零排放,环境的零威胁。另外,在未来的纯粹氢经济时代,发电量必须是现在的两倍才能达到生产、生活需求,如此看来,矿物燃料发电厂需被取代,清洁能源发电厂的数量需翻倍。

在氢经济时代中,发电方式的需求更多,质量更高。目前,随着技术的不断突破和创新,不使用矿物燃料发电的方法已经出现,如核能、太阳能、风能、地热、潮汐能发电等。但是,这些方式发电也不是那么容易的,其中核能容易引发政治和环境问题,太阳能的利用会受到地理位置和成本的限制。

3.7.3.4 发展前景

首先,能源问题是人类社会物质生产力发展的基础,从利用燃料动力资源说,就是集中和发挥最高的燃烧效果。随着氢经济的优越性日益突出,利用氢能源,发展氢经济的呼声会日益高涨。其次,矿物燃料造成的严重的环境问题以及氢能源利用技术逐渐成熟,将会推动氢经济的进一步发展。再次,氢的生产过程是水和氢的不断良性循环,就哲学角度来讲,我们必须顺应这个科学规律,反对科学工作上的形式主义和教条主义,坚持实践是检验真理的唯一标准,在动力能源问题上,坚持发展水和氢能源的相互平衡,保持科技、自然和社会发展的远大方向,实现和谐发展。当然,实现氢经济任重道远,障碍颇多,如发电厂需采用可再生能源,贮氢和运输氢的技术需要更多的技术突破和市场认同,这项障碍使得氢经济的发展需要经历漫长的过程。

综上所述,当前人类已经进入知识经济时代,经济开发更需要在以人为本的基础上,认真贯彻科学发展观,坚持全面协调可持续发展,坚持发展和建设循环经济,最大限度地认识物质的潜能和相互间的发展变化关系,牢牢掌握大的方向,争取对人类社会和自然的相互促进作出更大的贡献。

第4章　能源利用导致的主要环境问题

能源是国民经济重要的物质基础,也是人类赖以生存的基本条件。国民经济发展的速度和人民生活水平的提高都有赖于提供能源的多少。每一次新能源的开发和利用,都必然引起世界能源结构的变化,促进经济的大发展。当今世界对能源的消费数量急剧增加,如此高的需求量带来了能源的快速消耗,由于能源利用率还很低,对某些能源如煤、石油等处理不当,就会使得能源在使用中产生大量有害物质,这些有害物质进入空气、水、土壤中,对环境会造成严重危害。

4.1　热污染

1902年,“水牛”公司为了帮一个客户——纽约市沙克特威廉印刷厂解决其由于温度不稳定而使得从印刷机中出来的纸张扩张及收缩不定、油墨对位不准以致无法生产出清晰的彩色印刷品的问题,设计了世界上第一台制冷机,从此揭开了空调时代的序幕。随后,空调逐步进入到各行各业,发挥了巨大作用,创造了巨大利润。

现在,空调已几乎普及到各家各户。试想一下,没有空调的夏天,汗涔涔而下,苍蝇蚊子不住在耳边“嗡嗡”作响,迎面而来的热气让人感到窒息,学习、工作效率急剧降低。不能否认,空调在人们日常生活中起到了“调温师”的作用。但是,在如此强大功能的背后,是否又有什么玄机呢?

空调的工作必须用电来支持,空调的工作过程中必然会将电能转化为热能,但从空调中排出的却是凉风,那这些热跑到哪里去了呢?相信不少人有过这样的经验,当你走过某个商店的安置在地上的空调外机时,会感受到一股强大的热气迎面扑来,并伴随有“隆隆”的噪声。原来,空调内部通过压缩机作用,将气态的制冷剂氟利昂压缩为高温高压的液态制冷剂,然后送到冷凝器(室外机)散热后成为常温高压的液态制冷剂,同时,室外机还起到了散热的作用,所以室外机吹出来的是热风。

这样的热风排到空气中,也许人们觉得没什么大不了的,认为它们跟空气热交换后这部分热量就消失无踪了,一台空调如此,两台空调如此,但一百台、两百台甚至更多空调这么运行的话,排出的热量越来越多,最终将会影响到周围的热环境,造成“热污染”。

热环境是指供给人类生产、生活及生命活动的生存空间的温度环境。热环境分为自然热环境和人为热环境。热污染是指现代工业生产和生活中排放的废热所造成的环境污染。热污染是一种能量污染，是指因为人类活动而危害热环境的现象。热污染可以导致大气和水体污染。火力发电厂、核电站和钢铁厂的冷却系统排出的热水，以及石油、化工、造纸等工厂排出的生产性废水中均含有大量废热。这些废热排入地面水体之后，能使水温升高。若把人为排放的各种温室气体、臭氧层损耗物质、气溶胶颗粒物等所导致的直接的或间接的影响全球气候变化的这一特殊危害环境的热现象除外，常见的热污染有：

（1）因城市地区人口集中，建筑群、街道等代替了地面的天然覆盖层，工业生产排放热量，大量机动车行驶，大量空调排放热量而形成城市气温高于郊区农村的热岛效应；

（2）因热电厂、核电站、炼钢厂等冷却水所造成的水体温度升高，使水体中溶解氧减少，某些毒物毒性提高，鱼类不能繁殖或死亡，某些细菌繁殖，破坏水生生态环境进行而引起水质恶化的水体热污染。

4.1.1　热污染的产生

4.1.1.1　自然原因

近年来，太阳活动频繁，太阳黑子的活动也相应较剧烈，使得大气环流运行状况随之改变，南北气流交换频繁，导致冬冷夏热。由于大气环流的原因，改变了大气正常的热量运输，厄尔尼诺现象增强，旱涝等灾害天气增强。

各种自然灾害如火山、地震等爆发频繁，产生的地热也会影响环境中热量。

4.1.1.2　人为原因

随着人口的增长、工业的发展，消耗的能量也不断增长，城市排入大气的热量也日益增多。人类生产如各种工业活动排放的热气、热废水等和生活活动如烧火做饭、冬季取暖、夏季制冷以及家庭轿车的使用等会向大气中释放大量的热量，这些热量在地球表面聚集，使得陆地和水体升温，同时，含碳燃料如石油、煤炭等的燃烧，会产生大量 CO_2，地球大气中 CO_2 等温室气体不断增加，使得全球气候变暖，冰川融化，从而产生热污染。

城市建设中，高楼拔地而起，水泥、柏油马路代替了原来的土地，使得地层上覆面结构改变，导致辐射平衡被改变、水分平衡被改变、局部环流被改变。同时，高楼大厦会影响对流，使得热量不能够及时与周围环境进行交换，导致城市温度高于郊区，热污染由此而产生。

近年，对森林的破坏加剧，乱砍滥伐现象严重，工业生产特别是造纸业、家具生产业对森林的需求加大，导致大量原始森林被破坏，极大地削弱了森林对气候的调节能力，特别是减少了森林对 CO_2 的吸收。

4.1.2 热污染的危害

4.1.2.1 热污染对人体健康的影响

热污染严重危害人体健康。热环境平衡的破坏,使得人体的正常免疫功能降低。高温不仅会使体弱者中暑,还会使人心率加快,导致情绪烦躁、精神萎靡、食欲不振、思维反应迟钝、工作效率低。高温为多种病原体、病毒的繁殖和扩散提供了适宜的气候条件,易引起疾病,特别是肠道疾病和皮肤病。

4.1.2.2 热污染对全球气候变化的影响

随着人口的增长,耗能量的增加,城市排入大气的热量日益增多。人类使用的全部能量最终将转化为热,传入大气后散逸向太空。这样,使地面对太阳热能的反射率增高,吸收太阳辐射热减少,沿地面空气的热减少,上升气流减弱,阻碍云雨形成,造成局部地区干旱,影响农作物生长。近1个世纪以来,由于人为和自然原因,地球大气中 CO_2 不断增加,气候变暖,冰川积雪融化,使海水水位上升,一些原本十分炎热的城市,变得更热。专家预测,如按现在的能源消耗速度计算,每10年全球温度会升高0.1~0.26摄氏度;1个世纪后即为1.0~2.6摄氏度,而两极温度将上升3~7摄氏度,对全球气候会有重大影响。

整个地球的热污染可能破坏大片海洋从大气层中吸收 CO_2 的能力,热污染导致水体环境发生变化,使得吸收 CO_2 能力较强的单细胞水藻死亡而使得吸收 CO_2 能力较弱的硅藻数量增加。如此引起恶性循环,使 CO_2 吸收量减少,地球变得更热。热污染使海水温度升高,使海藻、浮游生物和甲壳纲动物等物种栖息的珊瑚礁和极地海岸周围的冰架遭到破坏;同时滋生了未知细菌和病毒,它们的大量出现,正在杀害海洋生物,且威胁着人类的健康。热污染引起南极冰原持续融化,造成海平面上升。这对于那些地势较低的海岛小国和沿海地区生活着大量人口的国家无疑是灾难性的。热污染引起冰川的融化最初可能导致洪水肆虐,贮有冰川融水的冰川湖也可能泛滥成害,但一旦冰川湖枯竭,河流就会断流。由于全球气候变暖,空气中水汽相对较干旱地区明显增多,土地干裂,河流干涸,沙化严重,全世界每年都有超过600多万公顷的土地变成沙漠,尤其是在副热带干旱区和温带干旱区。由于地面状况的改变,使这些地区的太阳辐射强度大,而且地表对太阳辐射的吸收作用明显增强,又为地球大面积增温起到了一定的推动作用。因此,从某种意义上说,全球变暖与干旱地区日益扩大有很大关系。

4.1.2.3 热污染对大气环境的影响

人类在生产生活中使用的全部能源最终将转化为一定的热量进入大气环境,与大气环境进行热交换,这些热量会对大气产生严重影响。

A 大气增温效应

进入大气的能量会散逸向宇宙空间。在能量自内向外扩散过程中,废热可直接导致大气升温;同时,煤、石油、天然气等矿物燃料在利用过程中产生的大量CO_2所产生的"温室效应"也会使气温上升。大气层温度升高将会导致极地冰层融化,海平面升高,造成全球范围的严重水患,特别对近海区域造成严重威胁。据有关专家观测,近100年间海平面升高了约10厘米。

B　CO_2等温室气体的"温室效应"

温室效应,是指透射阳光的密闭空间,由于与外界缺乏对流等热交换而产生的保温效应。在地球周围的大气中,CO_2具有保温的功效,对太阳光的透射率较高,而对红外线的吸收力却较强,它就像一种无形的玻璃罩,使太阳辐射到地球上的热量无法向外层空间发散。同时地表升温后辐射出来的红外线(热能)也较多地被CO_2吸收,然后再以逆辐射的形式还给地表,从而减少了地表的热损失,使地表和近地表大气形成了一种吸收热量比散发热量多的状态。温室效应使地表升温、海水膨胀和两极冰雪消融,海平面由此而上升,有可能淹没大量的沿海城市;台风、暴风、海啸、酷热、旱涝等灾害会频频发生。经有关专家研究表明,CO_2的增加对目前增强温室效应的贡献约为70%,CH_4约为24%,N_2O约为6%。

4.1.2.4　热污染对水环境的影响

水体与地面具有不同的性质,水的比热容比地面高。白天,水体表层水面接受太阳辐射后,部分太阳辐射使表层水温上升;夜间,水体由于温度比气体温度下降慢,使其比其上气体温度高,所以,以红外线的形式向外辐射能量,使之温度下降,在某种条件下,水面的能量收支相等,这时的水温被称为"平衡水温"。自然状态下的江、河、湖、海的水温不会高于平衡水温,但由于这些水体沿线分布了许多城市和工厂,如钢铁厂、化工厂等人为排放了一些比自然水温高的废水,这类水被称为"温排水",由于温排水的缘故,自然水体受到了热污染,其水温常常高于平衡水温。在工业发达的美国,每天所排放的冷却用水达4.5亿立方米,接近全国用水量的1/3;废热水含热量约10500亿千焦耳,足够2.5亿立方米的水温升高10摄氏度。热污染对水体的影响主要有以下几个方面:

(1)影响水质。温度变化会引起水质发生物理的、化学的和生物化学的变化。专家研究表明,温度升高,水的黏度降低、密度减小,水中沉积物的空间位置和数量会发生变化,导致污泥沉积量增多。水温增加,还会引起溶解氧减少,氧扩散系数增大。水质的改变会引发一系列问题。

(2)影响水中(水生)生物。溶解氧的减少,会使存在的有机负荷因消化降解过程加快而加速耗氧,出现亏氧。鱼类会因缺氧而死亡。温度升高还会使水中化学物质的溶解度增大,生化反应加速,有毒有害物质增多,影响水生生物的适应能力,同时对水生生物的毒害加重。由于鱼类是变温动物,鱼类体内温度与水温基本一致,故水温的改变会影响到鱼体内的酶的作用,影响其新陈代谢,影响鱼类生长速度。有研究表明,水体增温使水生生物群落结构发生变化,影响生物多样性指

数,还使动物栖息场所减少。持续高温导致南极浮动冰山顶部大量积雪融化,使群居在南极冰雪地带海面浮动冰山顶部的阿德利亚企鹅数目大减,大量企鹅失去了赖以产卵和孵化幼仔的地方。

(3) 使水体富营养化。水体的富营养化以水体有机物和营养盐(氮和磷)含量的增加为标志,它引起水生生物大量繁殖,藻类和浮游生物爆发性生长。这不仅破坏了水域的景色,影响了水质,并对航运带来不利影响。如海洋中的赤潮使水中溶解氧急剧减少,破坏水资源,使海水发臭,造成水质恶化,致使水体丧失饮用、养殖的价值。水温升高,生化作用加强,有机残体的分解速度加快,营养元素大量进入水体,更易形成富营养化。藻类的大量生长,消耗大量溶解氧,对水生动物的生长造成威胁,由于缺少赖以生存的氧气,许多生物死亡。

(4) 使传染病蔓延,有毒物质毒性增大。水温的升高为水中含有的病毒、细菌形成了一个人工温床,使其得以滋生泛滥,造成疫病流行。水中含有的污染物,如毒性比较大的汞、铬、砷、酚和氰化物等,其化学活动性和毒性都因水温的升高而加剧。

4.1.2.5 热污染对城市环境的影响

夏季是炎热的,而大城市的炎热状况更为严重。白天,人口密集区、公共汽车、电车、候车大厅内,热浪使人很不舒服,甚至有因热浪而晕倒的;入夜,人们还在楼下纳凉,以躲避居室的烘热,高温挟着噪声和肮脏的空气,使城市环境越来越不舒服。最早发现城市内部高温现象的是英国的鲁克 ·霍华德,他对 1807 ~1816 年间伦敦市内外的气象数据进行了综合分析,结果发现,伦敦市内外气温有别,市内外气温差以 5 月份最小,为 0.3 摄氏度,9 月份和 2 月份最大,为 1.2 摄氏度。后来,欧洲的其他工业城市也发现了城市内部异常的高温现象。此后,人们开始系统地研究城市小气候,把城市内部的高温现象称为“热岛效应”,热岛中的热能能够影响到城市上空数百米的高度。

热岛现象在近地面气温分布图上表现为以城市为中心形成一个封闭的高温区,犹如一个温暖而孤立的岛屿。由于热岛中心区域近地面气温高,大气做上升运动,与周围地区形成气压差异,周围地区近地面大气向中心区辐合,从而形成一个以城区为中心的低压旋涡,造成人们生活、工业生产、交通工具运转等产生的大量大气污染物(硫氧化物、氮氧化物、碳氧化物、碳氢化合物等)聚集在热岛中心,威胁人们的身体健康甚至生命。其危害主要有:

(1) 直接刺激人们的呼吸道黏膜,轻者引起咳嗽流涕,重者会诱发呼吸系统疾病。

(2) 刺激皮肤,导致皮炎,甚至引起皮肤癌。

(3) 长期生活在“热岛”中心,会表现为情绪烦躁不安、精神萎靡、忧郁压抑、胃肠疾病多发等。

（4）因城区和郊区之间存在大气差异，可形成“城市风”，它可干扰自然界季风，使城区的云量和降水量增多；大气中的酸性物质形成酸雨、酸雾，诱发更加严重的环境问题。

“热岛效应”形成的首要原因是城市人口稠密、工业集中、交通工具多；生产、生活中排放的废水、废气、废渣形成低压区，吸引着周边地区热量向城市中心汇聚。其次是城市建设没有规划好，绿色面积较少，同时，由于城市建设中使得高楼林立，对对流等产生阻碍作用，热气流与外界交换受阻，城市大气不断接受热量却无法向外部扩散。

随着城市的不断发展，路上交通已不能满足人们的需求，人们开始转入地下。地下隧道、地铁先后兴起。现今，城市地铁已像网络一样分布在城市地下，成为极方便的交通工具。然而，地下电车和乘客都是热源，都把热量带到了地下。不仅是地下铁道，地下室和地下街道也向人们展示出地下空间的魅力，随着地下商业街等地下空间的开发，热污染也将伴随着人们的生活向地下延伸。一般来说，地表温度直接受太阳辐射的影响，所以，地表温度的日差较大，从地表向下，随着深度的增加，其温度受太阳辐射的影响越小，所以，地下温度的日差随深度的增加而减小，在地表以下约半米处的深度，其温度的日差已接近于零。地温的年变化与日变化有相同的规律，即地下温度的年差也较小。在地表以下十几米的深度，有一个恒温层，该层地温的年差为零。大地本身固有一种吸热散热机制，在修有地铁的地下街道，随着电车数量、旅客数量的增多，他们成为大大小小的热源源源不断地运行其中，改变了大地固有的热平衡机制，使地下铁路和地下街道受热。专家们做过城市地温的多年比较，得出如下结果：巴黎的地温从 19 世纪末开始上升，到 20 世纪末后期，其地温上升约 1 摄氏度左右。其他大城市的地温也呈同样趋势。城市不仅在其上空形成了一个“热岛”，在其地下也形成了一个“热岛”。城市的人口数量与该城市“热岛效应”的影响程度有着十分密切的关系。

4.1.2.6　热污染加快水分蒸发

水温的升高使水分子热运动加剧，也使水面上的大气受热膨胀而上升，加强了水汽在垂直面上的对流运动，从而导致液体蒸发加快。陆地上的液态水转化为大气水，使陆地上失水增多，这在贫水地区尤其不利，使得贫水地区更加干旱。

4.1.2.7　热污染增加能量消耗

冷却水水温升高，反过来给许多利用循环水生产的工厂在经济和安全方面带来危害。水温直接影响电厂的热机效率和发电的煤耗、油耗。水温超过一定限度，将严重影响发电机的负荷，成为发电机组安全的巨大障碍。

4.1.3　热污染的防治

人类的生活永远离不开热能，但人类面临的问题是，如何在利用热能的同时减

少热污染。这是一个系统问题,但解决问题的切入点应在源头和途径上。随着现代工业的发展和人口的不断增长,环境热污染将日趋严重。然而,人们尚未有用一个量值来规定其污染程度,这表明人们并未对热污染有足够重视。防治热污染可以从以下方面着手:

(1) 在源头上,应尽可能多地开发和利用太阳能、风能、潮汐能、地热能等可再生能源。并且这些能源在使用中不会对环境造成污染,属于清洁能源,但是这些能源的普及利用却还是有一段路要走的。

(2) 加强绿化,增加森林覆盖面积。绿色植物具有光合作用,可以吸收 CO_2,释放 O_2,还可以产生负离子。植物的蒸腾作用可以释放大量水汽,增加空气湿度,降低气温。林木还可以遮光、吸热、反射长波辐射,降低地表温度。绿色植物对防治热污染有巨大的可持续生态功能。具体措施有:提高城市行道树建设水平,加强机关、学校、小区等的绿化布局,发展城市周边及郊区绿化,倡导居民植树、护树等。

(3) 提高热能转化率和利用率,对废热进行综合利用。在热电厂、核电站的热能向电能的转化,工厂以及人们平时生活中热能的利用上,都应提高热能的转化和使用效率,把排放到大气中的热能和 CO_2 降低到最小量。在电能的消耗上,应使用良好设计的节能、散发额外热能少的电器等。这样做,既节省能源,又有利于环境。另外,产生的废热可以作为热源加以利用。如用于水产养殖、农业灌溉、冬季供暖、预防水运航道和港口结冰等。

(4) 提高冷却排放技术水平,减少废热排放。

(5) 有关职能部门加强监督管理,制定法律、法规和标准,严格限制热排放。

随着工业的发展,热污染不可避免地走进了人们的生活,它产生于人类活动,又作用于人类环境,影响着人类活动的方方面面。对于热污染,既要认识到它的危害,又要尽可能减少它的危害。

4.2 温室效应与气候变化

随着社会的飞速发展,能源利用不断增加。在利用能源的同时,消耗大量化石燃料。化石燃料的燃烧产生大量二氧化碳等温室气体,这些气体进入大气,势必造成环境的污染,形成温室效应。

什么是温室?温室有两个特点:温度较室外高,不散热。生活中可以见到的玻璃育花房和蔬菜大棚就是典型的温室。使用玻璃或透明塑料薄膜来做温室,是让太阳光能够直接照射进温室,加热室内空气,而玻璃或透明塑料薄膜又可以不让室内的热空气向外散发,使室内的温度保持高于外界的状态,以提供有利于植物快速生长的条件。

温室效应(Greenhouse effect),又称“花房效应”,是大气保温效应的俗称。大气能使太阳短波辐射到达地面,但地表向外放出的长波热辐射线却被大气吸收,这样就使地表与低层大气温度增高，因其作用类似于栽培农作物的温室，故名温室效应。自工业革命以来，人类向大气中排放的二氧化碳等吸热性强的温室气体逐年增加，大气的温室效应也随之增强，已引起全球气候变暖等一系列严重问题，引起了世界各国的关注。

4.2.1　温室效应的产生

温室效应主要源于大气中温室气体的增多，当太阳光入射到地球表面时，太阳光为短波辐射，可以透过温室气体到达地球表面，同时，地面作为热源也会不断向外太空辐射热量，此热量以长波为主，而温室气体恰对长波有吸收能力，故地面发射的长波辐射热量被大气中温室气体吸收而无法散逸到外太空，形成了一个多吸热少排热的系统，导致地球周围热平衡被打破，温室气体此刻仿佛一个罩在地球表面的玻璃罩，使地球表面产生温室效应。水汽（H_2O）、二氧化碳（CO_2）、氧化亚氮（N_2O）、甲烷（CH_4）、臭氧（O_3）、氢氟氯碳化物类（CFCs，HFCs、HCFCs）、全氟碳化物（PFCs）及六氟化硫（SF_6）等是地球大气中主要的温室气体。温室效应的产生主要表现在自然因素和人为因素两个方面。

4.2.1.1　自然原因

全球正在处于温暖期，有科学家估算，距离下一个冰河期还有 1.5 万年。同时，地球周期性公转轨迹变动、太阳辐射的变化、火山爆发也会对气候产生一定的影响。

4.2.1.2　人为原因

自人类起源开始，人类与自然就开始了不断地相互作用和影响。特别是进入工业革命后，人类社会、经济、文化迅速发展，工业的发展带给社会飞速发展的同时，工业废气的排放也相应地带来了环境问题——温室效应，人为原因对温室效应的产生主要表现在以下几个方面：

（1）人口剧增因素。近一个世纪以来，世界人口激增，人口增长严重影响着生态平衡，60 亿人每年呼吸排放的 CO_2 就是一个惊人的数字，其结果就将导致 CO_2 的量不断增加，从而导致温室效应。

（2）大气环境污染因素。环境污染的日趋严重也是导致全球气候变暖的主要原因之一。工业生产中产生大量废弃物，特别是煤炭、石油等含碳燃料的燃烧，产生大量 CO_2，并排向大气中，造成大气成分的改变，进而改变大气环境。生活中，空调等机器的使用，致使大气中二氧化碳、一氧化氮、氟氯烃等温室气体急剧增加。

（3）海洋生态环境恶化因素。人类生产生活中排出的废物有时会直接排入海中，或通过河流带入海中，污染海水，同时，人们已不满足于仅仅利用陆上资源，将眼光投向了资源丰富的海洋。海上石油开采导致的石油泄漏使得石油在海面上迅速大面积扩散，海洋生态环境恶化。海洋对气候有一定的调节作用，但生态环境的

恶化则会降低海洋的调节能力，同时，海水吸收空气中二氧化碳的量减少，空气中二氧化碳的量得不到有效控制，进而减弱了对温室效应的调控能力。

（4）土地遭侵蚀、盐碱化、沙化等破坏因素。人口的剧增增加了社会的负担，更增加了地球的负担。60多亿人口对粮食的需求使得大量土地用来耕种，人们为了短期效益，促进庄稼增产，使用大量对土地生态系统有害的人工化肥、农药，这些农药、化肥虽然可以杀虫杀菌，但同时也杀死了土中大量的微生物，对动物和人体的伤害十分巨大。作物成熟后，不等土地休整，立即耕种，导致土地越来越贫瘠，超过了其环境承载力，土地退化，最终废弃。为了自身利益，人类大量砍伐森林、草地过度放牧，植被被破坏，树木可以抵抗大风的吹打，树根牢牢嵌入土壤，可防止水土流失。但树林的大量砍伐使土地丧失了最有力的保护伞，在河流、风等的侵蚀下，开始出现盐碱化、沙化等现象。城市化过程使用大量的钢筋水泥，土地荒漠化的趋势有增无减。修建水库、运河、渠道，疏干沼泽，围湖造田，改变下垫面性质，造成土壤破坏。

（5）森林资源锐减因素。人类生产活动中对木材的需求量非常大，木材大量被开采、砍伐、利用，森林资源不断减少，森林资源的减少导致对二氧化碳的吸收量降低，产生的大量二氧化碳不能被及时消耗而残留在空气中；同时大量砍伐森林削弱了其对气候的调节功能。

（6）酸雨危害因素。酸雨给生态环境造成的危害已经越来越受到全世界的关注，酸雨能毁坏森林、酸化湖泊、危及生物等，从而间接地影响温室效应。

（7）物种加速灭绝因素。地球上的生物是人类的一项宝贵资源，而生物多样性是人类赖以生存和发展的基础。但目前地球上的物种正在以前所未有的速度消失。

（8）水污染因素。据全球环境检测系统水质监测项目表明，全球大约有10%的监测河水受到污染，21世纪以来，人类的用水量正在急剧增加，同时水污染规模也在不断地扩大，从而形成了新鲜淡水供与需的矛盾，所以，水污染处理是十分重要的。

（9）有毒废料污染因素。不断增长的有毒化学物品不但对人类的生存构成严重的威胁，而且对地球表面的生态环境带来危害。

（10）黑炭气溶胶等物质影响因素。几十年的观察研究，科学家们提出新观点，认为黑炭气溶胶等物质也能使气候变暖。黑炭气溶胶是一种固体颗粒状物质，主要是由于燃烧煤和柴油等高碳量的燃烧时碳利用率太低而造成的，不仅浪费能源，更造成环境的污染。大量的碳粒聚集在对流层中，作为凝结核导致了云的堆积，云层越厚地球的热量越是不能向外扩。黑炭所造成的全球变暖的作用可能比预期的要大，但它比温室气体容易得到控制，高效的燃烧就能大量减少碳粒子。

4.2.2　温室效应的危害

温室效应固然有维持地表气温的好处,但与此同时,也不能忽视过于强烈的温室效应带给人类社会和自然界的危害。

4.2.2.1　温室效应对人体健康的影响

气候变暖有可能增加疾病发生的危险和死亡率,增加传染病。气温升高,会给人类生理机能造成影响,人类生病的几率将越来越大,各种生理疾病(例如,眼科疾病、心脏类疾病、呼吸道系统疾病、消化系统类疾病、病毒类疾病、细菌类疾病等)将快速蔓延,甚至会滋生出新疾病。

美国科学家近日发出警告,由于全球气温上升令北极冰层溶化,被冰封十几万年的史前致命病毒可能会重见天日,导致全球陷入疫症恐慌,人类生命受到严重威胁。一系列的流行性感冒、小儿麻痹症和天花等疫症病毒可能藏在冰块深处,目前人类对这些原始病毒没有抵抗能力,当全球气温上升令冰层溶化时,这些埋藏在冰层千年或更长的病毒便可能会复活,形成疫症。

4.2.2.2　温室效应对海平面的影响

全球气候变暖将导致海洋水体膨胀和两极冰雪融化。科学家预测,今后大气中二氧化碳每增加1倍,全球平均气温将上升1.5~4.5摄氏度,而两极地区的气温升幅要比平均值高3倍左右。如果海平面升高1米,直接受影响的土地约500万平方千米,人口约10亿,耕地约占世界耕地总量的1/3。有研究表明,过去百年海平面上升了14.4厘米,我国海平面上升了11.5厘米。更有两项独立的新研究显示,由于全球变暖,南极一个名为沃迪的冰架已经完全消失,另有两个冰架的面积也在迅速减少,面临坍塌危险。这些发现进一步证实,南极冰川融化的速度比人们想象的快得多。目前,全球约有50%的人口居住在沿海地区。海平面上升将会导致以下后果:

(1)将会导致沿海的一些低地和岛屿被淹没,大批人口流离失所,对人身财产安全造成威胁;

(2)海岸被冲蚀;

(3)地表水和地下水盐分增加,污染地下水资源,城市供水紧张,人民用水困难;

(4)地下水位升高,影响地基承载力;

(5)旅游业特别是沿海旅游业受到冲击;

(6)影响沿海和岛国人民的生活,海平面上升不仅仅使一些沿海地区经济受损,更有甚者,可能会使这个地区从地图上消失。由于海平面上升,美丽的岛国马尔代夫有可能会被海水淹没,上海、威尼斯、里约热内卢、香港、东京、曼谷、纽约等海滨大城市以及孟加拉、荷兰、埃及等国也将难逃厄运。

4.2.2.3 温室效应对生物多样性的影响

全球气候变暖将严重威胁生物多样性，因为生命体无法承受这种快速的巨大变化。

(1) 全球气候变暖对生物多样性的影响。全球性气候变暖并不是一个新现象。过去的200万年中，地球就经历了10个暖、冷交替的循环。在暖期，两极的冰帽融化，海平面比现今要高，物种分布向极地延伸，并迁移到高海拔地区。相反，冰河时期，冰帽扩大，海平面下降，物种向着赤道的方向和低海拔地区移动。无疑，许多物种会在这个反复变化的过程中走向灭绝，现存物种即是这些变化过程后生存下来的产物。物种能够适应过去的变化，但它们能否适应由于人类活动而改变的未来气候呢？这是一个悬而未决的问题。但可以肯定的是，由于人为因素造成的全球变暖比过去的自然波动要迅速得多，那么这种变化对于生物多样性的影响将是巨大的。

1）对温带生物多样性的影响。由于气温持续升高，北温带和南温带气候区将向两极扩展。气候的变化必然导致物种迁移。然而依据自然扩散的速度计，许多物种似乎不能以高的迁移速度跟上现今气候的迅速变化。所以，许多分布局限或扩散能力差的物种在迁移过程中无疑会走向灭绝。只有分布范围广泛，容易扩散的种类才能在新的生存环境中建立自己的群落。

2）对热带雨林生物多样性的影响。热带雨林具有最大的物种多样性。虽然全球温度变化对热带的影响比对温带的影响要小得多。但是，气候变暖将导致热带降雨量及降雨时间发生变化。此外森林大火、飓风也将会变得频繁。这些因素对物种组成、植物繁殖时间都将产生巨大影响，从而将改变热带雨林的结构组成。

3）对沿海湿地和珊瑚礁生物多样性的影响。湿地和珊瑚礁是生物多样性丰富的生态系统，然而它们也会受到气候变暖的威胁。温度升高会使高山冰川融化和南极冰层收缩。在未来的50~100年中，海平面将升高0.2~0.9米，甚至更高。海平面的升高会淹没沿海地区的湿地群落。海平面的变化是如此之快以至于许多生物种类来不及随着海水上升迁移到适当的地域。特别是建筑在湿地地区的居住房、道路、防洪大坝等将成为物种迁移的直接障碍。海平面升高对珊瑚礁种类有极大危害。因为珊瑚对海水的光照及水流组合有严格的要求。如果海水按预算的速度升高的话，那么即使生长最快的珊瑚也不能适应这种变化。此外海水温度升高同样会对珊瑚产生极大危害。由此将导致大量的珊瑚沉没以致死亡。

4）对鸟类种群的影响。首先，气候变暖将直接影响鸟类种群。鸟类学家认为由于气温升高，导致一系列恶劣气候频繁出现，将影响候鸟迁徙时间、迁徙路线、群落分布和组成。此外，气候变化导致各种生态群落结构改变，将间接影响鸟类的种群。

(2) 温室气体直接影响生物种群变化。CO_2 是重要的温室气体，同时又是植物进行光合作用的原料。随着大气中 CO_2 浓度的升高，植物的光合作用强度将上升。但不同植物具有不同 CO_2 饱和点。当 CO_2 浓度超过饱和点时，即使再增高 CO_2 浓度，光合强度也不会再增强。一般 CO_2 饱和点较高的植物能够适应大气中 CO_2 浓度的升高而快速生长，CO_2 饱和点低的植物则不能快速生长，甚至会发生 CO_2 中毒现象，从而导致种群衰退。植物种群的变化必然导致植物食性昆虫种群的变化。而植物种群和昆虫种群中不可能预测的波动可能导致许多稀有物种的灭绝。

4.2.2.4　温室效应对农业的影响

全球气温变暖将使世界粮食生产及其分布状况发生变化。加拿大北部和西伯利亚的永久性冻土带将消失，使那里有可能成为世界的大粮仓。气温升高使作物生长季节变暖和延长，导致农业病害的传播和害虫的滋生，从而影响农产品的产量。气候变暖、蒸发强烈又加剧气候的干旱程度。根据现有技术和粮食品种，若全球气温升高 2 摄氏度，而降雨量不变，则粮食产量可能下降 3% ~17%。气候变暖使农业结构发生变化，进而使许多农产品的生产状况和贸易模式引起相应的变化。特别是发展中国家，农业对气候变化相当敏感，因此受温室效应的冲击更为明显。

众所周知，植物的光合作用可以固定 CO_2，形成碳水化合物。CO_2 浓度的增加，在一定程度上会加速植物的生长，但是 CO_2 浓度如果过高，达到植物的饱和点后，其浓度升高则对植物的影响就没有那么大了，反而，由于 CO_2 浓度升高，植物叶片气孔只需张开一个小口即可吸收足够的 CO_2，但气孔张口变小后，植物的蒸腾作用减弱，植物由于蒸发所损失的水分就减少了，结果是植物会长得更大。农作物生长较快，就可能较快地把土壤中的养分吸光，含氮量可能减少。

4.2.2.5　温室效应对水环境的影响

全球变暖会加速陆地表面水蒸气的蒸发，对地面上水源的运用带来压力。导致陆地水分大量流失，随时会有“星星之火可以燎原”之势。不光是森林中的山火，城市中的火灾也将会非常频繁。全球降雨量可能会增加。但是，地区性降雨量的改变则仍未可知。某些地区可能有更多雨量，但有些地区的雨量可能会减少，因此破坏了水循环系统的平衡，导致地球上水资源分配的不平衡，使得降水不足地区地面上植被由于缺水而枯竭，进而导致土地沙漠化。此外，还会导致水土流失、山体滑坡、泥石流等自然灾害。

4.2.2.6　温室效应对对流层外大气的影响

日益严重的“温室效应”正在使地表气温上升，然而对流层以外的稀薄大气正急剧变冷。随着 CO_2、CH_4 之类的温室效应气体在大气中聚集程度的增加，越来越多地面的热辐射将滞留在地表附近，自下而上加热对流层，其结果导致对流层变热，对流层外大气变冷，当温暖空气通过对流层上升时，将在对流层顶部被阻止。由于处于平流层底部的臭氧层有很强的吸收太阳辐射的能力，使得该层大气比其

下的对流层还热,上升着的温暖气体由于遇到比它更热的臭氧层而失去浮力,不再上升。

4.2.3 温室效应的防治

温室效应的防治可采取以下措施:

(1) 全面禁用氟氯碳化物。全球正在朝此方向推动努力,因为此方案最具实现可能性。倘若此方案能够实现,对于2050年为止的地球温暖化,根据估计可以发挥3%左右的抑制效果。

(2) 保护森林。地球上的森林,正在遭到人为持续不断地急剧破坏。最好的办法,就是减少这一破坏,减少对森林的砍伐;另一方面实施大规模的造林工作,努力促进森林再生。目前由于森林破坏而被释放到大气中的二氧化碳,根据估计每年约在10~20亿吨碳量左右。若各国积极推行森林保护政策,则可有效防治温室效应。

(3) 改善汽车使用燃料状况。汽车排放的CO_2可以说是大气中CO_2的主要来源,特别是近几年各国私家车的需求量日益加大,对大气的污染尤为严重。所以,寻找新能源来代替汽车中的汽油燃料或是通过技术手段减少耗油量就显得尤为重要。日本汽车在此方面已获技术提升,大幅改善昔日那种耗油状况。但在美国等地,或许是因油藏丰富,对于省油设计方面,至今未见有何明显改善迹象,仍旧维持过度耗油的状况。因此,该地区生产的汽车在改善燃油设计方面,具有充分发挥的余地。

(4) 少乘坐飞机旅行。比起驾车,乘坐飞机排放的二氧化碳更多。其运行过程中产生的二氧化碳直接排放到空中。

(5) 改善其他各种场合的能源使用效率。人类的生产生活,到处都在大量使用能源,其中尤以住宅和办公室的冷暖气设备为最。但是,能源的利用效率却非常低,很多能源都白白浪费,并排放到大气中造成环境污染。因此,对于提升能源使用效率方面,仍然具有大幅改善余地。

(6) 对化石燃料的生产与消费,依比例课税。任何化石燃料一经燃烧,都会排放出二氧化碳来。但其排放量会因化石燃料种类而有不同。由于天然气的主要成分为甲烷,其二氧化碳排放量要比煤炭、石油低。同样是产生4200千焦耳的热量,煤炭必须排放相当于0.098克碳量的二氧化碳;石油则为0.085克;而天然气则只排放0.056克。因此,有人提案依照天然气、石油、煤炭的顺序予以加重课税。当然,现今阶段只不过是一个构想而已。

(7) 鼓励使用天然气作为当前的主要能源。因为在相同量的燃料中,天然气排放二氧化碳较少。最近日本城市也都普遍改用天然气取代液化石油气,此案则是希望更进一步推广这种运动。但其抑制温室效应的效果并不太好。

(8) 限制汽机车的排气。由于汽机车排放的尾气中,含有大量的氮氧化物与一氧化碳,故应尽量减少排放量。这种作法虽然无法达到直接削减二氧化碳的目的,但却能够产生抑制臭氧和甲烷等其他温室效应气体的效果。

(9) 鼓励使用太阳能。太阳能作为清洁能源,其使用不会产生污染物,若能用太阳能代替化石燃料,则会大大减少化石燃料的使用,从而减少二氧化碳向大气的排放,因此对于降低温室效应具备直接效果。

(10) 开发替代能源。利用生物能源(Biomass Energy)作为新的干净能源。亦即利用植物经由光合作用制造出来的有机物充当燃料,借以取代石油等既有的高污染性能源。

燃烧生物能源也会产生二氧化碳,这点固然是和化石燃料相同,不过生物能源系从大自然中不断吸取二氧化碳作为原料,故可成为重复循环的再生能源,达到抑制二氧化碳浓度增长的效果。

(11) 加快立法进程,加大执法力度。温室效应对世界的影响越来越大,各国对其来越重视,各国现今应尽快出台各项法律,使得二氧化碳等温室气体的排放做到有法可依,有法必依;政府也应加大执法力度,做到执法必严,违法必究。

(12) 加大宣传力度。温室效应的防治关键点还是在于人民自身环保意识的增强,所以向人们宣传环保知识则显得尤为重要。只有每个人都意识到温室效应的危害,并积极采取各种节约资源、节能减排措施,才能更有效地抑制温室效应的发展。

(13) 从小事做起。作为普通公民,可以从一些小事着手,如及时关掉家中不用的电器,节约用电;尽量少用或不用贺卡、纸尿布、纸张等,以保护森林资源;尽量吃本地和当季的食物,以减少运输所带来的二氧化碳的排放;节约用水;慎用清洁物品,以减少化学成分进入水中;做环保志愿者等。

工业高速发展的近几十年,人民生活迅速改善的同时,环境问题也日益严重,温室效应虽不是近几年的新兴问题,但近几年温室气体排放量的激增使得其越来越严重,并逐渐达到危害人类生存的程度。人们应该认识到其发展规律,并尽最大的努力去降低它的危害。

4.3　酸雨

随着社会的发展,人民生活水平的提高,人们已不再满足于单纯的物质生活,而开始追求精神上的愉悦享受。旅游则成为人们的首选。各地的名胜古迹、名山大川渗透着当地的文化底蕴,在欣赏美景的同时,有些人却不禁皱眉:为什么好端端的事物,却满身伤痕呢?像世界上最大的佛像——乐山大佛、纽约的标志性建筑——自由女神像等无不伤痕累累,虽然其仍不失其威严之势,但人们不禁疑问:凶手是谁呢?

酸雨（acid rain）是指 pH 值小于 5.65 的酸性降水。雨水被大气中存在的酸性气体污染，使其呈酸性。酸雨主要是人为的向大气中排放大量酸性物质造成的。此外，各种机动车排放的尾气也是形成酸雨的重要原因。近年来，我国一些地区已经成为酸雨多发区，酸雨污染的范围和程度已经引起人们的密切关注。什么是酸？纯水喝起来没有味道，呈中性；柠檬水，橙汁尝起来有酸酸的味道，我们平常喝的醋酸味较大，它们都是弱酸，人体内的胃酸也是一种酸；苏打水则有略涩的碱性，而苛性钠水就涩涩的，碱味较大，苛性钠是碱，小苏打虽显碱性但属于盐类。科学家发现酸味大小与水溶液中氢离子（H^+）浓度有关；而碱味与水溶液中羟基（OH^-）离子浓度有关；然后建立了一个指标——氢离子浓度对数的负值，也叫 pH。于是，纯水（蒸馏水）的 pH 值为 7；酸性越大，pH 值越低；碱性越大，pH 值越高。（pH 一般为 0～14 之间）未被污染的雨雪是中性的，pH 值近于 7；当它溶解大气中二氧化碳为饱和时，略呈酸性（水和二氧化碳结合为碳酸），pH 值为 5.65。以此时的 pH 值为界来定义酸雨，即 pH 值小于 5.65 的雨叫酸雨；pH 值小于 5.65 的雪叫酸雪；在高空或高山（如峨眉山）上弥漫的雾，pH 值小于 5.65 时叫酸雾。检验水的酸碱度一般可以用几个工具：石蕊试剂、酚酞试液、pH 试纸（精确率高，能检验 pH 值）、pH 计（能测出更精确的 pH 值）等。

酸雨中的阴离子成分主要是硝酸根和硫酸根离子，根据两者在酸雨样品中的浓度，通过硫酸根和硝酸根离子的浓度比值将酸雨的类型分为三类，如下：

（1）硫酸型或燃煤型：硫酸根离子浓度/硝酸根离子浓度 >3；

（2）混合型：$0.5<$ 硫酸根离子浓度/硝酸根离子浓度 $\leqslant 3$；

（3）硝酸型或燃油型：硫酸根离子浓度/硝酸根离子浓度 $\leqslant 0.5$。

由此，可以根据一个地方的酸雨类型来初步判断酸雨的主要影响因素。当然，大多数地方的酸雨可能这三种类型都涵盖了，这就需要对每个时间段的酸雨影响因素作进一步分析了。

4.3.1 酸雨的产生

酸雨是一种复杂的大气化学和大气物理的现象。酸雨中含有多种无机酸和有机酸，绝大部分是硫酸和硝酸。

让我们先来了解一下酸雨形成的反应机制（见图 4-1）。

（1）硫酸型酸雨：

含硫燃料燃烧生成二氧化硫：

$$S + O_2\text{（点燃）} = SO_2$$

二氧化硫和水作用生成亚硫酸：

$$SO_2 + H_2O = H_2SO_3\text{（亚硫酸）}$$

亚硫酸在空气中经过复杂过程可被氧化成硫酸：

图 4-1　酸雨形成机制图

$$2H_2SO_3 + O_2 \xlongequal{\quad} 2H_2SO_4\text{(硫酸)}$$

（2）硝酸型酸雨：雷雨闪电或工业生产中，大气中常有少量的二氧化氮产生。

闪电或工业生产时，氮气与氧气化合生成一氧化氮：

$$N_2 + O_2\text{(闪电或高温)} \xlongequal{\quad} 2NO$$

一氧化氮结构上不稳定，空气中氧化成二氧化氮：

$$2NO + O_2 \xlongequal{\quad} 2NO_2$$

二氧化氮和水作用生成硝酸：

$3NO_2 + H_2O \xlongequal{\quad} 2HNO_3$（硝酸）$+ NO$（此 NO 可继续参与到上面的反应中去）

（3）此外还有其他酸性气体溶于水导致酸雨，例如氟化氢、氟气、氯气等其他酸性气体。

大气颗粒物中的铁、铜、镁等是成酸反应的催化剂。大气光化学反应生成的臭氧和过氧化氢等又是使二氧化硫氧化的氧化剂；飞灰中的氧化钙、土壤中的碳酸钙、天然和人为来源的氨以及其他碱性物质又会与酸反应，而使酸中和。

由此可见，酸雨的形成主要是由于排放到大气中的硫氧化物、氮氧化物以及其他酸性气体物质，可把酸雨的产生分为自然因素和人为因素。

4.3.1.1 自然因素

(1) 海洋:海洋雾沫,它们会夹带一些硫酸到空中。

(2) 生物:土壤中的有机体,如动物死尸和植物败叶在细菌及土壤中微生物的作用下可分解出某些硫化物,继而转化为二氧化硫。

(3) 火山爆发:火山爆发时可喷出可观量的二氧化硫气体。

(4) 森林火灾:雷电和干热可以引起森林火灾,燃烧时会生成硫氧化物,也是一种天然硫氧化物排放源,因为树木也含有微量硫。

(5) 闪电:高空雨云闪电,有很强的能量,能使空气中的氮气和氧气部分化合生成一氧化氮,一氧化氮还原性极强,在对流层中迅速被氧化为二氧化氮。方程式表示为:

$$N_2 + O_2 \xlongequal{\text{放电}} 2NO\ ,2NO + O_2 \xlongequal{} 2NO_2$$

氮氧化物主要为一氧化氮和二氧化氮之和,与空气中的水蒸气反应生成硝酸。

(6) 细菌分解:即使是未施过肥的土壤也含有微量的硝酸盐,土壤硝酸盐在土壤细菌的帮助下可分解出一氧化氮、二氧化氮和氮气等气体。

4.3.1.2 人为因素

A 化石燃料的燃烧

煤、石油或天然气都是在地下埋藏几亿年,由古代的动植物化石转化而来的,故称做化石燃料。工业生产中以及冬季一些家庭取暖等的能量来源大部分都由化石燃料燃烧来提供,而化石燃料燃烧则会产生大量酸性气体。我国能源结构以煤为主,能源消耗中有四分之三是煤炭,而且高硫煤所占比例较大,有84%用于直接燃烧。另外,我国煤利用技术水平低下,燃烧前煤炭洗选加工工艺落后,硫分、灰分去除率低,使高硫颗粒煤粉直接入炉造成污染;燃烧后排放烟气的脱硫效率低,开发的脱硫技术尚未成熟,这样就造成了我国每年会向大气中排入大量的SO_2。同时,煤燃烧过程中的高温使空气中的氮气和氧气化合为一氧化氮,继而转化为二氧化氮,造成酸雨。

B 工业过程

工业过程中会产生大量酸性气体,如金属冶炼:某些有色金属的矿石是硫化物,如铜、铅、锌。将铜、铅、锌硫化物矿石还原为金属过程中将逸出大量二氧化硫气体,部分回收为硫酸,部分进入大气。再如化工生产,特别是硫酸生产和硝酸生产可分别产生可观量二氧化硫和二氧化氮,由于二氧化氮带有淡棕的黄色,因此,工厂尾气所排出的带有二氧化氮的废气像一条“黄龙”,在空中飘荡。再如石油炼制等,也能产生一定量的二氧化硫和二氧化氮。它们集中在某些工业城市中,也比较容易得到控制。

C　交通运输

交通运输所造成的尾气排放也是酸性气体的主要来源，如汽车尾气。在发动机内，活塞频繁打出火花，就如天空中的闪电，使氮气变成二氧化氮。不同的车型，尾气中氮氧化物的浓度不同，机械性能较差的或使用寿命已较长的发动机尾气中的氮氧化物浓度要高。汽车停在十字路口，不熄火等待通过时，要比正常行车尾气中的氮氧化物浓度要高。近年来，汽车数量猛增，它的尾气对酸雨的贡献正在逐年上升，不能掉以轻心。

工业生产、人民生活燃烧煤炭排放出来的二氧化硫，燃烧石油以及汽车尾气排放出来的氮氧化物，经过“云内成雨过程”，即硫酸根、硝酸根等被水汽包围，发生液相氧化反应，形成硫酸雨滴和硝酸雨滴；又经过“云下冲刷过程”，即含酸雨滴在下降过程中不断合并吸附、冲刷其他含酸雨滴和含酸气体，形成较大雨滴，最后降落在地面上，形成了酸雨。由于我国多燃煤，所以我国的酸雨是硫酸型酸雨，而多燃石油的国家下硝酸雨。

4.3.2　酸雨的危害

4.3.2.1　酸雨对人体健康的影响

酸雨损害人体健康，酸雨中含有多种致病致癌因素，雨、雾的酸性对眼、咽喉和皮肤的刺激，会引起结膜炎、咽喉炎、皮炎等病症。酸雨或酸雾进入人的呼吸道会诱发各种呼吸道疾病。世界各国的医学研究表明，受酸伤害最重的是老人和儿童。在酸沉降作用下，土壤和饮用水水源被污染，酸化湖泊的鱼体中和酸化的饮用水源及酸化土壤上生长的农作物，有毒金属含量较高，这是对人体健康的潜在威胁。酸雨使存在于土壤、岩石中的金属元素溶解，这种酸性地下水进入自来水系统后，能腐蚀给水设施和管网，使其中的金属溶出，进入饮水，这些有毒的重金属会在粮食和鱼类机体中沉积，人类因食用而受害。1981 年瑞典马克郡发现有一家庭的 3 名孩子为绿头发，原因是酸雨使他们饮用的井水酸化，井水腐蚀了铜制的水管，洗涤过的头发被溶出的铜化合物所染绿。

4.3.2.2　酸雨对土壤的影响

酸雨对土壤的影响有以下几个方面：

（1）酸雨可导致土壤酸化。我国南方土壤本来多呈酸性，再经酸雨冲刷，加速了酸化过程；我国北方土壤呈碱性，对酸雨有较强缓冲能力。

（2）酸雨还可以使土壤中的有毒有害元素活化，有害金属如 Ni、Al、Hg、Cd、Pb、Cu、Zn 等被溶出，在植物体内积累或进入水体造成污染，加快重金属的迁移。特别是富铝化土壤，在酸雨作用下加速土壤中含铝的原生和次生矿物风化而释放大量铝离子，形成植物可吸收的形态铝化合物。植物长期和过量地吸收铝，会中毒，甚至死亡。

(3) 酸雨可使土壤的物理化学性质发生变化，加速土壤矿物如Si、Mg的风化、释放，使植物营养元素特别是K、Na、Ca、Mg等产生淋失，降低土壤的阳离子交换量和盐基饱和度，改变土壤结构，导致土壤贫瘠化，植物营养不良。

(4) 酸化的土壤抑制了土壤微生物的活性，破坏了土壤微生物的正常生态群落，影响微生物的繁殖。土壤中微生物总量明显减少，特别使固氮菌、芽孢杆菌等参与土壤氮素转化和循环的微生物减少，对土壤微生物的氨化、硝化、固氮等作用产生不良影响，直接抑制由微生物参与的氮素分解、同化与固定，最终降低土壤养分供应能力，影响植物的营养代谢，使有机物的分解减缓，土壤贫瘠，病虫害猖獗。

4.3.2.3 酸雨对水体的影响

酸雨对水体的影响极其严重。一方面，水体变为酸性以后，鱼类生长的条件发生了巨变，鱼类由于不适应突变的环境而逐渐死亡。另一方面酸雨浸渍了土壤，侵蚀了矿物，使铝元素和重金属进入附近水体，影响水生物生长或使其死亡。同时，对浮游植物和其他水生植物起营养作用的磷酸盐，因为被铝吸附难以被生物吸收。水体pH值降低还会使鱼类骨骼中钙含量减少，影响鱼类繁殖和生长，甚至使其死亡。当水体pH值降至5.15以下时，甲壳类动物、浮游动物、软体动物等较小动物的生长会遭到严重抑制，对水生食物链产生重大不良影响。当pH值降至4.10时，大多数鱼类和水生动物将死亡，唯一残存于水体中的生物将是一团团的藻类、苔藓类和真菌。湖泊的酸化是酸雨在北欧和北美造成的严重生态危害。我国西南地区大部分水体对酸沉降不太敏感。但酸沉降对水体酸化的潜在危害仍然存在，水体酸化趋势值得关注。目前，酸雨已毁灭了加拿大4000多个湖泊，瑞典有9万多个湖泊其中有2万多个遭到某种程度的酸雨危害，4000多个湖泊生态系统已完全被破坏。挪威南部80%的湖泊和河流变成死水，鱼虾已绝迹。加拿大的安大略省已有4000多个湖泊变成酸性，鳟鱼和鲈鱼已不能生存。

4.3.2.4 酸雨对植物的影响

酸雨除了通过进入土壤改变土壤性质，间接影响植物生长外还直接作用于植物，破坏植物形态结构、损伤植物细胞膜、抑制植物代谢功能。酸雨首先是伤害农作物和蔬菜的叶片，其伤害程度与酸雨的酸度、频度和时间呈正相关关系。另外，酸雨可以阻碍植物叶绿体的光合作用，降低农作物和蔬菜种子的发芽率，降低大豆的蛋白质含量，使其品质下降。酸雨还可使农作物大幅度减产，特别是小麦，在酸雨影响下，可减产13%～34%。大豆、蔬菜也容易受酸雨危害，导致蛋白质含量和产量下降。植物对酸雨反应最敏感的器官是叶片，叶片受损后会出现坏死斑，萎蔫，叶绿素含量降低，叶色发黄、退绿，光合作用降低，使林木生长缓慢或死亡，使农作物减产。同时，酸雨危害植物表皮及角质层，使植物的抗病虫害能力减弱。酸雨对水生生物也有很大危害，它使许多河湖水质酸化，导致许多对酸敏感的水生生物种群灭绝。不同农作物类别对酸雨的敏感性也有差异。水稻对酸雨的抗性较强，只有在较强酸雨的影响下才会危害其生长，大豆、烟叶对酸雨也不敏感；而油菜、小麦、大麦、番茄、芹菜、茄子、豇豆、黄瓜等易受酸雨的影响造成减产，抗性较强的有青椒、甘蓝、小白菜、菠菜、胡萝卜等。酸雨对森林产生的危害最大，其对树木的伤害首先反映在叶片上，树木不同器官的受害程度为根 > 叶 > 茎。1983 年联邦德国有34%的森林受酸雨之害，据估计美国每年由酸雨和大气污染造成的生态损失达几十亿美元。而我国估算，仅酸雨污染较为严重的江苏、浙江、安徽、福建、江西、湖北、湖南、广东、广西、四川、贵州等11 个省(自治区)，因酸沉降引起的森林木材蓄积量减少所造成的直接经济损失每年就高达44 亿元人民币，而木材经济损失与森林生态效益经济损失比例为1∶8。

4.3.2.5　酸雨对建筑材料和古迹的影响

酸雨腐蚀建筑材料(石料、金属)，使其风化过程加速。近几十年来，一些古迹特别是石刻石雕和铜塑像的损坏速度超过以往数百年甚至上千年。尽管这些破坏还有来自大气污染物和自然风化的作用，但仍可认为酸雨是一个重要因素。

A　酸雨对非金属建筑材料的影响

酸雨能使非金属建筑材料(混凝土、砂浆和灰砂砖)表面硬化，水泥溶解，材料表面变质、失去光泽、材质松散，出现空洞和裂缝，导致强度降低，最终引起构件破坏，这就是混凝土酸蚀作用。使得建筑材料变脏、变黑，影响城市市容质量和城市景观，被人们称为“黑壳”效应。更严重的是会使混凝土大量剥落，钢筋裸露与锈蚀。混凝土因酸雨而溶解，然后在下滴过程中水分蒸发而硫酸钙等固体成分留了下来，形成类似石灰岩溶洞中的石钟乳。而下滴到地面上的硫酸钙留下来则形成“笋”。

B　酸雨对金属建筑材料的影响

酸雨中的 H_2SO_4 和 HNO_3 可以与许多金属发生化学反应或电化学反应，造成诸如金属的锈蚀、水泥混凝土的剥蚀疏松、矿物岩石表面的粉化侵蚀以及塑料、涂料侵蚀破坏。研究表明，暴露在室外的钢结构建筑物，受酸雾的影响，腐蚀速率为0.12～0.14 毫米/年，若直接受酸雨浇淋其腐蚀速率将大于1 毫米/年，明显高于无污染地区。在重庆、四川、贵州等地，电视铁塔、路灯电杆、汽车铁壳、输电铁架等受酸雨的损失费用明显高于其他地区。对于碳钢、Al、Zn、Cu 等4 种材料来说，酸雨环境下的腐蚀速率明显高于非酸雨地区。

C　酸雨对古迹的影响

酸雨对古迹的影响是非常巨大的(见图4-2)，我国故宫的汉白玉雕刻、敦煌壁画，埃及的斯芬克斯狮身人面雕像，罗马的图拉真凯旋柱等一大批珍贵的文物古迹正遭受酸雨的侵蚀，有的已损坏严重，给世界文化艺术造成重大伤害。

图 4-2 酸雨腐蚀下的乐山大佛

4.3.3 酸雨的防治

大气无国界,防治酸雨是一个国际性的环境问题,不能依靠一个国家单独解决,必须共同采取对策,减少硫氧化物和氮氧化物的排放量。关于酸雨的防治,有以下对策:

(1) 降低燃煤中的含硫量,高硫煤应进行洗选,工厂要装脱硫设备。原煤脱硫技术可以除去燃煤中大约 40% ~60% 的无机硫。

(2) 优先使用低硫燃料,如含硫较低的低硫煤和天然气等。

(3) 改进燃煤技术,清洁煤技术是对燃烧设施进行改造或加入添加剂与目标污染物发生反应,减少燃煤过程中二氧化硫和氮氧化物的排放量。例如,液态化燃煤技术是受到各国欢迎的新技术之一。它主要是利用加进石灰石和白云石,与二氧化硫发生反应,生成硫酸钙随灰渣排出。

(4) 对煤燃烧后形成的烟气在排放到大气中之前进行烟气脱硫。目前主要用石灰法,可以除去烟气中 85% ~90% 的二氧化硫气体。不过,脱硫效果虽好但十分昂贵。例如,在火力发电厂安装烟气脱硫装置的费用,要达电厂总投资的 25%。这也是治理酸雨的主要困难之一。

(5) 提高城市燃气普及率,发展城市集中供热,从而减少家庭燃煤,降低排放到大气中的二氧化硫的量。

(6) 严格管理汽车尾气,推广乙醇等清洁能源,制造绿色汽车。NO_x 是形成酸雨的主要污染物,汽车尾气是它的主要排放源。绿色能源和绿色汽车的推广可大大减少酸雨的产生。

(7) 依靠国家综合治理酸雨的政策和法规，加强酸雨的监测，建立大气酸源降预报，针对不同酸源采取不同措施。

(8) 开发新能源，如太阳能、风能、核能、可燃冰等，新能源在利用过程中，几乎不产生酸性污染，但是目前技术不够成熟，且消耗费用十分高。

(9) 在酸雨的防治过程中，生物防治可作为一种辅助手段。在污染重的地区可栽种一些对二氧化硫有吸收能力的植物，如垂山楂、洋槐、云杉、桃树、侧柏等。

(10) 大棚种植可减轻酸雨的危害。实践证明，大棚栽培可以缓解土壤酸化的进程，阻止酸雨对土壤农作物的污染，不仅是一种良好的生产方式，而且也是防治酸雨危害农田的重要对策之一。

4.3.4　我国酸雨污染现状及防治

4.3.4.1　我国酸雨灾害的分布

我国是继欧洲、北美洲之后的世界第三大重酸雨区。20 世纪 80 年代，我国的酸雨主要发生在以重庆、贵阳和柳州为代表的川贵两广地区，酸雨区面积为 170 万平方公里。到 90 年代中期，酸雨灾害已发展到长江以南、青藏高原以东及四川盆地的广大地区，酸雨面积扩大了 100 多万平方公里。以长沙、赣州、南昌、怀化为代表的华中酸雨区现已成为全国酸雨污染最严重的地区，其中心区年降酸雨频率（酸雨次数占总降雨次数的比例）高于 90%，几乎到了“逢雨必酸”的程度。以南京、上海、杭州、福州、青岛和厦门为代表的华东沿海地区也成为我国主要的酸雨区。华北、东北的局部地区也出现酸性降水。酸雨在我国已呈燎原之势，覆盖面积已占国土面积的 30% 以上。

4.3.4.2　我国酸雨类型

我国的酸雨主要是因大量燃烧含硫量高的煤而形成的，多为硫酸雨，少硝酸雨，以广州市的酸雨记录为例，酸雨的组成成分如表 4–1 所示。

表 4–1　广州市酸雨中所含离子量

离　子	SO_4^{2-}	NO^{3-}	PO_4^{3-}	Cl^-	NH_4^+	K^+	Na^+	Ca^{2+}	Mg^{2+}
浓度/摩尔 · 升$^{-1}$	0.150	0.045	0.002	0.163	0.058	0.006	0.013	0.083	0.007

4.3.4.3　我国酸雨的主要防治对策

从总体上来讲，我国酸雨综合治理应该是一个以防为主、防治结合、综合治理的过程。

(1) 从政策上控制和削减燃煤二氧化硫的排放量。

1) 严格实行《酸雨控制区和二氧化硫污染控制区划分方案》，并将其纳入当地国民经济和社会总体规划来组织实施，按照“谁污染、谁治理”的原则，

落实防治项目和治理资金。

2）限制高硫煤的开采和使用，严令禁止含硫量大于3%的煤矿的开采，改造含硫量大于1.5%的煤矿。

3）严格执行二氧化硫排放许可证制度，推行酸雨和污染综合防治体系，实行总量控制，促进节约能源。

4）建立酸雨和二氧化硫污染监测网络和二氧化硫数据库及动态管理信息系统，强化环境监督管理措施。

5）做好二氧化硫排污费的征收、管理和使用工作，运用经济手段促进治理。

6）严格执行环境影响评价制度，对于新建项目必须严格执行“三同时”，按照“先评价、后建设”、“技术起点要高”的要求，充分评价建设项目对大气环境的影响并满足大气质量的要求，确保控制二氧化硫污染的投资。

（2）合理布局生产和生活设施。

（3）节能，发展可替代的清洁能源。

（4）发展清洁煤技术。我国清洁煤技术主要由以下几部分组成：煤炭加工技术（包括煤炭脱硫、脱灰型煤技术等）、煤的高效燃烧技术（包括改进燃烧器结构及燃煤方法等方面）、煤炭转化技术（包括煤炭气化、液化及燃料电池等），其中煤的高效燃烧技术是核心。

（5）采用烟气脱硫技术。

随着近代工业的发展，环境污染的日益加重，酸雨作为其中一种，其造成的危害越来越严重，也越来越受到人们的重视。一旦酸雨形成，它从天而降，所到之处无不受到它的伤害，雨点落到衣服上，衣服会变色；落到皮肤上，会伤害皮肤；落到建筑物上，会腐蚀其外表；落到名胜古迹上，会破坏艺术。对于酸雨，应该从源头抓起，阻碍它的形成，减小它造成的伤害。

4.4 生态破坏

4.4.1 生态破坏历史溯源及现状

能源对人类发展的巨大贡献是显而易见的，但也并不仅仅如此。它已经和正在给人类带来许多麻烦。这主要是由于能源（主要是占总量80%的化石能源）的利用所造成的日益严重的环境污染。

能源利用过程中出现的种种问题，引起了越来越多的环境污染和生态破坏。能源的开采和利用直接影响环境，涉及全球气候变暖、空气污染、酸雨、水污染和生态恶化等一系列世界性的环境问题，是破坏环境的首要原因。世界著名的八大公害事件（比利时马斯河谷烟雾事件、美国多诺拉烟雾事件、伦敦烟雾事件、美国洛杉矶光化学烟雾事件、日本水俣病事件、日本富山骨痛病事件、日本四日市哮喘病事件、日本米糠油事件）中前四位都是由于人类在工业发展和生活中能源利用管理不当而造成的环境污染。伦敦烟雾事件是 20 世纪世界上最大的由燃煤引发的城市污染事件，仅 5 天时间内死亡了 4000 多人，之后在两个月内，又有 8000 人陆续死亡；美国洛杉矶光化学烟雾事件是最早出现的由汽车尾气造成的大气污染事件，引起的死亡人数达 400 多人。由此可见，能源利用和环境保护之间的有非常密切的关系。

2010 年，历史罕见的干旱、低温冷冻、洪涝暴雨、雪灾等气候灾难连续侵袭我国的大部分地区。仅 2010 年上半年，我国因灾害直接经济损失已达 2113. 9 亿元 。有效保障能源持续稳定供应，防治能源利用带来的环境污染和生态破坏，是我国全面建设小康社会的重要环节。自 20 世纪 70 年代以来，全世界面临着人口爆炸、资源短缺、能源危机、粮食不足、环境污染、气候变化等全球重大问题的挑战。如果说人口“爆炸”是人类面临的第一个挑战，环境污染日益严重则是人类面临的第二个挑战。

在人类利用能源的初期，能源的使用量及范围有限，加上当时科学技术和经济不发达，对环境的损害较小。又由于环境的恶化是积累性的，只有较长时间的积累，才能察觉到它的明显变化。在这个过程中环境的改变并没有引起人类的特别注意，因此环境保护意识不强。然而随着工业的迅猛发展和人民生活水平的提高，能源的消耗量越来越大。这不仅仅是消耗的资源量十分惊人的问题。几乎所有科学家都认为，二氧化碳排放量的增加，将带来更多的旱灾、水灾、土地沙漠化、热浪、疾病和海水水位上升等不良后果。

由于能源的不合理开发和利用，致使环境污染也日趋严重。目前全世界每年向大气中排放几十亿吨甚至几百亿吨的 CO_2、SO_2、粉尘及其他有害气体。这些排放物都主要与能源的利用有关。它给人类带来的后果是：由于 CO_2 等所产生的“温室效应”使地球变暖，全球性气候异常，海平面上升，自然灾害增多；随着 SO_2 等排放量增加，酸雨越来越严重，使生态遭破坏，农业减产。

对于我国，以煤炭为主的能源结构使我国面临以下两个突出问题：首先是以煤为主的能源供应意味着比较低的能源效率；另一个所面临的就是环境污染问题。由于我国中小企业多，技术工艺落后，大量烟尘及有害气体未经处理就直接排放到大气中。有关研究报告指出，我国排入大气的烟尘 90% 的 SO_2 和 85% 的 CO_2 均来自燃煤。因此，煤炭直接燃烧是我国大气污染的主要原因。

从世界范围来看，破坏生态平衡的诱因可归结为如下三类：

（1）破坏环境。由于环境是生态系统的成分之一，它的改变会影响生态系统的稳定。由于破坏环境打破生态环境平衡的例子很多，诸如湖沼富营养化的形成，日本汞中毒事件，氟化物破坏了臭氧层，阿斯旺水坝生态环境恶化，“六六六”、“DDT”施用后的恶果，地球的“温室效应”等。

（2）破坏植被。以森林为主体的植被是陆地生态平衡的杠杆，地球上由于破坏植被导致的生态灾难最多，如1934年发生在美国西部的黑风暴，毁掉耕地4500余万亩；1963年发生在苏联农垦区的大风暴，毁田3亿多亩；同样因森林的破坏，使古老的巴比伦文明灭亡；印度与巴基斯坦之间的塔尔平原，因森林破坏沦为沙漠，沙漠面积达65万平方公里；我国黄河流域生态条件的变坏，源于其中上游森林植被的破坏，当今长江将变成第二条黄河，东北林区生态条件变坏，主要原因是对西南林区和东北林区森林的不合理采伐和过度采伐。

（3）破坏食物链。破坏食物链打破生态平衡的例子比比皆是，如因过量捕杀害虫的天敌引发林木病虫害；印度曾大量捕杀水獭使病鱼增多，鱼产量下降；牧业发达的澳大利亚，因牛粪覆盖草地成灾引发蜣螂解救的例子更为新鲜。

近一个世纪以来，化石燃料的使用量几乎增加了30倍。目前全世界每年向大气中排放的CO_2约210亿吨，使大气中CO_2的浓度由19世纪上半叶的270×10^{-6}增加到1980年的344×10^{-6}。预计到2030年，大气中CO_2的浓度还要增加一倍，达到680×10^{-6}。由于CO_2等引起的“温室效应”，使全球气候明显变暖。目前温室效应和地球变暖等全球性气候变化问题已经给人类带来了巨大的威胁，成为各国首脑首先考虑的问题之一。尽管科学家在寻找各种解释地球变暖的原因，但20世纪以来工业化是造成温室效应不可推卸的罪魁祸首。过度燃烧、森林树木过度砍伐、草原过度放牧、植被破坏等，都减少了地球自身调解二氧化碳的功能。

科学观测表明，地球大气中CO_2的浓度已从工业革命前的280×10^{-6}上升到了目前的379×10^{-6}；全球平均气温也在近百年内升高了0.74摄氏度，特别是近30年来升温明显。科学家预测，到21世纪中叶，地球表面平均温度将上升1.5～4.5摄氏度，从而导致南北极冰雪部分融化。加上海水本身热膨胀，就会使世界海平面上升25～100厘米，一些地势低洼的沿海城市将葬入海底。地球上的许多平地，如北京、上海、伦敦、纽约等城市全部被淹没掉。数亿沿海居民将被迫迁居。同时地球变暖将使不少国家和地区干旱少雨，虫害增多，农业减产。

此外，全世界每年向大气中排放的SO_2、氮氧化物等有害气体也在急剧增加。当大气中的SO_2与氮氧化物遇到水滴或潮湿空气即转化成硫酸与硝酸溶解在雨水中，使降雨的pH值低到5.6以下（正常为5.6），这种雨称为酸雨。如果大气中SO_2和氮氧化物浓度很高时，可以使降雨的pH值低到3左右。而酸雨、臭氧层的空洞等又进一步导致了生态的严重破坏。人类在不断扩大自己的生存空间的同时，也在慢慢地把自己围困在更小的范围里面挣扎。如果上述情况持续恶化，人类会发现自己再也没有适合居住的场所了。

1987年美国大气保护研究中心的调查表明，目前美国直接受到酸雨危害的居民达3000万以上。由此，美国每年直接损失费用达150亿美元之多。欧洲国家被酸雨损害的森林已超过 50%。由于森林的破坏，到 2000 年世界残存的物种将下降到现存总数的 1/5～1/4，这是一种不可恢复的生态灭绝。

21 世纪以来，全世界酸雨污染范围日益扩大，酸度也在不断增加，不论发达国家还是发展中国家，包括我国在内，酸雨都日益严重。据统计，我国每年有近 260 多万公顷农田遭受酸雨污染，使粮食作物减产 10% 左右。仅广东、广西、四川和贵州四省区，因酸雨危害每年直接经济损失 24.5 亿元，间接生态效益损失更大。同时，酸雨还腐蚀建筑材料，严重损害古迹、历史建筑、雕刻、装饰以及其他重要文化设施，由此造成的损失难以估计。

4.4.2　各国对环境问题的反应

据统计，全世界由于环境问题造成的难民人数有 1300 万人，接近由于政治动乱和战争造成的政治难民的人数。据 1982 年调查，由于环境污染，我国每年造成的损失近 500 亿元，由于生态破坏造成的损失 300 多亿元，两项加在一起共 800 多亿元。保守估计，2000～2006 年，每年单纯由于二氧化硫排放所造成的损失约为 1165 亿元，其中农作物方面占 218 亿元，人体健康方面占 172 亿元，森林方面占 776 亿元。

1986 年 12 月美国《基督教科学箴言报》征询 16 位世界著名思想家关于 21 世纪议事日程的看法时，被采访的大多数人指出：世界环境退化的严重性仅次于核毁灭的威胁。

1987 年初欧洲环境年活动发表了《关于欧洲环境状况的报告》，把生态变坏和环境污染称为“人类缓慢的死亡”。

1988 年初到 1989 年 5 月，联合国环境规划署对中国、印度、日本、阿根廷、西德等 15 个国家进行了环境意识的民意测验。每个国家有 400～1200 多位来自各部、机构不同层次的人接受了调查。调查结果表明，许多国家对环境问题都表现出深切的关注。他们认为，“当前没有什么比环境现状更令人触目惊心的了。”

我国的被调查者对国内目前的环境状况的评价是 15 个国家中最差的，其中最为突出的环境问题是饮用水源的污染以及大量农田被侵蚀。

印度被调查者在“较高的生活水平和较大的健康危险与较低的生活水平和较小的健康危险”之间，77% 的印度人选择后者，20% 的人选择前者。

日本被调查者认为，必须提高对环境污染问题严重性的认识——它比温饱问题重要得多。如果整个世界不立即控制环境恶化，土地将变成沙漠，海洋将会淹没陆地，人类无法在这个地球上生存下去。

英国《每日电讯报》1988 年 11 月 15 日公布盖洛普民意测验结果。公众认为，环境污染的威胁不亚于第三次世界大战，环境问题已成为世界各国的主要政

治问题和社会问题。

据1992年11月份《参考消息》载：全世界1525位专家（其中99位诺贝尔奖获得者）呼吁全人类要救救地球，留给我们的时间不多了，不能回避这个问题。

近年来，世界各国许多环境学家和伦理学家都发出了“我们自己不要灭自己的种”的警告。正如前联合国环境规划署执行主任托尔巴博士所说：冷战已经结束，环境问题一跃而成为世界问题的榜首。

4.4.3 生态问题的重视

在自然界，除人类以外的其他客体都被称为环境（这里指自然环境，不包括社会环境）。人类是环境的产物，人类的生存和发展一时一刻也离不开环境，同时人类也在不断地改造环境，以谋求自身的生存与发展。而环境的演化存在着不以人的意志为转移的客观规律，不能盲目地用人的主观意志改造环境。人类与环境的关系，是相互依存又相互影响相互制约的对立统一的辩证关系。人类的任何行为都会对环境产生影响，反之，环境的任何改变也直接影响到人类的生存与发展。人类与环境是和谐共处的关系。有人把人类与环境的关系通俗而形象地喻为“兄弟”关系，人类有事应多和环境“兄弟”商量。

在认识人类与环境的关系上，世界大部分国家和地区都盛行过人类中心论。人类中心论把人捧到自然系统中至高无上的位置，说人是大自然的主人，可以支配一切，自然界只不过是一个消极的客体。甚至认为人类在自然面前可以为所欲为，而自然在人类面前只有逆来顺受。这种以老大自居的观点，导致人类向大自然任意索取，任意排放污染物。

正如恩格斯所说：“我们不要过分陶醉于我们对自然界的胜利。对于每一次这样的胜利，自然界都报复了我们。每一次胜利，在第一步都确实取得了我们预期的结果，但是在第二和第三步都有了完全不同的、出乎预料的影响。常常把第一个结果取消了。”现实正是如此。人类在不断地遭到环境的报复，今天我们正在吞食着人类盲目行为的恶果。

日益恶化的生态环境越来越受到各国的普遍关注。更多的人开始认识到，人类应当不断更新自己的观念，随时调整自己的行为，以实现人与环境的协调共处。保护环境也就是保护人类生存的基础和条件。

生态环境一旦遭到破坏，需要几倍的时间乃至几代人的努力才能恢复，甚至永远不能复原。人类为恢复和改善已经恶化的环境，必须做长期不懈的努力，其任务是十分艰巨的。环境已经向人类亮出了“黄牌”，如再不清醒，就将会被罚出“场”外。到那时，尽管人类为子孙后代留下数以亿计的财富，但由于前人“愚蠢”的行为，毁掉了他们的生存条件，再多的财富又有什么意义！

因此，我们必须认识到，能源的利用，使人类的物质生活不断得到改善，但却逐渐恶化了自己的生存环境。人类在谋求持续发展的过程中必须解决好这一矛盾。

4.5　健康危害

能源利用导致的环境污染与生态破坏已经给人类的健康带来了严重的危害。人体具有自身的生理调节功能以适应不断变化的环境的能力。但是，如果环境污染物导致环境的异常变化，超出人体正常的生理调节限度，则可能引起人体功能、代谢和结构发生异常的病理性变化，即环境致病。

在这里，我们以水污染和大气污染为例具体说明。

4.5.1　水污染带来的危害

由于人口增长和经济发展所导致的人均用水量的增加，在过去的三个世纪里，人类提取的淡水资源量增加了 35 倍，1970 年达到了 3500 平方公里。20 世纪的后半叶，淡水提取量每年增加 4% ~8%，其中农业灌溉和工业用水占了增长的主要部分，特别是20 世纪 70 年代“绿色革命”期间，灌溉用水翻了一番。与淡水资源短缺相对应的是水资源的大量浪费。农业消耗了全球用水量的 70% 左右，但农业灌溉用水效率普遍比较低，许多灌溉系统 60% 以上的水在浇灌庄稼前就渗漏和蒸发掉了，并带来土壤盐渍化。水污染有三个主要来源，生活废水、工业废水和含有农业污染物的地面径流。另外，固体废物渗漏和大气污染物沉降也造成对水体的交叉污染。化肥和农药需求的日益增长和不合理使用，使农业的地表径流污染也发展成为一个比较严重的问题，成为湖泊等地表水体富营养化的一个重要来源。

20 世纪 50 年代以后，全球人口急剧增长，工业发展迅速。一方面，人类对水资源的需求以惊人的速度扩大；另一方面，日益严重的水污染蚕食大量可供消费的水资源。世界水论坛提供的联合国水资源世界评估报告显示，全世界每天约有 200 吨垃圾倒进河流、湖泊和小溪，每升废水会污染 8 升淡水；所有流经亚洲城市的河流均被污染；美国 40% 的水资源流域被加工食品废料、金属、肥料和杀虫剂污染；欧洲 55 条河流中仅有 5 条水质差强人意。

世界卫生组织调查指出，人类疾病 80% 与水污染有关，据统计，50% 儿童的死亡是由饮用被污染的水造成的；12 亿人因饮用被污染的水而患上多种疾病；每年世界上有 2500 万名以上的儿童因饮用被污染的水而死亡；全世界因水污染引发的霍乱、痢疾和疟疾等传染病的人数超过 500 万。

2007 年底，美国科学家在为包括首都华盛顿等地区提供饮用水的波托马克河发现奇怪现象，河中一些黑鲈兼具雄性和雌性生理特征，成为双性“阴阳

鱼”，而水污染就是最大元凶。波托马克河中的“双性”鲈鱼并不是水污染导致的第一例动物变异。过去十年，水污染中的激素成分已在不同国家导致鳄鱼、青蛙、北极熊和其他动物发生畸形变异，给全世界敲响了警钟。

水中污染物分类及其带来的危害如下：

(1) 死亡有机污染。它的主要来源是未经处理的城市生活污水、造纸污水、农业污水及都市垃圾。死亡有机质能消耗水中溶解的氧气，危及鱼类的生存；还能导致水中缺氧，致使需要氧气的微生物死亡。而正是这些需氧微生物能够分解有机质，维持着河流、小溪的自我净化能力。它们死亡的后果是河流和溪流发黑、变臭，毒素积累，伤害人畜。

(2) 有机和无机化学药品污染。这些化学药品的主要来源是化工厂、药厂、造纸厂、印染厂和制革厂的废水，以及建筑装修、干洗行业、化学洗剂、农用杀虫剂、除草剂等。绝大部分有机化学药品有毒性，它们进入江河湖泊会毒害或毒死水中生物引起生态破坏。一些有机化学药品会积累在水生生物体内，通过食物链进入人体，使人中毒。被有机化学药品污染的水难以得到净化，人类的饮水安全和健康受到威胁。

(3) 磷污染。含磷洗衣粉、磷氮化肥的大量使用容易造成磷污染。磷能够引起水中藻类疯长。因为磷是所有的生物生长所需的重要元素；它还会导致湖中细菌大量繁殖。磷也是鱼类甚至湖泊的杀手。大量增殖的细菌消耗了水中的氧气，使依赖氧气生存的鱼类死亡，随后细菌也会因缺氧而死亡，最终使湖泊老化、变成死水。磷还可对热带地区的海滨水域造成与上述情况相似的水体富营养化的威胁。

(4) 石油化工洗涤剂污染。大多数家庭和餐馆大量使用的各种洗涤用品都是石油化工的产品，难以降解，排入江河中不仅会严重污染水体，而且会积累在水产物中，大量进入人体后会出现中毒现象。

(5) 重金属（Hg、Pb、Cr、Cd、Ni、Se、As、Bi、Au、Bt、Ag 等）污染。它们主要来源于采矿和冶炼过程、工业废弃物、制革废水、纺织厂废水、生活垃圾（如电池、化妆品）。这些重金属对人、畜有直接的生理毒性。

(6) 酸类（硫酸等）污染。酸类主要来源于煤矿、金属（铜、铅、锌等）矿山废弃物以及向河流中排放酸的工厂。酸类可毒害水中植物，引起鱼类和其他水中生物死亡，严重破坏溪流、池塘和湖泊的生态系统。

(7) 悬浮物污染。土壤流失、向河流倾倒垃圾都会造成大量悬浮物。这些悬浮物大大降低了水质，增加了净化水的难度和成本。

(8) 油类物质污染。从水上机动交通运输工具中以及由于油船泄漏进入水中的油类物质能破坏水生生物的生态环境，使渔业减产，还会污染水产食品，危及人类健康。海洋上油船的泄漏会造成大批海洋动物死亡。

4.5.2　大气污染带来的危害

大气污染后，由于污染物质的来源、性质、浓度和持续时间的不同，污染地区的气象条件、地理环境等因素的差别，甚至人的年龄、健康状况的不同，对人均会产生不同的危害。大气污染对人体的影响，首先是感觉上不舒服，随后生理上出现可逆性反应，再进一步就出现急性危害症状。

4.5.2.1　大气污染对人的危害种类

大气污染对人的危害种类大致可分为急性中毒、慢性中毒、致癌三种。

(1) 急性中毒。大气中的污染物浓度较低时，通常不会造成人体急性中毒，但在某些特殊条件下，如工厂在生产过程中出现特殊事故，大量有害气体泄漏外排，外界气象条件突变等，便会引起人群的急性中毒。如印度帕博尔农药厂甲基异氰酸酯泄漏，直接危害人体，导致2500人丧生，十多万人受害。

(2) 慢性中毒。大气污染对人体健康慢性毒害作用，主要表现为污染物质在低浓度、长时间连续作用于人体后，出现的患病率升高等现象。近年来我国城市居民肺癌发病率很高，其中最高的是上海市，城市居民呼吸系统疾病明显高于郊区。

(3) 致癌作用。这是长期影响的结果，是由于污染物长时间作用于肌体，损害体内遗传物质，引起突变，如果生殖细胞发生突变，使后代机体出现各种异常，称致畸作用；如果引起生物体细胞遗传物质和遗传信息发生突然改变作用，又称致突变作用；如果诱发成肿瘤的作用称致癌作用。这里所指的“癌”包括良性肿瘤和恶性肿瘤。环境中致癌物可分为化学性致癌物、物理性致癌物、生物性致癌物等。致癌作用过程相当复杂，一般有引发阶段、促长阶段。能诱发肿瘤的因素，统称致癌因素。由于长期接触环境中致癌因素而引起的肿瘤，称环境瘤。

4.5.2.2　大气污染物种类及其对人体健康的影响

(1) 煤烟。它可引起支气管炎等。如果煤烟中附有各种工业粉尘（如金属颗粒），则可引起相应的尘肺等疾病。

(2) 硫酸烟雾。它对皮肤、眼结膜、鼻黏膜、咽喉等均有强烈刺激和损害。严重患者如果有胃穿孔、声带水肿、狭窄、心力衰竭或胃脏刺激等并发症状均有生命危险。

(3) 铅。当铅略超大气污染允许浓度以上时，可引起红血球碍害等慢性中毒症状，高浓度时可引起强烈的急性中毒症状。

(4) 二氧化硫。SO_2 浓度为 $(1\sim5)\times10^{-6}$ 时可闻到臭味，5×10^{-6} 时长时间吸入可引起心悸、呼吸困难等心肺疾病。重者可引起反射性声带痉挛，喉头水肿以致窒息。

（5）氮氧化合物。主要指一氧化氮和二氧化氮，中毒的特征是对深部呼吸道的作用，重者可致肺坏疽；对黏膜、神经系统以及造血系统均有损害，吸入高浓度氮氧化合物时可出现窒息现象。

（6）一氧化碳。对血液中的血色素亲和能力比氧大210倍，能引起严重缺氧症状即煤气中毒。约100×10^{-6}时就可使人感到头痛和疲劳。

（7）臭氧。其影响较复杂，病情轻的表现为减小肺活量，重者表现为支气管炎等。

（8）硫化氢。浓度为100×10^{-6}时吸入2~15分钟可使人嗅觉疲劳，高浓度时可引起全身碍害而死亡。

（9）氰化物。轻度中毒会出现黏膜刺激症状，重者可使意识逐渐模糊、痉挛、血压下降，迅速发生呼吸障碍而死亡。氰化物中毒后遗症为头痛、失语症、癫痫发作等。氰化物蒸气可引起急性结膜充血、气喘等。

（10）氟化物。它可由呼吸道、胃肠道或皮肤侵入人体，主要使骨骼、造血系统、神经系统、牙齿以及皮肤黏膜等受到侵害。重者或因呼吸麻痹、虚脱等而死亡。

（11）氯。氯主要通过呼吸道和皮肤黏膜对人体造成中毒作用。当空气中氯的浓度达0.04~0.06毫克/升时，30~60分钟即可致严重中毒，如空气中氯的浓度达3毫克/升时，则可引起肺内化学性烧伤而迅速死亡。

大气污染对植物的危害表现为：可使其生理机制受压抑，成长不良，抗病虫能力减弱，甚至死亡；大气污染还能对气候产生不良影响，如降低能见度，减少太阳辐射（据资料表明，城市太阳辐射强度和紫外线强度要分别比农村减少10%~30%和10%~25%）而导致城市佝偻发病率增加；大气污染物能腐蚀物品，影响产品质量；近十几年来，不少国家发现酸雨，雨雪中酸度增高，使河湖、土壤酸化，鱼类减少甚至灭绝，森林发育受影响。煤和石油的燃烧是造成酸雨的主要祸首。酸雨会对环境带来广泛的危害，造成巨大的经济损失，如腐蚀建筑物和工业设备；破坏露天的文物古迹；损坏植物叶面，导致森林死亡；使湖泊中鱼虾死亡；破坏土壤成分，使农作物减产甚至死亡；饮用酸化物造成的地下水，对人体有害。

在我国几种最主要能源大气污染物排放总量中，燃煤大气污染物排放已经占到了七成以上，已经成为影响公众健康的重要因素。我国是世界上以煤炭为主的少数国家之一，远远偏离当前世界能源消费以油气燃料为主的基本趋势和特征。并且，煤炭高效、洁净利用的难度远比油、气燃料大得多。我国大量的煤炭是直接燃烧使用的，相比于美国91.5%用于发电或热电联产，我国仅为47.9%。燃煤导致的污染占到我国烟尘排放的70%、二氧化硫排放的85%、氮氧化物排放的67%和二氧化碳排放的80%。同时，燃煤大气污染物的扩散范围可达数千公里之外，相当于北京到上海甚至到广州的距离，这意味着远离污染源的人群并不能完全避免环境污染的影响。由于燃煤大气污染物对人体健康的危害是长期、慢性的，因此很容易被公众忽视，对儿童、慢性病患者和老年人等敏感人群的影响也更为显著。我国疾病预防控制中心环境与健康相关产品安全所尚琪研究员表示："每年，与燃煤大气污染密切相关的疾病都给我国造成了巨大的健康经济损失和疾病负担"。

据 1991 年统计，我国废气年排放量为 11.3 亿标准立方米，废气中烟尘排放量为 1615 万吨，SO_2 排放量为 1844 万吨，其他有害气体 100 万吨左右。许多城市均超标准数倍。在全球 41 个城市参加的大气总飘浮颗粒物浓度的监测中，我国的北京、上海、沈阳、广州、西安五个大城市全部进入前 10 名的行列。由于污染，城市上空烟雾弥漫，能见度降低，晴天减少，烟雾日增多。污染严重的本溪市被列为"卫星上看不见的城市"。

严重的大气污染，直接危害着人民的身体健康。1991 年我国人口总死亡率为 670/100000，比上年增加 0.5%。国内外研究表明，癌病与环境因素有一定关系，肺癌与大气污染的关系最为明显。目前癌症已成为我国城市居民死亡的首位原因，大城市癌症死亡率为 129.9/100000，中小城市为 104/100000，而在癌症中以肺癌死亡率最高。肺癌高发区大多集中在工业发展较早、经济密度较高、大气污染较重的地区。其中，大城市为 35.2/100000，中小城市为 23.7/100000，分别占癌症死亡的 27.1% 和 22.1%，且近年来呈明显上升趋势。在农村，癌症死亡率占总死亡率的比重也在逐年增加。呼吸系统疾病是农村地区居民死亡的首位原因，而大气污染则是呼吸系统疾病尤其是慢性支气管炎的主要诱因之一。全世界每年有 300 多万人死于主要由于环境污染造成的癌症。

氟利昂的使用量不断增加，是导致臭氧减少并出现空洞的原因，氯氟烃类化合物的排放使大气臭氧层遭到破坏，加上大量粉尘的排放，使癌症发病率增加，严重威胁人类健康。臭氧可以吸收 200～300 纳米的紫外线，从而减少了紫外线对生物（人体）的伤害。人类如果不采取措施保护大气臭氧层，到 2075 年全世界将有 1.54 亿人患皮肤癌，将有 1800 万人患白内障，农作物减产 7.5%，水产品减产 25%，材料的损失达 47 亿美元。

人们的日常生活处处离不开能源，不仅是衣、食、住、行，而且文化娱乐、医疗卫生都与能源密切相关。随着生活水平的提高，所需的能源也愈多。所以人们在日常生活中，应该多增加一些能源利用带来的健康危害方面的知识，以免对自己和家人造成伤害。

第 5 章　能源评价

5.1　评价方法

5.1.1　世界相关评价发展概述

对于能源包括清洁能源的评价，世界上早有相关研究。

能源的发展与社会经济、环境变化有着密切的联系，相关的政策制定需要对能源自身的发展、能源的发展对社会经济和环境的影响、社会经济和环境对能源发展的约束进行分析。依据发达国家走过的历史情况，大都经过在发展经济的过程中以环境为代价，对环境先污染后治理的阶段，不但对环境造成危害，而且影响经济发展乃至于人类的生存。当前环境日益受到重视，全球多数国家签订了为保护大气限制二氧化碳排放的《京都议定书》。另一方面能源危机也同样严重。如何在这种状况下，做到对能源、经济、环境的协调发展，世界各地也都开始了对经济—能源—环境协调发展的评价与研究。可持续发展概念的提出，进一步推动了世界各国对能源—经济—环境发展关系的研究。

国外典型的研究有如下几个方面。

5.1.1.1　城市可持续发展

城市可持续发展是指在全球实施可持续发展的过程中城市系统结构和功能相互协调，具体说就是围绕生产过程这一中心环节，通过均衡地分布农业、工业、交通等城市活动，促使城市新的结构、功能与原有结构、功能及其内部的和谐一致，这主要通过政府的规划行为达到。世界卫生组织（WHO）提出，城市可持续发展应在资源最小利用的前提下，使城市经济朝更效率、稳定和创新方向演进。内坎普（Nijkamp）也认为城市应充分发挥自己的潜力，不断地追求高数量和高质量的社会经济、人口和技术产出，长久地维持自身的稳定和巩固在城市体系中的地位和作用。

5.1.1.2　LEAP 模型（Long – range Energy Alternatives Planning System）

LEAP 模型是斯德哥尔摩环境协会和美国波士顿大学共同开发的一个基于情景分析的自下而上的能源—环境模型工具。可以用于做能源的需求及其相应的环境影响分析和成本效益分析。在做环境影响分析时。可以把非能源部门的温室气体排放也加入进来，做综合环境影响分析。

5.1.1.3　MARKAL 能源模型

MARKAL 是 Market Allocation 的缩写，是一个基于线性规划的能源系统分析工具。受到第一次能源危机的冲击，国际能源署（IEA，International Energy Agency）在 1976 年成立了一个由美国、德国等多国合作的研究计划 ETSAP（Energy Technology Systems Analysis Program），以加强各会员国能源系统分析的能力。MARKAL 就是 ETSAP 的主要产物。目前该模型在 OECD（经济合作与发展组织）国家以及其他几个发达国家使用较为广泛。技术进步对能源需求和能源转换的影响，各种能源之间相互替代，能源投资和系统费用，减少温室气体排放对能源系统和经济的影响等都可以用其建模。MARKAL 以线性规划方式选择最佳能源技术组合，来满足未来各期能源服务需求。

5.1.1.4　3E 模型

国外把能源—经济—环境三结合的研究称为 3E（Energy，Economy and Environment）研究。能源是经济、社会发展的基本约束条件，随着经济的增长，随着能源的开发和利用，环境污染成为人类不得不面对的挑战。3E（能源、经济、环境）系统研究首先在美、日等一些经济发达国家展开，经由国际组织的努力，世界各国都在这一领域展开了持久和深入的研究，并日益走向合作。3E 模型适应国民经济可持续发展需要，主要用于支持国家在可持续发展战略上的决策，特别是能源部门如何实现可持续发展需要。多用于能源的预测、评估和制订能源发展战略，包括预测未来能源发展变化，对生产过程进行环境分析，分析温室气体减排对社会经济发展的影响，分析各种技术减排成本。比较典型的 3E 系统研究如下：

（1）由 Sadler 提出的战略环境评价方法（SEA），通过评价可使能源规划、能源政策替代方案、积累影响、附加影响、地区性或全球性影响以及非工程性影响在早期的政策、规划阶段得到充分的考虑，是一种政策、规划、层次协调能源发展与环境、经济关系的决策手段和规划手段；

（2）联合国经济合作与发展组织提出能源政策影响评价的 8 条标准，即环境效果是否有效，经济效果是否提高，管理与执行成本，全社会的资金收入，广泛的经济后果，动态影响与革新，软影响等；

（3）联合国环境规划署推出美国学者 H. T. Odum 的研究成果，提出用“能值”来计算评价国民财富的方法，并对我国生态—经济系统的能值和经济发展进行了案例分析；

（4）日本经济能源研究所开展的世界超长期能源供给模型研究和亚洲长期宏观经济能源供求模型研究等，通过 3E 研究成果，确定日本的能源发展定位和战略方针。

5.1.1.5 台湾省的模糊多目标投入产出决策模型

该模型是最近几年由台湾研究机构研究得出的。该研究以混合式投入产出分析为基础，将所有产业部门分成非能源部门及能源部门，利用模糊多目标规划法来求解，以使得 GDP 最大为经济目标，总能源使用量最小为能源目标，二氧化碳排放量最低为环境目标。而受限于最终需求、能源供需均衡、污染排放、二氧化碳排放、水资源、劳动供给等限制，再以产业部门产值为决策变量，构建一个多目标规划模型。

5.1.1.6 其他方法

国外学者在城市可持续发展研究中，对如何解决城市环境问题做了许多探索，其中比较典型和全面的是皮尔思（Pearce）城市发展阶段环境对策模型。城市发展阶段环境对策模型，主要根据城市发展的不同阶段（起飞、膨胀、顶峰、下降、低谷）所出现的资源环境问题（土地的过量使用、大气污染、噪声污染、水资源的过量消耗、交通堵塞等），采取相对适宜的环境策略，特别应加强环境规划和土地规划控制。

5.1.2 我国相关评价发展概述

相比国外的研究，国内相关研究起步较晚，直到 20 世纪 90 年代，国内对能源—经济—环境的相关研究才开始，从资源、人口、安全、能效和环境不同角度对能源问题进行了研究。

5.1.2.1 我国能源环境综合政策评价模型（IPAC）

1992 年以来，国家发展改革委员会能源研究所开始在能源模型开发与应用方面进行了长期研究。1994 年之后，开始与国际上一些知名研究机构就能源与气候变化模型的研究进行长期合作。2000 年以来开始有针对性地构建我国的能源—环境综合评价模型，到目前为止已经开始形成一个综合评价模型框架，称之为中国能源环境综合政策评价模型（IPAC）。此模型主要是研究大气排放，对于能源与大气的关系研究比较深入，但对能源经济环境如何相互影响未作精确深入的研究。

5.1.2.2 国内的 3E 研究

国内 3E 研究的典型有：

（1）清华大学与日本庆应大学合作进行了能源发展的 3E 研究；

（2）朱达通过分析环境、经济、能源系统的特征，建立起考虑环境影响的能源需求模型，对我国未来的环境能源政策进行了讨论；

（3）厦门大学将能源作为新的增长要素引入 Cobb - Douglas 生产函数，并建立向量自回归模型，探讨能源与中国经济增长之间的关系；

(4) 北京师范大学从系统发展的角度，提出了以工业结构调查为目的的灰色发展决策方法，重点对工业环境进行了评价分析；

(5) 周风起等通过建立“能源供应战略费用效益分析模型”，以常规经济评价方法为基础，在进行各种能源供应费用效益分析时，采用包括价格补贴在内真实价格进行核算，对不同能源生产发展方案进行了经济分析和环境效益分析；牛文元等采用资产负债分析的方法对全国各地区的可持续发展能力进行了评价；雷明采用投入产出方法，通过建立能源—经济—环境的绿色国民经济核算体系，形成绿色投入产出核算方法，从而建立起能源—经济—环境的评价方法框架；吴宗鑫等应用 MARKAL 模型对我国未来经济发展所需要的能源基准方案进行了环境效果的评价，并提出环境的若干方案。这些研究大都是从通过 GDP 与能源需求量之间的规律进行分析研究。

5.1.3　能源评价体系的建立

在此，编者认为对能源进行评价不应该仅仅停留在评价方法的层面上，此处所提及的评价方法是一个广义的概念，既包括具体的评价方法也包括评价指标体系，简单地说，即是一个能源评价的体系。

在对能源评价体系进行介绍之前首先介绍“评价”这个广泛的概念。

5.1.3.1　评价的概念

评价是指对管理对象应用确定的度量尺度，采用相应的评判方法，将所得到的结果与事先预定的目标进行比较，得出结论的过程。因而评价的含义是参照某种价值标准形成的价值判断。

5.1.3.2　评价与评价主体价值的关系

经济学意义的价值通常指根据效用观点对对象满足人的某种需求的认识。从一般意义上讲，价值被固化成一种符号表示，在有限的时空里。它是一个可以被多数人接受的固定的值。评价的目的在于提示事物的价值，评价中有个体主观因素的存在，因此不同个体对同一事物的价值判断就有所差别，即使是同一评价者，在不同时间、地点对同一被评价对象的价值判断也会不同、可以表现为权重的不同、指标值的不同、评价函数的选取不同等。所以，在评价中抹掉主观的判断是无意义的，也是不可能的。如何使评价所得到的价值判断具有公允的特征成为评价所必须解决的问题，这也是判断评价科学性的依据。

5.1.3.3　评价的功能

评价具有如下功能：

(1) 判断功能。判断包含鉴别与判定，主要是对评价对象的归属进行区分，用以判定对象的某种属性对特定评价目标的从属程度。表现方式可以是评定、认定、评语等。

(2) 选择功能。通过事物之间的对比，形成相对优劣程度的认识，进而选择价值最大的对象作为最优的选择对象。

(3) 导向功能。通过评价，找出评价对象的不足之处，引导事物向有利于目标实现的方向发展，促使评价对象在今后不断地完善。

(4) 调控功能。持续的评价可以形成对事物发展过程的跟踪认识，通过对事物发展过程偏离目标程度的分析，进而对事物进行调控。

(5) 激励功能。评价形成的定性与定量评价结论是对被评价对象实现目标程度的判定，通过对比，可以鞭策后进，鼓励先进，起到对不同层次群体的激励。

(6) 探索功能。人们对事物的认识总是由浅到深，由外及里的。评价过程对资料的收集与分析，是对事物深层次再认识的过程。通过评价，可以逐步发现事物发展的规律，进而形成科学的认识。

5.1.3.4 评价的合理性

评价是否合理，直接关系到评价结论的科学性与可信度。评价的合理性可以从三方面分析：一是指标体系建立是否完整，能否全面反映评价目的的要求；二是指标权重的选取是否合理，是否反映公认的价值准则；三是评价方法是否具有逻辑上的缺陷，能否经得住检验。

评价的合理性必须包括三个层次：一是评价过程中对事实的把握必须是真实和准确的；二是评价必须有和谐性，在逻辑上无矛盾性；三是评价必须是合目的性的，评价的目的是引导一定的行为，为特定目的服务。

采用不同的评价方法，所得的结果可能会有所不同，人们对事物的认识是多角度的。但只要方法运用上没有错误，即使不同的评价结果也并不说明评价本身有问题，不同的结果只是反映对价值角度的认识不同。

5.1.3.5 评价方法的确定

A 一般能源的评价方法

在此主要介绍层次分析法与模糊评价法的结合使用。

在实际应用过程中，许多情况下需要对非定量的、界定不清晰的因素进行评价，这就需要应用模糊数学理论。模糊数学的评价方法很多，主要有模糊概率与可能性理论、模糊聚类与模糊模式识别、模糊神经网络与模糊专家系统、模糊综合评判与模糊决策、模糊数与极大可能性估计、模糊质量控制与模糊可靠性等方法，这些方法分别应用于不同领域，有针对性地解决不同类型的问题。例如，模糊聚类分析就是将具有相似性质的事物区分开的一种方法。在以上列举的方法中，模糊综合评判方法是针对难以直接用准确的数字进行量化的评价问题提出来的一种很有价值的方法。此方法就是对原本仅具有模糊和非定量化特征的因素，经过某种数学处理，使其具有某种量化的表达形式，从而为决策提供可以进行比较和判别的依据，提高决策的科学性和正确性。

对于能源评价，需要综合考虑众多因素，诸如经济、技术、环境、社会等因素，因为因素的众多与不确定，必须选取合适的评价方法。能源是一套具有多个非定量评价指标的、多层次的复杂系统，包含的因子较多，只有合理地选择评价因子，建立层次分明的指标体系，并对每一指标赋以合理的权重值，才能保证评价结果的合理性。而层次分析法与模糊评价法的结合使用则可以满足以上要求。以下简要介绍层次分析法与模糊综合评价法。

a　层次分析法

层次分析法（The Analytic Hierarchy Process）是美国著名运筹学家、匹兹堡大学教授 T. L. Saaty 于 20 世纪 70 年代中期提出的。它本质上是一种决策思维方式，即把复杂的问题分解为各个组成要素。将这些因素按支配关系分组形成有序的递阶层次结构，通过两两比较方式确定层次中诸因素的相对重要性，然后综合人的判断来决定决策诸因素相对重要性总的顺序。运用层次分析法解决问题的基本步骤如下：

（1）明确问题并建立层次结构；

（2）构造两两判断矩阵；

（3）计算被比较元素的相对权重；

（4）计算各层次元素的组合权重。

由于 AHP 法（层次分析法）的应用领域广泛，编者在此将以风能的产业发展能力的综合评价分析为例，举例说明层次分析法的用途，以帮助读者达到举一反三的目的。

（1）设立目标层。本次评价的目标是对风能产业发展能力进行综合评价。

（2）确定准则层。分析影响风能产业发展能力的关键因素，得出关键因素为资源、技术、人才、经济、环境和市场。将此 6 个要素作为评价指标体系的准则。

（3）确立指标层。根据风能产业发展能力的特点，将准则层中的各因素细化为具体的指标要素，得到指标层，从而建立了风能产业发展能力的评价指标体系，如图 5-1 所示。利用这些指标可对风能进行综合评价。

（4）氢能产业发展能力综合评价。为了进行氢能产业发展能力综合评价，在利用 AHP 法计算各指标权重并通过一致性检验后，还需要设计相应的评价表及评审程序。首先，综合评价体系指标一般可采用百分制，对各指标的测评分为 5 个等级，其中 100 ~ 85 分为优，85 ~ 75 分为良，75 ~ 60 分为中，60 ~ 40 分为较差，40 ~ 0 分为差。其次，聘请包括技术研发、生产、营销、管理等方面的专家组成评审委员会对拟评价的氢能产业发展能力进行测评。其一般程序是：在调

研、讨论和熟悉新能源产业发展情况的基础上，每位评委根据评价指标体系给各项指标打分，然后，根据评委对各指标的打分，把专家对各指标的打分乘以对应的权重，就可计算出氢能产业发展能力评价的最终得分。

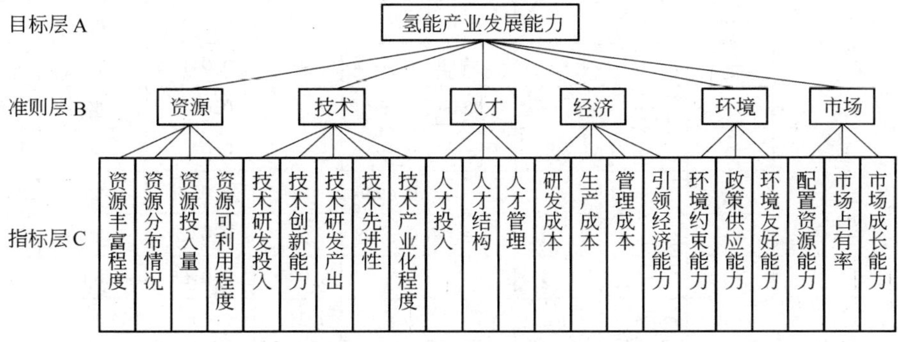

图 5-1　氢能产业发展能力综合评价指标体系

对风能产业发展能力进行综合评价，一级判断矩阵、二级判断矩阵以及层次总排序均通过一致性检验，具有良好的一致性，表明风能产业发展能力评价具有可行性，评价结果如表 5-1 所示。风能产业发展能力评价的总得分为 67.7538，这个结果意味着风能产业的发展能力为中等水平。

表 5-1　风能产业发展能力评价指标层次总排序结果

层次 B / 层次 C	B_1	B_2	B_3	B_4	B_5	B_6	C 层次总排序	专家打分平均值	总评分
	0.0567	0.1586	0.3768	0.1258	0.1056	0.1765			
C_1	0.2164	—	—	—	—	—	0.0123	85	1.0429
	0.1693	—	—	—	—	—	0.0096	70	0.6720
	0.2359	—	—	—	—	—	0.0136	60	0.8148
	0.3748	—	—	—	—	—	0.0213	60	1.2751
C_2	—	0.0821	—	—	—	—	0.0130	65	0.8464
	—	0.2663	—	—	—	—	0.0422	70	2.9565
	—	0.1586	—	—	—	—	0.0252	65	1.6350
	—	0.0978	—	—	—	—	0.0155	60	0.9307
	—	0.3952	—	—	—	—	0.0627	75	4.7009
C_3	—	—	0.1243	—	—	—	0.0468	75	3.5127
	—	—	0.3586	—	—	—	0.1351	60	8.1072
	—	—	0.5171	—	—	—	0.1948	60	11.6906

续表 5-1

层次 C \ 层次 B	B_1	B_2	B_3	B_4	B_5	B_6	C 层次总排序	专家打分平均值	总评分
	0.0567	0.1586	0.3768	0.1258	0.1056	0.1765			
C_4	—	—	—	0.1101	—	—	0.0139	70	0.9695
	—	—	—	0.2049	—	—	0.0258	80	2.0621
	—	—	—	0.3302	—	—	0.0415	75	3.1154
	—	—	—	0.3548	—	—	0.0446	65	2.9012
C_5	—	—	—	—	0.1958	—	0.0207	60	1.2406
	—	—	—	—	0.4934	—	0.0521	85	4.4288
	—	—	—	—	0.3108	—	0.0328	85	2.7897
C_6	—	—	—	—	—	0.0936	0.0165	60	0.9912
	—	—	—	—	—	0.2797	0.0494	45	2.2215
	—	—	—	—	—	0.6267	0.1106	80	8.8490

b 模糊综合评价法

模糊综合评价方法的基本思想是：在确定评价因素、因子的评价等级标准和权值的基础上，运用模糊集合变换原理，以隶属度描述各因素及因子的模糊界限，构造模糊评判矩阵，通过多层的复合运算，最终确定评价对象所属等级。运用模糊综合评价法解决问题的基本步骤如下：

(1) 做出所有评价指标的评语集合；

(2) 确定评价因素集；

(3) 对每一个评价因素进行单因素评价；

(4) 给出各评价因素的权重；

(5) 得出最终评语；

(6) 按照各评价因素在评价因素集中的重要程度给出权重，得出评价因素集的最终评语向量。

B 可再生能源资源的评价方法

与不可再生能源相比，可再生能源资源具有能源密度低，不确定性程度大，可获得量与技术密切相关的特点。另外，可再生能源资源具有地域性特点，一般不进行地区间的贸易，不易输送。其资源量的实际开发程度还受当地不可再生能源资源供应情况的制约。在进行资源评价时必须充分考虑这些具体的特点，才能给出真实可靠的分析结果。因此，有必要寻求可再生能源资源的系统评价方法，具体如下所述。

a 生产率分析

可再生能源资源具有可再生性但并非就可无限制地加以利用，影响其生产率

的参数主要包括转换技术的效率、可利用资源量和潜在用户市场。对可再生能源资源的利用率具有决定影响的是生产条件的制约，包括设备技术性能和现实条件下实际可被利用的资源量等。在进行规划时必须弄清这些限制，以避免过高估计可再生能源资源的实际利用率。

b 经济性分析

在市场经济条件下，经济性分析尤为重要，具体可以从以下方面进行：

（1）建立可再生能源资源开发利用的系统动态优化模型。

可再生资源通常具有公共商品的性质，从全社会的角度建立系统的优化模型：

$$\max\int_0^{\infty} e^{-rt}[U(Y_t)-TC(Y_t)]dt$$

假设 $$dR/dt = f(R) - Y_t$$

式中，$U(Y_t)$为社会总收益；$TC(Y_t)$为资源利用的总成本；Y_t为资源流量；R为资源量；$f(R)$为不开采状态下资源的自然增长率，即$f(R)=dR/dt|_{Y_t=0}$。

上述问题的拉氏函数为：

$L = e^{-rt}[U(Y_t)-TC(Y_t)-\lambda(Y_t-f(R)+dR/dt)] = L(t,Y_t,\lambda,R,dR/dt)$

当社会总收益达到最大时应满足：$dL/dY_t=0$，$dL/dR=0$，$dL/d\lambda=0$

即

$$\begin{cases} D = MC+\lambda \\ d\lambda/dt = (r-df/dR)\times\lambda \\ dR/dt = f(R)-Y_t \end{cases} \tag{5-1}$$

式中，D为边际效益；MC为边际成本；λ为可再生资源的影子价格，它的变化率受增长函数的影响，即$(d\lambda/dt)/\lambda = R - df/dR$。达斯古帕塔称$R-df/dR$为社会贴现率。

若将式（5-1）看做是单个生产者的决策函数，上述结果仍成立，只是上述公式改写为：

$$P = LRMC + RT$$

式中，P为能源产品的市场价格；$LRMC$为生产者的长期边际成本；RT为资源租金，表征生产者应使用资源所应付给资源所有者的报酬。

（2）确定边际成本。

可再生能源生产的经济性的评价也要借助边际成本的概念。但区别于不可再生能源边际成本是能源生产累计量的函数，可再生能源的边际成本与生产技术及市场条件相关。受生产规模及市场开拓率的影响，其边际成本并不是单调上升的。一般初期投资高昂，随着生产规模的扩大，成本逐渐下降，到达最低成本后，在条件最有利的地区该技术已被广泛采用，以后要想超过这一规模扩大市场供应，就要将技术应用于条件不太有利的地区，从而导致成本上升。

边际成本的计算采用长期生产平均增量成本（AIC）法。AIC 的定义为：在某一规划期内因提供和维持某种可再生能源产品的需求量而增加的费用的贴现总和除以规划期内经过贴现产量增量。

(3) 计算全生命周期成本。

由于可再生资源技术具有初期投资高，运行费用低，燃料费实际等于零的特点，在评价其经济性时，使用全生命周期成本显得尤为重要。

$$PV = I - (V_n a^{-n}) + \sum a - j(Mj + Rj) + \sum PQb^{-j}$$

式中，PV 为该能源系统全生命周期成本的总现值；I 为该系统初始投资总成本，对于一项可再生能源技术，其开发研制需投入大量的科研成本，在推广过程中也要付出信息传播、宣传、交流、示范和培训的可观费用，即使科研成本由国家负担可作“沉没”处理，但对于一个生产决策单位，信息成本却是必须付出的，因此也应将其考虑在内；V 为寿期终了的第 n 年设备的残值；a 为贴现率为 d 时的简单现值公式，即 $a = (1+d)$，$j=1 \sim n$ 年；M 为第 j 年的维护成本；R 为第 j 年的设备修理及更换成本；P 为所消费燃料的初始价格；Q 为所需的燃料量（计入设备效率）；b 为通货膨胀率为 e 时考虑燃料费的上涨计算第 j 年现值的公式，即 $b = (1+e)(1+d)$。

c　环境影响分析

可再生能源系统对环境的影响不仅考虑它自身，还考虑新能源系统的原料、能量、设备制造的整个产业链对环境的影响。这需要运用产业生态学的观念，对整个能源制造链进行全生命周期评价。其主要步骤如下：

(1) 确定研究目标与范围。研究目标是分析、评价某新能源系统在整个生命周期过程中所涉及的资源、能源利用及环境污染排放状况。

研究范围的确定就是界定产品系统边界。新能源系统的产品是能量，其产品系统边界理论上应包括所有过程，即从原材料获取到废弃物处理，但考虑到时间、经费以及数据获取、数据质量方面的问题，可只包括主要工艺过程，而忽略一些不重要的环节，再对各个工艺过程的能源、资源消耗以及环境排放进行考察。

(2) 清单分析。清单分析要在产品系统内针对每个过程单元，建立相应功能单位的系统输入输出，对整个生命周期阶段的资源、能源消耗和向环境排放进行数据量化分析，建立以产品功能单位表达的产品系统的输入输出清单，如新能源系统生产 1 千焦耳电能需要哪些原料、能源投入，投入量以及对环境的排放量是多少等。

如果某个工艺过程可能出现多个产品或多个相互连接的生产工艺的情况，或可能出现开环再循环的情况，就需要按实际情况对输入或输出进行分配，以能量

为基础分配较合适。

(3) 影响评价。清单分析并不直接进行评价，影响评价则是把清单里的各种排放物的环境影响分类。目前国际上还没有统一的环境影响类型分类方法，一般根据美国 EPA 或 SETAC 方案。我国的环境影响类型如表 5-2 所示。

表 5-2　我国环境影响类型

环境影响（资源消耗）	影响区域	代码	环境影响（资源消耗）	影响区域	代码
不可更新资源消耗	全　球	RC	光化学臭氧合成	区　域	PO
全球变暖	全　球	GW	固体废弃物	局　地	SW
臭氧层损耗	全　球	OP	危险废弃物	局　地	HW
可更新资源消耗	区　域	IR	烟尘及灰尘	局　地	SA
酸　化	区　域	AC	大气污染	局　地	待开发
富营养化	区　域	NE	水体重金属污染	局　地	待开发

产品和产品系统相联系的环境交换（输入和输出）因子之间常常存在复杂的因果链关系，对生态系统和人体造成的环境影响也常常难以归为某一因子的单独作用，不同环境影响类型可受不同环境干扰因子影响。比如臭氧层损耗可受到 CFC 类和其他温室气体影响，而酸化可受到 SO_2、NO_x 等影响。

5.1.3.6　能源评价指标体系的确立

A　指标建立的原则

构建能源评价指标体系，需要选取合理的评价指标。评价指标体系的构建原则与评价指标体系的选取原则相似，但构建原则比选取原则包含的内容更广泛，前者是“由无到有”的过程，后者是“由有到优”的过程。相关文献中提到的评价指标体系构建原则有“一致性原则”、“完备性原则”、“可操作性原则”、“层次性原则”等，归纳总结如下：

(1) 指标的完备性。对评价目的而言，指标的完备性是指指标体系要全面、完整地反映和度量系统的客观属性，不因评价者认识上的局限而忽视系统某些重要属性的客观存在。

(2) 指标的独立性。指标刻画评价对象某方面的属性，指标间的重叠和相关降低了指标独立描述系统特性的能力。在进行综合评价时，不对这种情况进行处理，不仅会增加评价的工作量，而且会影响评价的准确性和科学性。

(3) 指标的代表性。指标的代表性描述指标对评价目的的重要性程度，具有代表性的指标才能反映问题的关键，反映系统的实质。

(4) 指标的可比性。在对不同对象进行评价时，针对被评价对象的不同特征要选取具有可比性的指标。指标的可比性是体现评价公正性、合理性的重要方面，指标的可比性较差会降低评价的说服力与使用价值。

（5）指标的可操作性。指标的建立是为了评价系统的性能，最终要落实到操作层面上来。理论上重要但数据难以取得的指标现实意义不大。

（6）指标体系的简练性。指标体系要力求简练，盲目追求繁琐的指标体系，不仅耗费评价者的精力，而且降低了评价结果可被接受的受众面。

B　能源评价指标体系的确立

对指标的选取应采用综合性思维的方法。从综合到分析再到综合。首先进行综合，形成可能的评价体系；然后根据具体的能源进行系统分析，得出评价体系中的各指标及其相互关系；再进一步综合分析的结果，形成最终的系统评价指标体系。如城市清洁能源的选择可给出如下指标体系：

（1）技术指标。技术指标是指清洁能源的技术水平，包括三方面因素，即技术的实用性、技术的成熟性以及该技术的发展前景和潜力。

（2）经济指标。经济指标是从项目的经济实用性考虑的，包括两方面因素，即项目内部收益率和单位成本所产出能源。

（3）环境指标。环境指标主要是指清洁能源处理过程中的污染物排放，包括废水、废渣和废气的排放。废气的排放又包括 SO_2、CO_2、PM_{10}、NO_x 的排放。

（4）社会指标。社会指标是指清洁能源的选择对社会作出的贡献，包括对可持续发展的贡献和对就业的贡献。

对于可以量化指标，通过数量的比较，由决策者或者专家给出评价标度。

C　指标权重的确定

指标权重体现了单项指标在评价指标体系中的重要性，反映了评价者对不同指标价值的认识程度。权重是评价理论要解决的重要问题之一，它不仅是评价模型构造时的重要因素，而且直接体现评价者的价值取向，是最能反映人的主观能动性的方面，指标的权重选择直接影响评价的结论。根据性质的不同，指标分为下列几种：

（1）主观权重与客观权重。主观权重与客观权重是依据权重的生成方法划分的，“主观”与“客观”并不代表权重的可信度。主观权重由评价者直接给出指标的相对重要程度，权重的确定一般和评价者对事物的认知程度密切相关，与指标值之间不存在函数关系。主观权重的再现能力比较差。客观权重是通过分析指标值内部的数值特征，用函数来表现它们之间的相对重要程度关系，根据约束条件，“自动”生成权值。在方法确定的前提下，权重生成过程不受人为因素影响，再现生成能力好。客观权重的生成方法实质上是一种“伴随生成权”，是一种机械的权重生成方法，不可过于盲从。这种权重一般只反映数值特征，与人认识中的指标重要性有一定的区别。

（2）独立权重与相关权重。此种分类方法主要考虑到权重与指标值之间是否

具有数值上的联系。若权重是由评价指标值内生的，则某一指标值的变化必然会对权重产生影响，指标值与权重之间存在相关关系，常见的用“客观权重”确定的权重均属于相关权重。若权重的确定独立于指标值，与指标值之间不存在数值上的联系，则就是独立权重，“主观权重”一般都是独立权重。

（3）归一权重与非归一权重。归一权重与非归一权重是按照权重的表现形式来区分的，两者没有本质性的区别，在相对评价中对排序和分类都没有实质性的影响。在评价中，权重满足权重之和相加等于1的权重称为归一权重；权重之和不满足相加等于1的权重称之为非归一权重。指标权重的赋值方法之一是德尔菲法（Delphi）。德尔菲法也叫专家法，20世纪50年代，美国兰德公司与道格拉斯公司合作创立了该法。该方法的主要特点在于集中专家的经验与意见，确定各指标的权数，并且在不断的反馈与修改中得到比较准确的结果，其成败的关键是聘请专家。德尔菲法的步骤如下：

1）编制专家调查问卷表。按评价内容的层次、评价指标的定义、必需的填表说明，绘制咨询表格。

2）分轮咨询。一般需要经过几轮咨询（内容比较简单的或进行过程比较顺利者，也可两轮完成）。

第一轮：将咨询表发给各位专家，让他们根据自已的知识和对评价对象的了解情况填写表格。

第二轮：收回表格，对结果进行统计处理。将前轮的结果填写在咨询表中新增的“前轮结果”栏内，再将新的咨询表发出，让各专家根据反馈信息，对自己的判断做出调整，如果评价的结果和反馈的信息差距较大，应叙述理由。

3）结果处理。以算术平均值来代表专家们的意见。

4）评价结果的检验。以评价结果的离散程度来代表专家意见的分歧程度，当离散程度比较小时，说明专家意见的分歧程度低，专家对调查结果的认同度高，一般认为离散程度小于10%即具有较低的分歧度和较高的认同度。

确定指标权重是评价清洁能源的关键因素，根据实际情况的不同，指标权重的赋值也不同。评价者可以根据实际需要调整修正各指标的权重。

5.2 候选技术评价

5.2.1 概述

第2、3章已经对常规能源及清洁能源做了详细的介绍，在此，对上述两种能源不做赘述。但是在5.1节介绍完相关的抽象的能源评价方法后，在此将首先简要地介绍清洁能源的相关应用技术，并详细地应用5.1节所介绍的方法对各种技术做出浅显易懂的评价，以求让读者对未来主导世界的新能源有一个清楚而简要的认识。

表 5-3 所示是以我国为例的清洁能源的利用技术及简要评价。

表 5-3　我国可再生能源技术评价

能源种类	能源利用类型	技术成熟性	技术实用性	经济性	前景和潜力
太阳能光伏发电	分散独立小型	较成熟	适用边远地区	较　差	较　好
	并网户用发电	研发示范	较实用	较　差	较　好
	并网大型发电系统	较成熟	实　用	较　差	好
太阳能热利用	太阳能热水器	成　熟	实　用	良　好	好
	太阳建筑一体化	研发示范	较实用	较　差	好
	被动太阳房	成　熟	适用农村、北方	良　好	较　好
	太阳灶	成　熟	适用边远地区	良　好	一　般
风　能	并网风电	成　熟	实　用	较　好	好
	离网风电	成　熟	边远地区	较　好	较　好
地　热	中低温地热供暖	成　熟	实　用	较　好	较　好
	高温发电	较成熟	适用局部地区	较　好	一　般
	低温热源热泵	较成熟	实　用	较　好	良　好
生物质能	沼气工程	成　熟	实　用	较　好	好
	气化发电工程	成　熟	实　用	较　好	较　好
	液态燃料	示　范	实　用	较　好	好
	成型技术	较成熟	较实用	较　好	较　好
	农村户用能	成　熟	实　用	好	好
海洋能	潮汐发电	较成熟	实用局部地区	较　差	一　般
	波浪能	研　发	一　般	较　差	未显示

5.2.2　清洁能源相关技术评价

5.2.2.1　核能相关技术的评价

核能的主要应用是核能发电。核能发电的原理是利用铀燃料进行核分裂连锁反应所产生的热，将水加热成高温高压的水蒸气，利用产生的水蒸气推动蒸汽轮机并带动发动机。核反应所产出的热量较化石燃料燃烧所放出的能量要高很多，但所需要的燃料体积比火力电厂少。

其次，核能可运用于海水淡化。传统的海水淡化技术主要包括多级闪蒸技术、低温多效蒸馏和反渗透三种技术。由于海水淡化成本在很大程度上取决于消耗电力和蒸汽的成本，与核能等新能源结合是海水淡化降低成本走向大型化的趋

势。核能可以为大规模的海水淡化厂提供能源，形成规模效益，是比较理想的淡化技术。

尽管本书没有给出具体的可靠的数据，但核能较传统化石燃料在经济方面的优势毋庸置疑。但是，凡事都具有两面性。回顾核能的发展历史，则不难解释为什么人们“谈核色变”。

在对核能进行评价时，核能的环境成本需要得到足够的重视。

所谓环境成本又称环境降级成本，是指由于经济活动造成环境污染而使环境服务功能质量下降的代价。环境降级成本分为环境保护支出和环境退化成本，环境保护支出是指为保护环境而实际支付的价值，环境退化成本是指环境污染损失的价值和为保护环境应该支付的价值。举个简单的例子：顾客每次去超市购物所购买的塑料购物袋，如果是一个价格为两角钱的购物袋，假设它的成本是一角钱，而此处的成本仅是指塑料袋的经济成本，并没有考虑到处理这个塑料袋所需要的成本以及如果处理不善对环境造成的危害，即塑料袋的环境成本。如果考虑到了塑料袋的环境成本，那么一个塑料袋的价格将会增加不少。

在了解了环境成本的简单概念后，想必读者已经对核能的环境成本有了一个清晰的感觉。是的，在大众眼里，核能就是与放射性污染密切相关的凶手。三里岛阴霾、切尔诺贝利事故、核武器以及2011年日本福岛核电站爆炸等带给核能负面影响的事件深深地印在大众的脑海里。用读者最熟悉的核武器举例来说，核弹爆炸后放出的放射性物质会弥散在大地、水源和空气中，这些放射性物质还会随着大气循环、水循环将核危害遍及到全世界。那么，如果想要利用人工的手段将这些遍布于世界各地的放射性物质都处理干净，需要的资源将是多少？如果考虑到这个问题，那么读者将会发现一次核电站事故（虽然随着科学技术的发展，核事故发生的概率越来越低）将完全掩盖核能的优点。

此处对核能相关技术的评价仅仅是停留在感官的层面上，并没有提供数据，也没有运用相关的评价方法，在核能这一部分，读者需理解环境成本这一重要的概念，这一概念不仅在能源评价中，同时也应在我们的日常生活中得到足够的重视。

5.2.2.2　太阳能相关技术的评价

由于本章将起到一个抛砖引玉的作用，并不会对新能源的所有技术做出详细的介绍，所以太阳能相关技术评价这一部分将简要介绍太阳房，在此将会用到5.1.3节提到的模糊综合评价法。

A　太阳房概述

太阳房是利用太阳能进行采暖和空调的环保型生态建筑，它不仅满足建筑物在冬季的采暖要求，而且在夏季起到降温和调节空气的作用，因此，太阳房也是一种节能建筑。太阳房的推广应用对于节约常规能源、减少环境污染、改善人们的生活水平具有十分重要的意义。我国的采暖地区，太阳能资源十分丰富，因此可大力推广太阳房。被动式太阳房在广大农村，主动式太阳能天棚及地板辐射采暖在城镇比电采暖、液化石油气采暖要便宜30% ~80%。据统计，至2000年底我国已累计建成各种类型的太阳房面积约1000万平方米，如果每平方米建筑面积每年节约标准煤按20千克计算，每年可为国家节约标准煤20万吨，这说明太阳房市场具有巨大的开发潜力，太阳房不仅具有十分明显的经济效益，而且具有明显的环境效益和社会效益。

B　基于模糊综合评价法的太阳房实例计算

假设某太阳房为独院平房，总建筑面积86.31平方米，坡屋顶，外装修为清水砖墙，勒脚高1米，利用水泥砂浆抹面作假虎皮石墙面。户型为：起居室两间卧室、厨房及储藏室，可供2~3代人居住。该房的采暖措施如下所述：

（1）被动式采暖方式：直接受益与间接受益相结合。

（2）被动式采暖措施：

1）阳光间+集热蓄热墙+直接受益保温窗。

2）由阳光间入户，避免冬季冷风渗入。

3）加强屋面、门窗及地面等处的构造保温。

4）辅助热源：将厨房置于建筑中心北侧，利用做饭余热加热火炕，同时提高相邻房间温度。

热式预测如下：

太阳能采暖房间采暖季平均室温	13.2摄氏度
基准温度10摄氏度时太阳能采暖贡献率*SHF*	87 %
基准温度14摄氏度时太阳房节能率*SSF*	97%
年节煤量	13011千克
年节能费用	1223元
投资回收年限	2年

则该太阳房节能效益综合评价为：取太阳能保证率（*SHF*）、太阳房节能率（*SSF*）、热舒适度和投资作为评价指标。

a　确定因素集U、评语集V和模糊关系矩阵$\boldsymbol{R}$

因素集$U=\{u_1, u_2, u_3, u_4\}$ = {太阳能保证率（*SHF*），太阳房节能率（*SSF*），热舒适度，投资}

把很满意、满意、一般、不满意作为评语集即评价等级，则有

评语集$V=\{v_1, v_2, v_3, v_4\}$ = {很满意，满意，一般，不满意}

又通过请若干专家进行评价的方式得到对各评价指标的隶属度为

C_{SHF} =（0.7/很满意，0.15/满意，0.09/一般，0.06/不满意）

C_{SSF} = （0.5/很满意，0.3/满意，0.1/一般，0.1/不满意）

$C_{热舒适度}$ = （0.3/很满意，0.5/满意，0.15/一般，0.05/不满意）

$C_{投资}$ = （0.1 很满意，0.3/满意，0.5/一般，0.1/不满意）

于是得出因素集 U 与评语集 V 之间的模糊关系矩阵为

$$\boldsymbol{R}=\begin{pmatrix}0.7 & 0.15 & 0.09 & 0.06\\ 0.5 & 0.3 & 0.1 & 0.1\\ 0.3 & 0.5 & 0.15 & 0.05\\ 0.1 & 0.3 & 0.5 & 0.1\end{pmatrix}$$

b　将评语集用数字表示

将评语集用数字 1、2、3、4 表示，即 1—很满意，2—满意，3——一般，4 —不满意。

c　计算模糊重心

计算模糊集每个因素的模糊重心，得到一个 $m\times1$ 的重心向量

$$\boldsymbol{G}=(G_1, G_2, \cdots, G_m)^{\mathrm{T}} \tag{5-2}$$

取隶属函数为对称分布，知模糊关系矩阵为：

$$\boldsymbol{R}=\begin{pmatrix}0.7 & 0.15 & 0.09 & 0.06\\ 0.5 & 0.3 & 0.1 & 0.1\\ 0.3 & 0.5 & 0.15 & 0.05\\ 0.1 & 0.3 & 0.5 & 0.1\end{pmatrix}$$

又因为，$r_{ij}=\mu_{\mathrm{R}}(u_i, v_i)$，$i=1, 2, 3, 4$；$j=1, 2, 3, 4$。故由式（5-2）得

$G_1=1.01$，$G_2=1.3$，$G_3=1.45$，$G_4=2.1$

所以得

$$\boldsymbol{G}=(1.01, 1.3, 1.45, 2.1)^{\mathrm{T}}$$

d　计算评判指标 *a*

设各评价指标的权值都相等，即 $A=(0.25, 0.25, 0.25, 0.25)$，于是得

$$a=\boldsymbol{AG}=(0.25, 0.25, 0.25, 0.25)(1.01, 1.3, 1.45, 2.1)^{\mathrm{T}}=1.46$$

由于 $a=1.46$ 与 1 最接近，故该太阳房节能效果评价为很满意。

以上仅为太阳能技术中的一个简单的例子，并不代表太阳能技术的整体优劣。此处的目的是让读者更加深刻地认识和学习模糊综合评价法，若读者对太阳能的相关技术评价感兴趣，可以查阅相关资料进行深入学习。

5.2.2.3　风能相关技术的评价

目前国内外对于风能的利用主要是风力发电。风力发电的原理并不复杂，就是让风吹动发电机上的风叶旋转，把风能转变为机械能，带动发电机产生电能。风的产生是太阳辐射引起的，因此，风能来源于太阳能。大约有 2% 的太阳能可以转化为风能。全球的风能资源总量是极其惊人的，目前已被开发的仅仅是微不足道的一

小部分。据估计，地球上近地面的风能总量约为 1.3 万亿千瓦，其中可利用的就达 200 亿千瓦，是可供开发利用的水能的 10 倍。据中国气象科学研究院对我国 900 多个气象站的观测资料进行的分析，我国可供开发利用的风能总量为 2.53 亿千瓦，接近于目前我国所有的发电站包括火电、水电、核电等的装机容量的总和。

风能的优点毋庸置疑，以风电在我国山西省的发展为例，风电是绿色可再生能源，它所带来的周边效应首先反映在环境的改善上。山西省作为煤炭大省和工业基地，环境状况一直堪忧，火电更是主要的污染来源之一。大力发展风电可以在很大程度上遏制煤炭的过量开采，提高空气质量，减少很多传统的工业污染。

其次，从经济的角度，风电不是经济上的独立体，而是一条产业链。由于风电产业技术含量高，附加价值大，属于高新技术产业，是国家鼓励支持发展的新兴产业之一。同时，风电产业涉及气象、电力、机械、材料、电子等多个行业和多种技术，产业链长，附加值高，对地方经济发展的拉动力强。风电的大力发展必然对经济的发展和产业结构的优化起到促进作用。国家发展和改革委员会发展改革能源 1024 号文件明确指出，风电设备国产化率要达到 70% 以上，不满足设备国产化率要求的风电场将不允许建设，进口设备海关要照章纳税。这一规定的出台，必将促进风电上游制造产业的发展。而太原作为重工业基地，由此带来的经济效益不言而喻。风电的大力发展，可节约大量的电煤，对依托于煤能源的山西产业结构的优化有很大的促进作用。风电的大力发展对环境的改善还可大大促进山西旅游业的发展。

最后是风电的电网效应。适量的风电接入有利于地区电网电压水平的提高，而大量风电的接入可能对电网有不利影响。但是只要对风电场并网作出相应的技术规定，便能够保证风电场和电力系统的安全稳定运行，明确电网企业和风电开发商的责任和义务，适应大规模建设风电场的实际需要。另外随着电力电子元件的性价比不断提高，各种新型发电机组开始在风机上推广应用，风电场已经可以像常规机组一样承担电压及无功控制的任务。

但是，虽然风电有较常规能源巨大的优势，风电的发展依然存在诸多方面的限制。首先是电价对风电的发展的阻碍。目前，风力发电设备仍有很多依赖进口，设备价格较贵，前期投资较大，建设成本较高，造成上网电价居高不下的局面。较高的电价阻碍了风电消费，高昂的前期投资和处于劣势的上网电价限制了风力发电的上网销售，尤其是在火电发电满负荷运转期内，制约效应更为明显，导致发电机组不能满负荷运转，影响了风电企业生产的积极性。

其次，风电的发展会受到地域的限制，即风电的发展对风场和风的总能量有要求。仍然以我国山西省为例，在平原风场上风车都呈矩阵式排列，但在山西却不可以。在平原风场，只要风车之间保持技术上所要求的距离，不把其转动形成的绕流影响到其他风车就可以。而山西主要为山地风场，且冬季不能施工，建设

难度比平原风场要大很多。另外，从风能总量来说，沿海地带、西北、东北、内蒙古等地属于风能丰富区，而山西只在与内蒙古接壤处有一带状区域属于较丰富区，只有局域风的优势。

最后，相关技术是风电发展的决定因素。我国目前整体上对风电开发战略的总体研究还很不够，风电研究技术路线、产业政策和市场机制尚未完善。尽管《可再生能源法》将风电发展提高到了战略的高度，并制定了中长期发展规划，但还缺乏对保证目标实现的措施和途径进行深入的研究。目前核心技术水平和自主创新能力仍然比较低下的问题，制约了我国风电产业自主化发展。风力发电机组是一种技术密集型产品，涉及的学科广泛。我国商业化风电机组机型基本上都是在技术引进和消化吸收的基础上，通过企业外部采购零部件整装实现批量化生产，二次创新局限在材料的选用和工艺局部改进上。真正掌握装备制造、风能资源评价、风电场管理、检测认证等风电发展领域核心技术的人才并不多。

同时人们在可再生清洁能源的利用问题上往往存在一个误区，认为清洁可再生能源的利用当然就是清洁、无污染的；通过动力设备得到的能量是无环境代价的。实际上，这些设备在运行时对环境的影响确实比较小，而对环境的影响往往是发生在设备的开发、制造和清理的过程中。在风力和水力发电设备的制造过程中，在风力发电场和水电站的建设过程中都会产生直接和间接的非清洁问题，会产生对环境的污染和破坏，也就是说在能源动力系统的整个生命周期内，它都会对环境产生影响。

抛开其他角度，仅从能量角度分析，加工机械装置过程中要消耗大量的能源，在制造和加工机械装置过程中要消耗大量的能源，而这些能源大部分是非清洁能源，如燃煤发电提供的能源，换句话说，如果某个清洁可再生能源利用项目所发出的能量少于生产建设这些设备所消耗的直接与间接的一次能源，则这个项目实际上是有污染的，非清洁的，无意义的；如果净供能量（该系统生命周期内能够产生的能源减去加工制造该系统耗费的能源）达不到相当的数量，则这个项目也是意义不大。目前，面对风力机和其他可再生清洁能源的实际问题时，能源评价工作者根据5.1节提到的生命周期评价的思想，提出了能源利用技术中的新概念——清洁度，从能源的角度为环境评价和研究提供一个考查指标，也为能源系统的开发提供一个环境方面的初步评价。如果使用清洁度作为评价能源系统环境效益的综合衡量指标则效率高的机械清洁度高，寿命长的机械清洁度高。

5.2.2.4 地热能相关技术的评价

地热能是由地壳抽取的天然热能，这种能量来自地球内部的熔岩，并以热力形式存在，是引致火山爆发及地震的能量。地球内部的温度高达7000摄氏度，而在80～100公里的深度处，温度会降至650～1200摄氏度。透过地下水的流动和熔岩涌至离地面1～5公里的地壳，热力得以被转送至较接近地面的地方。高温的熔岩将附近的地下水加热，这些加热了的水最终会渗出地面。运用地热能最简单和最合乎成本效益的方法，就是直接取用这些热源，并抽取其能量。

离地球表面5000米深，15摄氏度以上的岩石和液体的总热量，据推算大约为14.5×10^{25}焦耳，约相当于4948万亿吨标准煤的热量。地热来源主要是地球内部长寿命放射性同位素热核反应产生的热能。按照其储存形式，地热资源可分为蒸汽型、热水型、地压型、干热岩型和熔岩型五大类。

地热资源按温度划分，我国一般把高于150摄氏度的称为高温地热，主要用于发电。低于此温度的叫中低温地热，通常直接用于采暖、工农业加温、水产养殖及医疗和洗浴等。截至1990年底，世界地热资源开发利用于发电的总装机容量为588万千瓦，地热水的中低温直接利用大约相当于1137万千瓦。

浅层地热能是指地下200米以内土壤和地下水中所蕴藏的地温热能，采用热泵技术进行采集利用后，不仅可以供暖，还可以制冷。和其他能源相比，浅层地热能具有分布广泛、可循环再生、储量巨大、可就近利用等优点，是一种清洁能源。随着我国经济的快速增长，能源形势日趋严峻。在节能减排呼声日益高涨的今天，浅层地热能作为一种非常重要的新型能源，其开发利用成为实现可持续发展的一个重要途径，而地源热泵技术无异于“雪中送炭”，使浅层地热能的利用和开发成为可能。

与风能、太阳能等新能源一样，浅层地热能已经在我国《可再生能源法》中被明确列入新能源鼓励的发展范围，但在推广利用中，其所获得的关注却远远不如前者。相关专家认为，只要在合理的前提下开采浅层地热能，是不会引发地质灾害的。所以对地质环境的监测必须要做。

目前影响浅层地热能开发的原因有多个。其一，因为地质条件差异，不是在任何条件下都可以应用浅层地热能，即使同一城市也不是所有的地质单元都适合采用，因此勘查评价力度还需要加大。其二，从技术本身来看，浅层地热能的开发利用主要是通过地下水源热泵系统和地埋管地源热泵系统来实现的，这两项技术还有各自的不足之处：地下水源热泵系统受水文地质条件限制；地埋管热泵系统初投资多，占地面积大。其三，地热开发利用是一项系统工程，需要暖通空调技术与地质钻井技术相结合，需要各部门联合起来。目前的情况是，建筑设计部门对这项技术普遍不太了解，对这项技术的成熟度表示怀疑，国内地源热泵的相关基础资料和技术也不是很健全、完善。设计院出于求稳心理不敢贸然尝试，用户也不愿冒险使用，影响了地源热泵技术在一些地区的推进速度。其四，从经济上考虑，并不是所有的地源热泵系统工程都是经济合理的。目前采用地源热泵系统的初投资比传统的锅炉供暖系统要高，如果设计不合理，运行将达不到预期的节能目的。其五，在政策上，部分地区使用地下水源热泵系统与保护水资源的政策相抵触，国家很有必要以保护地下水资源为前提，对浅层地热能的开发利用制定相应的优惠政策。

浅层地热能的开发利用涉及地下水的抽采，近些年来，很多城市因为地下水

过度开采引发了地面沉降等地质灾害，引起社会广泛关注，这确实是我们应该认真对待的。只要在合理的前提下开采浅层地热能，是不会引发地质灾害的，但是我国在这方面的利用还处于初始阶段，有些地方出现了过度开采现象，把开采出来的地下水排掉了，不回灌，这些肯定会造成地质灾害。为此国土资源部专门发布了《浅层地热能勘查评价规范》（DZ/T 0225—2009）。只要严格按照规范，注意监测，通过检测数据对所有可能出现的情况进行预测和分析，进行地质环境影响评估，加强对地质环境的监测评估，就不会引起地面沉降和其他的地质灾害。所以对地质环境的监测必须要做，而且从项目一开始就要做。

举例来说，用水源热泵开采浅层地热，应该抽采多少地下水就回灌多少，而且两个抽灌井之间要有适当的距离。至于合理的距离，不同的地质环境下是有差异的，现在北京市要求一般要在50 米以上。而有的地方地质条件根本不适合做地热开采利用却强行做了，地热开采出来后，地下水灌不回去就排掉了，这样就会造成地面沉降。还有一种情况就是过度开采地热能。在用地埋管热泵系统开采地热能的情况下，地层下的热能容量是有限的，如果该地区提供不了所需要的热能而强行提取，则可能破坏地质结构。所以需要尊重地质规律，合理开采，从而避免这些情形。浅层地热能的开发利用，会给地源热泵产业带来很大的发展空间。在西方经济发达国家，热泵利用比较成熟的地方，大概平均每两平方千米就有一个浅层地热能项目，我国热泵产业真正发展起来，将是一个规模非常大并且很有发展前景的产业，必定对建筑产业以及热泵技术的应用起到非常大的促进作用，甚至会使得我们传统的供暖、制冷观念发生颠覆性的变化。

地球内部蕴藏着巨大的地热能，人类对地热能开发利用的历史久远。到目前为止，地热能开发利用的对象仅限于上面所述的地壳浅层的天然地下热水系统，且主要用于城市供暖、洗浴、医疗保健、农业种养殖、纺织印染、食品加工等，地热能利用在整个能源结构中所占份额很小时，过度开发地壳浅层地下热水系统的地热资源又带来了一系列环境破坏问题，如地下热水水位下降，地面沉降变形，地热热泉地貌景观的破坏，地热尾水排放产生的热污染，地热水排放中产生的 CO_2、CH_4、SO_2等有害气体，这些就造成了对大气环境的化学污染，以及地热水入渗对土壤的污染等生态环境问题。

温岩体（也称干热岩体）地热资源，是指温度在200 摄氏度以上的岩体中蕴藏的热能资源，它可以通过开采，提取过热水蒸气，直接用于发电等。地壳深部的高温岩体中蕴藏的地热能（据估计占所有地热能的90%以上）有着巨大的资源量，甚至可以说是无限的资源量。高温岩体地热资源的大规模开发利用，可以减少对不可再生化石能源的过度依赖，增加国家能源安全，同时高温岩体地热资源又是非污染绿色能源，开发不会带来严重的环境问题。

概括地说，高温岩体地热资源具有以下优势：

（1）高温岩体地热资源量巨大，分布广泛。（2）对高温岩体地热资源的开发利用不会排放有毒有害气体（如 CO_2、SO_2、NO_2 等），也没有其他流体或固体废弃物。因此，高温岩体地热资源系统可以维持对地表环境最低水平的影响。（3）高温岩体地热开发系统本质上是安全型，没有爆炸危险，更不会引起灾难性事故或伤害性污染。（4）高温岩体地热开发可以提供不间断的电力供应，不受季节、气候、昼夜等自然条件的影响。（5）高温岩体地热资源可以有效维持发展中国家的战略与经济的平衡。（6）美国、英国、日本等国对高温岩体地热的前期开发试验已经充分说明，高地温梯度（80 摄氏度/千米）的高温岩体地热电价，在今天已具有一定的商业竞争力，其电价大约在 4 ~ 7 美分/千瓦·时，而中等和低级高温岩体地热资源，通过进一步改进开发技术，才能与以化石能源为基础的电价具有竞争能力。

国际公认的新世纪能源开发应满足的基本原则是：在不增加化石能源需求的同时，大力开发新能源；而对新能源的基本要求是运行安全、价格合理和低环境影响。就此意义，高温岩体地热资源与核能、太阳能或者其他可再生能源相比，更具优势。

然而，虽然高温岩体地热资源的资源量巨大，并且与其他能源形式相比，具有许多优势，如安全性高、对环境影响小、不受季节气候和昼夜变化的影响、可以不间断提供电力供应等，但大规模开发高温岩体地热资源还面临许多科学问题和工程技术问题。如高温岩体圈定方法与评价、深部高温岩体钻进技术问题、人工储留层建造技术问题、地热开采检测技术问题以及高温岩体深部探测技术问题等。所以，可以说人类对高温岩体的利用还处于起步的阶段。

目前，人们对地热能的利用主要是地热发电。地热发电实际上就是把地下的热能转变为机械能，然后再将机械能转变为电能的能量转变过程或称为地热发电。目前开发的地热资源主要是蒸汽型和热水型两类，因此，地热发电也分为两大类。

地热蒸汽发电有一次蒸汽法和二次蒸汽法两种。一次蒸汽法直接利用地下的干饱和（或稍具过热度）蒸汽，或者利用从汽、水混合物中分离出来的蒸汽发电。二次蒸汽法有两种含义，一种是不直接利用比较脏的天然蒸汽（一次蒸汽），而是让它通过换热器汽化洁净水，再利用洁净蒸汽（二次蒸汽）发电。第二种含义是，将从第一次汽水分离出来的高温热水进行减压扩容生产二次蒸汽，压力仍高于当地大气压力，和一次蒸汽分别进入汽轮机发电。

地热水中的水，按常规发电方法是不能直接送入汽轮机去做功的，必须以蒸汽状态输入汽轮机做功。目前对温度低于 100 摄氏度的非饱和态地下热水发电有两种方法：一是减压扩容法。利用抽真空装置，使进入扩容器的地下热水减压汽化，产生低于当地大气压力的扩容蒸汽然后将汽和水分离、排水、输汽充入汽轮机做功，这种系统称“闪蒸系统”。低压蒸汽的比热容很大，因而使汽轮机的单机容量受到很大的限制，但运行过程中比较安全。另一种是利用低沸点物质，如氯乙烷、

正丁烷、异丁烷和氟利昂等作为发电的中间工质，地下热水通过换热器加热，使低沸点物质迅速气化，利用所产生气体进入发电机做功，做功后的工质从汽轮机排入凝汽器，并在其中经冷却系统降温，又重新凝结成液态工质后再循环使用。这种方法称“中间工质法”，这种系统称“双流系统”或“双工质发电系统”。这种发电方式安全性较差，如果发电系统的封闭稍有泄漏，工质逸出后很容易发生事故。20世纪90年代中期，以色列奥玛特（Ormat）公司把上述地热蒸汽发电和地热水发电两种系统合二为一，设计出一个新的系统，被命名为联合循环地热发电系统，该机组已经在世界一些国家安装运行，效果很好。联合循环地热发电系统的最大优点是，可以适用于大于150摄氏度的高温地热流体（包括热卤水）发电，经过一次发电后的流体，在并不低于120摄氏度的工况下，再进入双工质发电系统，进行二次做功，这就是充分利用了地热流体的热能，既提高发电的效率，又能将以往经过一次发电后的排放尾水进行再利用，大大地节约了资源。

利用地热能发电属于温差发电技术中的一种，在此将结合温差发电一起为读者展示另一大类清洁的发电技术。

温差发电又叫热电发电，是一种绿色环保的发电方式。温差发电技术具有结构简单，坚固耐用，无运动部件，无噪声，使用寿命长等优点。可以合理利用太阳能、地热能、工业余热废热等低品位能源转化成电能。在此，不对温差发电的原理做详细的介绍，仅从以下角度说明温差发电技术的不成熟及劣势之处。

首先是温差发电器存在发电效率低的问题。目前，温差发电的效率一般为5%～7%，远低于火力发电的40%。最主要的原因是热电材料性能不理想。热电材料作为热电器件的核心部分，性能的好坏直接决定器件效能的优劣。优值ZT是衡量热电材料性能最重要的参数。ZT值越高，材料的热电性能越好，能量转换效率越高。

Bi_2Te_3室温下ZT值为1左右，是使用最广泛的热电材料。但是以Bi_2Te_3材料制作的温差发电器发电效率依然低于10%。如果能把材料的ZT值提高到3左右，温差发电将可以与传统的发电方式相媲美。为此，人们积极寻找和开发具有较高优值的新型热电材料，目前的研究热点有：钴基氧化物热电材料、准晶体材料、超晶格薄膜热电材料、纳米热电材料等。

另一方面是发电器的匹配问题。温差发电器的输出功率和发电效率与高温端温度（T_h）、低温端温度（T_c）、温差发电回路电流（I）、负载电阻（R）、发电器内阻（r）等因素密切相关。在不同条件下，温差发电器的性能差别较大。相关研究应用有限时间热力学理论对半导体温差发电器的工作性能进行了分析，得到温差发电存在最佳参数工作区的结论。另外有研究采用非平衡态热力学优化控制理论分析温差电模型，数值模拟结果表明：最匹配参数工作条件下输出功率和发电效率可分别提高39%和20%。

其次，温差发电技术还存在温差电组件使用寿命短、可靠性不高等问题。

地热资源的评价主要应突出地热田可持续发展能力和地热田开发利用与周边相应环境问题的关系。通过相关资料可见，地热资源的储存量很大，但可采资源量很少。在评价地热资源可持续发展能力时应充分考虑到储存量和可采资源量的转化关系。如能实现地热井的回灌工程，则会大大提高地热能的可采能力，扩大可采资源量，逐步使地热田走上可持续发展道路。

地热资源是清洁能源，但在开发利用过程中也会发生相应的环境地质和灾害地质问题，如地热水中部分有毒元素的不合理排放是否会对环境造成直接或间接的物理或化学的危害，大量提取地下热能、大量抽取地下热水是否能诱发地震，是否会引起地面沉降及地裂缝等，在地热资源评价中均应引起重视。

5.2.2.5　海洋能相关技术的评价

海洋能是海水运动过程中产生的可再生能，主要包括温差能、潮汐能、波浪能、潮流能、海流能、盐差能等。潮汐能和潮流能源自月球、太阳和其他星球引力，其他海洋能均源自太阳辐射。

因月球引力的变化引起潮汐现象，潮汐导致海水平面周期性地升降，因海水涨落及潮水流动所产生的能量成为潮汐能。潮汐能的主要利用方式为发电，目前世界上最大的潮汐电站是法国的朗斯潮汐电站，我国的江夏潮汐实验电站为国内最大的潮汐电站。

波浪能是指海洋表面波浪所具有的动能和势能，是一种在风的作用下产生的，并以位能和动能的形式由短周期波储存的机械能。波浪的能量波高的平方、波浪的运动周期以及迎波面的宽度成正比。波浪能是海洋能源中能量最不稳定的一种能源。波浪发电是波浪能利用的主要方式，此外，波浪能还可以用于抽水、供热、海水淡化以及制氢等。

海水温差能是指涵养表层海水和深层海水之间水温差的热能，是海洋能的一种重要形式。低纬度的海面水温较高，与深层冷水存在温度差，而储存着温差热能，其能量与温差的大小和水量成正比。温差能的主要利用方式为发电，首次提出利用海水温差发电设想的是法国物理学家阿松瓦尔，1926 年，阿松瓦尔的学生克劳德试验成功海水温差发电。1930 年，克劳德在古巴海滨建造了世界上第一座海水温差发电站，获得了 10 千瓦的功率。

温差能利用的最大困难是温差大小、能量密度低，其效率仅有 3% 左右，而且换热面积大、建设费用高，目前各国仍在积极探索中。

盐差能是指海水和淡水之间或两种含盐浓度不同的海水之间的化学电位差能，是以化学能形态出现的海洋能，主要存在与河海交接处。同时，淡水丰富地区的盐湖和地下盐矿也可以利用盐差能，盐差能是海洋能中能量密度最大的一种可再生能源。

据估计，世界各河口区的盐差能达30万亿瓦，可能利用的有2.6万亿瓦。我国的盐差能估计为1.1亿千瓦，主要集中在各大江河的出海处，同时，我国青海省等地还有不少内陆盐湖可以利用。盐差能的研究以美国、以色列的研究为先，中国、瑞典和日本等也开展了一些研究。但总体上，对盐差能这种新能源的研究还处于实验室实验水平，离示范应用还有较长的距离。

海流能是指海水流动的动能，主要是指海底水道和海峡中较为稳定的流动以及由于潮汐导致的有规律的海水流动所产生的能量，是另一种以动能形态出现的海洋能。海流能的利用方式主要是发电，其原理和风力发电相似。

海洋能最主要的组成部分是潮汐能。人类很早就会利用潮汐能，900年前我国泉州建洛阳桥时就是利用潮汐能搬运石块，在15~18世纪，法国、英国等曾在大西洋沿岸利用潮汐推动水轮机。但利用潮汐能发电始于20世纪50年代，加拿大、法国、俄罗斯和中国都建有潮汐发电站。

潮汐能发电是利用海湾、河口等有利地形，建筑水堤，形成水库，以便于大量蓄积海水，并在坝中或坝旁建造水力发电厂房，通过水轮发电机组进行发电。潮汐能发电与普通水力发电原理类似，差别在于海水与河水不同，蓄积的海水落差不大，但流量较大，并且具有间歇性，从而潮汐能发电的水轮机的结构要适合低水头、大流量的特点。

经估算，全世界可开发利用的潮汐潜能为8亿千瓦，与可开发利用的40亿千瓦河川工程潜能和无限核能相比较低，但潮汐能发电具有很多得天独厚的优点。潮汐能发电的优点主要有以下几点：潮汐能属于可再生资源，蕴藏量大，运行成本低；潮汐能发电对环境影响小，发电不排放废气、废渣、废水，属于清洁能源；潮汐能发电的水库都是利用河口或海湾建成的，不占用耕地，也不像河川水电站或火电站那样要淹没或占用大面积土地；潮汐能发电不受洪水、枯水期等水文因素影响；潮汐发电站的堤坝较低，容易建造，投资也较少。

纵然潮汐能发电优点很多，其也有薄弱之处，如机电设备常与海水、盐雾及海中物接触，有防腐、防污等特殊要求；随着潮汐的涨、落，能量亦有起伏变化，影响发电、供电质量。同时潮汐发电站也存在一些环境影响问题：潮汐发电站小但会改变潮差和潮流，还会改变海水温度和水质；拦潮坝会对地下水和排水等带来不利影响，并会加剧海岸侵蚀；潮汐发电站还会影响鸟类生存环境及种群的生存，另外水轮机的运转可能会导致鱼类死亡，并会妨碍溯河产卵的鱼种的溯游，因此潮汐发电站也对鱼类有着潜在影响。

5.2.2.6 生物质能相关技术的评价

作为一种洁净而又可再生的能源，生物质是唯一可替代化石能源转化成气态、液态和固态燃料以及其他化工原料或者产品的碳资源，其主要形式为：（1）农作物残留物；（2）林业残留物；（3）禽畜粪便资源；（4）城市固体有机废弃物等。

但是生物质能存在能量密度小、分散性大的特点，原料是否充足、运输费用高低是生物质能利用需要考虑的重要因素。

我国拥有丰富的生物质能资源。据测算，我国理论生物质能资源为 50 亿吨左右标准煤，是目前我国总能耗的 4 倍左右。在可收集的条件下，我国目前可利用的生物质能资源主要是传统生物质，包括农作物秸秆、薪柴、禽畜粪便、生活垃圾、工业有机废渣与废水等。

农业产出物的 51% 转化为秸秆，年产约 6 亿吨，约 3 亿吨可作为燃料使用，折合 1.5 亿吨标准煤；林业废弃物年可获得量约 9 亿吨，约 3 亿吨可能源化利用，折合 2 亿吨标准煤。甜高粱、小桐子、黄连木、油桐等能源作物可种植面积达 2000 多万公顷，可满足年产量约 5000 万吨生物液体燃料的原料需求。畜禽养殖和工业有机废水理论上可年产沼气约 800 亿立方米。

生物质能的利用主要有直接燃烧、热化学转换和生物化学转换等 3 种途径。生物质的直接燃烧在今后相当长的时间内仍将是我国生物质能利用的主要方式。当前改造热效率仅为 10% 左右的传统烧柴灶，推广效率可达 20% ~30% 的节柴灶是技术简单、易于推广、效益明显的节能措施，被国家列为农村新能源建设的重点任务之一。生物质的热化学转换是指在一定的温度和条件下，使生物质汽化、炭化、热解和催化液化，以生产气态燃料、液态燃料和化学物质。生物质的生物化学转换包括有生物质—沼气转换和生物质—乙醇转换等。沼气转化是有机物质在厌氧环境中，通过微生物发酵产生一种以甲烷为主要成分的可燃性混合气体即沼气，乙醇转换是利用糖质、淀粉和纤维素等原料经发酵制成乙醇。

生物质利用对环境保护的作用主要有以下几点：

(1) 生物质利用对 CO_2 的减排作用。化石燃料中原本基本固定的碳通过燃烧而流动起来，并以 CO_2 的形式进入并累积于大气环境中，造成温室效应。而生物质中的碳来自于空气中流动的 CO_2，下面的两个方程式揭示了在阳光的作用下，空气中的 CO_2 进入生物质并在利用过程中释放出 CO_2 的过程。如果这两个过程合理匹配，CO_2 可达平衡，从而从根本上控制能源消耗过程中带来的温室效应。

$$CO_2 + 0.7H_2O + \text{太阳能} \xrightarrow{\text{叶绿素}} CH_{1.4}O_{0.6} + 1.05O_2$$

$$CH_{1.4}O_{0.6} + 1.05O_2 \xrightarrow{\text{燃烧}} CO_2 + 0.7H_2O + \text{energy（能量）}$$

需要指出的是，在化石燃料使用过程中，CO_2 的排放是难以控制的。要减少其排放量，唯一的办法就是减少化石燃料的使用。因此，发达国家更看重生物质能对 CO_2 的减排作用。但是，生物质能量密度低，在种植、收集、运输以及预处理过程中的能耗比化石燃料大，在整个利用过程中占有较大比重，不容忽视。

（2）生物质利用对 SO_x、NO_x的减排作用。环境污染气体 SO_x的主要来源是原料中的S，在燃烧或者气化过程中被氧化成 SO_2或者 SO_3。相关资料显示，生物质中S的平均含量只有无烟煤中S含量的10%，因而在使用过程中，可减少环境污染气体 SO_x的排放。而 NO_x的形成主要有两个方面，即空气中的氮气在高温条件下氧化生成 NO_x（热力 NO_x）和燃料中的有机氮化物在燃烧中氧化生成 NO_x（燃料 NO_x）。由于生物质的平均高位热值大约只有煤的二分之一，在气化过程中只有三分之一的生物质燃烧提供气化所需的热量，所以热力 NO_x会大大减少。资料还显示，生物质中N含量也低于无烟煤中N的含量。

接下来将简单介绍利用生命周期评价法对生物质能的环境效益进行评价。生命周期评价法的运用范围非常广泛，在能源评价中，生命周期评价法不仅可以对能源的环境效益进行评价，同时也可以对能源的经济效益进行评价。关于利用生命周期评价法对能源的经济效益进行评价将在氢能一部分进行阐述。

以生物质气化合成二甲醚过程为例进行生命周期评价。

生物质气化联合循环发电方案分析中包括原料子系统（生物质的种植、收割、农用化学品的生产和运输）、运输子系统、合成子系统（工厂的建设和运行）三部分。具体流程如图5-2所示。周期过程排放计算结果及分析如表5-4所示。

此外，在生物质气化合成二甲醚方案中，每千克二甲醚产生排放有机物0.0076克，痕量金属 7.60×10^{-9}克。

表5-4 生物质气化合成二甲醚周期过程排放表 （克/千克）

气体排放	原料子系统	运输子系统	合成子系统	总排放量
二氧化碳（CO_2）	193.0032	37.476	81.8244	312.3036
氮氧化物（NO_x）	1.134	0.18	3.3516	4.6692
硫化物（SO_x）	0.216	0.0468	1.7892	2.0556

上述部分仅为生命周期评价中的简要的清单分析，并未做出直接的评价。在能源评价中，生命周期评价一般只进行到这一步，其主要目的是对不同的方案做出相对的比较，而不是做出绝对的评价。如，在上述例子中，若采用煤气化法合成二甲醚，则可得到类似的煤气化合成二甲醚过程分析流程图（见图5-3）和周期过程排放计算结果及分析（见表5-5）。

表5-5 煤气化合成二甲醚周期过程排放表 （克/千克）

气体排放	采煤子系统	运输子系统	发电子系统	总排放量
二氧化碳（CO_2）	29.015	92.61	1114.793	1236.418
氮氧化物（NO_x）	0.252	1.722	27.706	29.68
硫化物（SO_x）	0.63	3.0625	69.2895	72.982

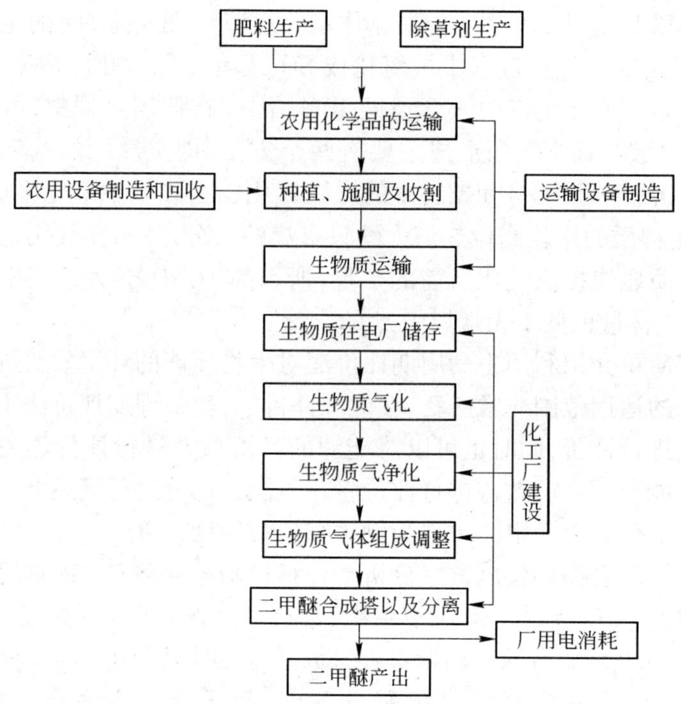

图 5-2 生物质气化合成二甲醚过程分析流程

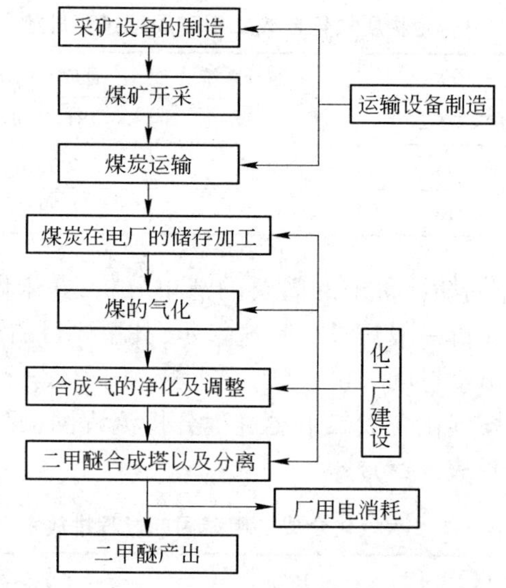

图 5-3 煤气化合成二甲醚过程分析流程

此外,燃煤发电方案中,每千克二甲醚产生排放有机物 0.011 克,痕量金属 0.0035 克,氰化物 3.7×10^{-3}克,氯化物 1.57 克。

对上述两种方案进行比较如下：

(1) 温室气体 CO_2 排放方面：由于生物质的成长过程中吸收 CO_2，生物质气化合成二甲醚方案比煤气化合成二甲醚方案 CO_2 的排放量小。每千克二甲醚的产生，使用生物质比使用煤可减少 924.11 克 CO_2 排放。如果二甲醚的下一步是作为燃料用途，每千克二甲醚的消耗将会产生 1 913 克 CO_2，那么利用煤这样的化石燃料将会比利用生物质燃料多排放 1 913 克 CO_2。

(2) 毒性物质 NO_x 和 SO_x 排放方面：生物质气化合成二甲醚方案的 NO_x 和 SO_x 的排放远远小于煤气化合成二甲醚方案，每千克二甲醚产生，前者比后者 NO_x 和 SO_x 分别减少 25.01 克和 70.93 克；在痕量金属排放量方面，生物质气化也远远小于煤。

最后得出结论如下：

(1) 生物质中的 C 以 CO_2 形式进入环境，被生物质吸收，通过光合作用又重新产生生物质，进入下一个循环，其周期要远远低于煤中的 C 循环。当生物质合成中吸收 CO_2 的速度等于利用生物质时排放 CO_2 的速度，整个过程将实现对环境 CO_2 的零排放。

(2) 由于生物质中 S 含量远远低于煤中 S 含量，利用前者作为燃料时 SO_x 排放量远远低于利用后者时排放量。通过计算，每生产 1 千克二甲醚，前者比后者少排放 SO_x 70.93 克，仅为后者的 2.81 %。

(3) 由于生物质的热值只有煤的二分之一，因此在利用过程中会大大降低热力 NO_x。通过计算发现，每千克二甲醚的产生，前者比后者的 NO_x 和 SO_x 排放量分别减少 25.01 克和 70.93 克，而且在痕量金属排放量方面，前者也远小于后者。

(4) 以生物质为原料，可以实现绿色化学中最重要的一个环节。以无毒无害的可再生资源作为原料，可以从源头上保证整个过程的环境友好性，且最终的产物 CO_2 也可以重新进入原料中。

生物质能的另一大利用点是生物质发电。生物质发电有生物质直燃发电和生物质气化发电两种方法。生物质直燃发电是指把生物质在适合生物质燃烧的锅炉中直接燃烧，产生蒸汽驱动蒸汽轮机发电系统发电。生物质气化发电是指生物质在气化炉中转化为可燃气体，再利用可燃气推动燃气发电设备进行发电。生物质气化发电工艺主要包括生物质气化、燃气净化、燃气发电等 3 个过程。气化过程中所产生的焦油去除技术是气化发电的难点之一，目前应用和研究较多的除焦方法主要有热裂解、催化裂解和水洗除焦。

对生物质发电的评价，研究者们提出了能值理论。能值理论是 20 世纪 80 年代后期由美国生态学家 Odum 在能量系统分析基础上创立的一种新的生态经济价值论和系统分析方法。能值理论认为：各种资源、产品或劳务在形成过程中均直接或间接地起源于太阳能。因此，可通过溯源分析的方法，把太阳能作为分析计算的媒介,将所有的投入转化成同一标准的能值,从而实现不同质能量的统一评价。在实际应用中,常以太阳能值(solar energy)为基准,用太阳能焦耳(solar energy joules,se_j)为单位度量不同类型能量的能值。

工业经济系统能值分析的步骤一般可分为:(1)确定研究系统的边界和内容,绘制系统能量和能值图;(2)收集所需的各种资料和数据;(3)编制能值分析表,计算系统的主要能量流、物质流、经济流;(4)建立能值指标体系;(5)系统的发展评价与策略分析。

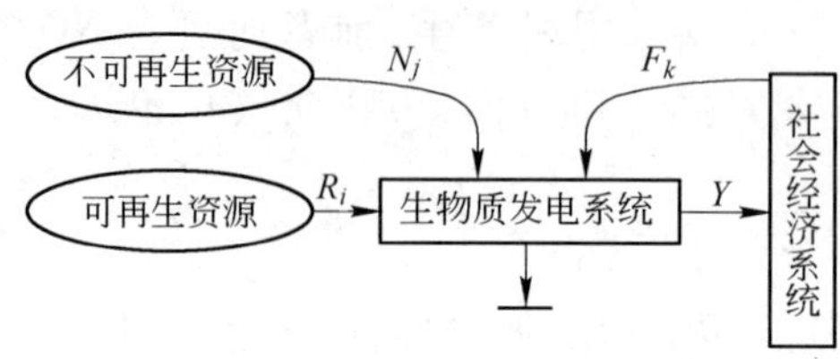

图5-4 生物质发电系统的能值系统图

图5-4为生物质发电系统的能值系统图。R_i表示输入系统的第i($i=1,2,3,\cdots$)种可再生资源的能值,se_j/a;N_j表示输入系统的第j($j=1,2,3,\cdots$)种不可再生资源的能值,se_j/a;F_k表示从社会经济系统输入或反馈的k($k=1,2,3,\cdots$)类货币能值(如设备、原材料、技术、劳动等投资与服务),其中,生物质发电根据《可再生能源法》可获得0.25元/千瓦时的电价补贴,这部分收益的能值可以减少社会能值的投入,用$-F_3$表示,se_j/a;F为系统投入的货币能值总和,$F=\sum F_k$,se_j/a;Y表示系统输出产量为E_Y的产品的能值,$Y=\sum R_i+\sum N_j+\sum F_k$,$se_j/a$。

对于简单的工业系统,常用能值转换率η_{Tr}、能值产出率η_{EYR}、环境负荷率η_{ELR}、能值可持续指数η_{ESI}等指标判断该系统是否具有良好的经济效益与生态效益。

(1)能值转换率:单位能量、物质或服务含有的太阳能值量,单位可以为se_j/J、se_j/kg或se_j/美元等,可表示为

$$\eta_{Tr}=Y/E_Y=(\sum R_i+\sum N_j+\sum F_k)/E_Y$$

不同的能量、物质或服务具有不同的η_{Tr},它随能量等级的提高而增大。一般而言,处于自然生态系统和社会经济系统较高层次的产品或生产过程具有较大的η_{Tr}。当比较同一种产物的多个过程时,η_{Tr}是一个很好的衡量效率的标准。对于给定能值量,需要的能值消耗越少越好。

(2)能值产出率:生产该产品总的能值投入与从社会输入的货币能值的比值,可表示为

$$\eta_{EYR}=Y/F=(\sum R_i+\sum N_j+\sum F_k)/\sum F_k$$

η_{EYR}值越大,意味着在一定能值投入的情况下能值产出量越高,生产效率越高,相应的经济效益也将越高,它体现系统所具有的竞争力。

(3)环境负载率:不可再生资源能值与社会投入的货币能值之和与可再生资源能值的比值,可表示为

$$\eta_{ELR} = (\sum N_j + \sum F_k)/\sum R_i$$

式中,η_{ELR}表示的是系统开发过程对环境造成压力的大小。外界大量的货币能值输入以及使用过多的不可再生资源,是引起环境系统恶化的主要原因。η_{ELR}是系统的一个预警指标,若系统的η_{ELR}长期较高,将对环境造成不可逆转的功能退化或丧失的影响。

(4)能值可持续指数:能值产出率与环境负载率的比值,可表示为

$$\eta_{ESI} = \eta_{EYR}/\eta_{ELR}$$

η_{ESI}较高,意味着在一定条件下系统产生的经济效益较高,同时环境负荷相对较小,显示出较好的可持续发展性。

5.2.2.7 氢能相关技术的评价

氢能在21世纪有可能在世界能源舞台上成为一种举足轻重的二次能源。它是一种极为优越的新能源,其主要优点有:燃烧热值高,每千克氢燃烧后的热量,约为汽油的3倍,酒精的3.9倍,焦炭的4.5倍。燃烧的产物是水,是世界上最干净的能源。资源丰富,氢气可以由水制取,而水是地球上最为丰富的资源,演绎了自然物质循环利用、持续发展的经典过程。

氢能利用方面很多,有的已经实现,有的人们正在努力追求。为了达到清洁新能源的目标,氢的利用将充满人类生活的方方面面。

依靠氢能可上天。1957年苏联宇航员加加林乘坐人造地球卫星遨游太空和1963年美国的宇宙飞船上天,紧接着1968年阿波罗号飞船实现了人类首次登上月球的创举,这一切都是氢燃料的功劳。利用氢能可开车。氢是一种高效燃料,每千克氢燃烧所产生的能量为33.6千瓦时,几乎等于汽车燃烧的2.8倍。氢气燃烧不仅热值高,而且火焰传播速度快,点火能量低,所以氢能汽车比汽油汽车总的燃料利用效率可高20%。另外,氢的燃烧主要生成物是水,只有极少的氮氧化物,绝对没有汽油燃烧时产生的一氧化碳、二氧化碳和二氧化硫等污染环境的有害成分。氢能汽车是最清洁的理想交通工具。目前,氢燃料汽车的构想已经成为了现实。在2008年北京奥运会中,20辆我国自主研制的氢燃料电池轿车与来自全国的500辆新能源汽车一起,在奥运会期间投入运营。利用氢能还可以发电。氢能发电可直接利用氢气和氧气燃烧,组成氢氧发电机组,也可使用更新的氢能发电技术——氢燃料电池。就目前来说,燃料电池是氢能利用最理想的方式。

在生物质能相关技术评价一部分中已经简要介绍了利用生命周期评价法对生物质能的环境效益进行评价的方法。本部分将介绍的生命周期成本分析是一种基于生命周期评价思想的项目评价的全过程评价方法,是指立足于产品的生命周期全过程,对该产品在其生命周期内(原料获取、产品加工、市场使用和最终废弃)所发生的全部成本,包括产品在生命周期内各个阶段所造成的环境影响进行货币化计量与分析。

氢能生命周期成本是指氢能在其生命周期(生产、储运和使用阶段)中所发生的全部成本,包括该阶段所发生的环境成本。氢能生命周期成本分析的框架如下所述:

第一步是确定氢能生命周期范围和阶段。我们将氢能的生命周期确定为氢的生产、氢的储运以及氢的应用三个阶段,其中氢的生产阶段又包括原材料的获取、运输、加工和氢的生产;氢的储运包括氢的储存和运输;氢的应用阶段主要涉及氢以不同形式应用于不同环境时的情况。

第二步是识别各个阶段的成本,进行清单分析。根据生命周期内物流和能流的流向,将氢的生产、储运、应用三个环节所可能发生的成本全部罗列,包括各个阶段所造成的环境影响也要考虑入内。

第三步是建立氢能生命周期成本分解结构。对第二步所详列的各种可能成本进行分类和汇总,然后按照类别建立成本分解结构,使每项成本之间都有着明确的成本关系。

第四步是选择成本估算模型。选择适当的成本估算模型对氢能整个生命周期各个阶段的成本进行估算。

第五步是进行生命周期成本分析。

5.3　能源发展趋势

以我国为例,“地大物博”是我们的一种骄傲,特别是 20 世纪 60 年代大庆人将“中国贫油”的帽子扔到太平洋后,在大多数中国人的词典中就没有了“能源危机”这个词。

如果按照 20 世纪 80 年代以前我国的经济总量和发展速度,原本在相当长的一段时间内我们确实没有能源之忧。但是,自经历了 1973 年全球能源危机和我国 20 世纪 80 年代后期出现的能源“瓶颈”后,“能源危机离我们到底有多远”的问题就开始浮出水面了。

我们没有理由怀疑“地大物博”。按绝对数量来看,我国的资源的确非常丰富,我国石油、天然气、煤这三大主力能源的储藏量在世界上都占有相当的位置。

但是,在引以为豪的“地大物博”的后面,一句“人口众多”立刻使我国的能源形势“急转直下”。丰富的能源资源被巨大的人口分母一除,真有点微不足道了。我国绝大部分能源的人均拥有量与世界先进水平根本无法相提并论,就是与平均水平也相距甚远。全国人均的能源占有量不到世界平均水平的一半,作为重要战略能源的石油和天然气的人均量更仅有世界平均量的 1/10 和 1/20。如果从排位看的话,我国人均占有的石油、天然气储量在世界上分别位于第 34 位和第 66 位。应该说,形势不容乐观。

更重要的是,过去 20 多年来我国经济的高速发展是以拼能源、拼消耗为代价

的,因此,全国的能源消耗急剧增加,使我国成为世界上最大的能源生产国和消费国之一。据统计,1998 年,虽然我们的人均能源消费量仅为 1.165 吨标准煤,居世界第 89 位,不足世界人均能源消费水平 2.4 吨标准煤的一半,只是发达国家的 10% ~20%,但是,我国的一次能源生产量却达到 12.4 亿吨标准煤,居世界第三位,能源消费量为 13.6 亿吨标准煤(还不包括农村非商品生活能源消费),仅次于美国。

从世界的角度看,19 世纪 70 年代的产业革命以来,化石燃料的消费急剧增大。初期主要以煤炭为主,进入 20 世纪以后,特别是第二次世界大战以来,石油以及天然气的开采与消费开始大幅度地增加,并以每年 2 亿吨的速度持续增长。虽然经历了 20 世纪 70 年代两次石油危机,石油价格高涨,但石油的消费量却不见有丝毫减少的趋势。对此,世界能源结构不得不进行相应变化,核能、水力、地热等其他形式的能源逐渐被开发和利用。特别是在第二次世界大战中开始被军事所利用的原子核武器副产品的核能发电得到了和平利用之后,其规模不断得到发展。很多国家现已进入了原子能时代。在日本,发电的 40% 靠核能来解决。

另外根据美国能源信息署最新预测结果,随着世界经济、社会的发展,未来世界能源需求量将继续增加,预计,2020 年世界能源需求量将达到 128.89 亿吨石油当量,2025 年达到 136.50 亿吨石油当量。随着世界能源消费量的增大,二氧化碳、氮氧化物、灰尘颗粒物等环境污染物的排放量逐年增大,化石燃料对环境的污染和全球气候的影响将日趋严重。面对来自能源储量和环境问题的挑战,未来世界能源供应和消费将向多元化、清洁化、高效化、全球化和市场化的方向发展。

从另一个角度来看,当今世界的能源消费状况又是怎样的呢?以 1994 年为例,世界能源的总消费量以石油换算为 79 亿 8000 万吨,其中石油占 39.3%、煤炭占 28.8%、天然气占 21.6%,这样化石燃料的消费量占 3%。日本作为世界主要工业国家之一,每年能源的消费量约占世界总量的 6.5%,其中化石燃料占 82.4%。尽管在新能源开发方面正在进行努力,包括水力发电,比例也仅占 5%,前景不容乐观。

最后,预测一下今后的能源消费。

现在地球人口约 60 亿,到 21 世纪中叶,预计将达到 100 亿人。仅从人口增长的数字来看,能源消费的增加将是惊人的。另外,目前的能源消费结构上,仍存在着很大的南北差异,即工业发达国家使用量为总能源的 3/4,人均消费量美国最高,为世界平均水平的 5 倍以上。我国的人均消费量还相当低,还不到 1/10 的国家还有很多。因此,今后的能源消费必须考虑生活提高的对比,能源不足的情形是可以想象的。

地球上的能源终将是有限的,如同只伐树而不植树,森林也会变成荒原一样,如此大量的消费,世界的能源资源也将会枯竭。现在世界能源消费以石油换算约为每年 80 亿吨，按 40 亿人计算，平均消费量为每人每年 2 吨。以这种消费速度，到 2040 年，首先石油将出现枯竭；到 2060 年，核能及天然气也将终结。地球的能源已经无法提供近 116 亿人口的能源需求。而随着世界人口的不断增加，能源紧缺的时期将会提前来。因此，21 世纪新能源的开发与利用，已不再是一个将来的话题，而是关系人类子孙后代命运、刻不容缓的一件大事。

第6章　环境优先的能源系统和能源政策

6.1　能源需求预测

能源需求预测是全面把握未来能源消费趋势、决定能源规划和政策成败的关键,同时也是制定能源战略的基础和前提。全球各国家和地区由于自然地理条件、人口、经济、产业结构等的不同,对能源的需求也各不相同。而我国刚跨入新世纪,社会主义市场经济体制也已建立,但我国的能源产业仍处在从计划体制向市场体制转变的过程中。这意味着能源需求和供给不再能采取国家计划的方式进行控制。因此,对能源需求进行科学的预测和分析,也成为制订能源战略和政策的重要依据,同时构建能源发展的趋势。

6.1.1　能源需求预测方法

全球能源需求中长期预测是国际能源战略研究的基础,预测结果的准确性直接关系到能源规划和能源政策的成败。对于全球的能源需求预测,目前也有多家机构定期发布全球能源需求预测结果。其中比较权威和有代表性的是国际能源署(简称IEA)和美国能源部(简称EIA)。由于全球国家和地区为数众多且发展程度差异很大,为确保预测的科学性和准确性,根据各国的经济和社会发展的基本情况,可以将全球所有国家和地区划分为发达国家和发展中国家两大国家集团。由于影响能源需求的因素很多,能源需求的变化往往是许多因素共同作用的结果。考虑到预测期内各种影响因素变化的诸多可能性,在对全球能源需求进行预测时,可有多种情景,在这里主要是从样本情景进行全球能源需求预测。

样本情景是基于对现有全球经济社会发展和相关能源政策走向的研判后,得出的最有可能情景。从经济发展情况来看,受金融危机影响,经济现在才开始普遍得以复苏。以中国、印度、俄罗斯为代表的发展中国家,经济复苏的速度将快于发达国家。目前我国积极拉动内需的政策和措施能够得以很好地实施,强大的内需将支撑我国经济持续稳定发展,并带动周边国家和地区经济的发展。对于以资源输出为主的国家如俄罗斯等,尽管受金融危机影响,资源需求有所下降、投资减少、全球资源价格持续走低,但是目前全球尚有80%以上的国家和地区未完成或尚未进入工业化，从长期来看，对矿产资源的强劲需求在今后相当长的时间内仍旧存在，而矿产资源的稀缺性和不可再生性决定了资源价格仍旧会震荡走高，资源型国家凭借其资源优势仍旧能够保持平稳的经济增长。预计在预测期内，发达国家经济复苏将慢于发展中国家，且未来 20 年其经济增长速度将明显降低。另外，样本情景下，预计全球现有能源政策将得到较好的落实和实施，且各项主要能源政策基本达到预期效果。

（1）人口预期。人口是影响能源需求的主要因素，也是预测能源需求的基本参数，人口的预期参考联合国最新预测结果并结合过去 30 年全球及各国家集团人口演变趋势综合后得出。需要说明的是，样本情形下的人口预期结果同样适用于其他两种情景。预计 2030 年全球人口总量将达到 82.37 亿，累计增加 17 亿，增幅达 26%，人口年均增长率为 0.97%。在全球累计增加的人口中将有 95% 来自发展中国家，预计届时发展中国家人口将占全球的 87%。

（2）经济增长预期。经济增长是影响能源消费的核心要素。经济增长率的预期是在参考世界银行、国家货币基金组织等权威机构预测的基础上，结合对过去几十年全球经济发展的研究综合得出的。从不同国家集团来看，发展中国家经济增速远高于发达国家，特别是第二类和第三类发展中国家。

预计 2030 年发达国家 GDP 总量占全球的份额将从 2006 年的 1/2 下降到 1/3；而发展中国家 GDP 总量将达到发达国家的两倍。2030 年，以中国、巴西为代表的第二类国家集团和以印度为代表的第三类国家集团，其经济总量之和将达到全球的一半以上。未来 20 年，全球人均 GDP 将累计增加近 90%。期间发展中国家人均 GDP 增速约为发达国家的 3 倍，其人均 GDP 水平将从 2006 年的不足发达国家的 1/5，上升到 1/3。

（3）一次能源需求预测。样本情形下，预计 2030 年全球一次能源的消费总量将达到近 185 亿吨油当量，与 2006 年相比增加 57.2%，年均增长率达到 1.9%，增长速度与过去 25 年基本持平。

6.1.2　全球能源需求预测

未来 20 年，发展中国家能源消费总量年均增长率将达 2.8%，而发达国家仅为 0.4%。在发展中国家内部，以中国、巴西为代表的第二类国家集团和以印度为代表的第三类国家集团的能源消费增速最快，2030 年两集团占全球一次能源消费总量的份额将分别达到 31% 和 17%。从人均能源消费水平来看，2030 年发展中国家人均消费量将增加近 50%，而发达国家几乎没有变化。发展中国家将成为未来 20 年全球能源消费增长的拉动者。

2006～2030 年，全球能源消费强度将从 246 吨油当量/百万盖凯美元下降到 163 吨油当量/百万盖凯美元，下降幅度近 1/3，年均下降率达到 1.7%，下降速度大于过去25年1.4%的下降率,说明全球能源使用效率将加速提高。从能源消费结构上看,全球能源消费将仍以石油、天然气和煤炭三种化石能源为主,其占一次能源消费总量的比例将始终维持在80%以上。其中,石油受资源短缺的限制,预计在2025年左右将达到产量峰值,在能源消费总量中所占的比例将由2006年的34%下降至2030年的29%,下降速度居各种能源之首。尽管如此,石油仍将是消费量最大的能源。2006~2030年,煤炭和天然气在一次能源中所占的比例分别由26%和20%上升到28%和23%,天然气消费增速快于煤炭。除三种化石能源以外的其他能源中,水电所占比例略有上升,而核能和生物质所占的份额均有所下降。

6.1.3 我国的能源需求预测

我国幅员辽阔、面积广大,各地区在自然地理条件等各方面不尽相同,尤其是东南地区和西北地区在经济、政治等方面存在着显著的差异。为了能使各地区能源建设与经济建设协调发展,避免仅考虑全国平均发展水平带来片面的决策,导致各地区发展不平衡加剧。因此,在预测全球能源需求的同时也应对中国各地区的能源需求进行预测,以利于因地制宜地规划各地区的能源发展,以利于从全球和国家层面上有效地协调各地区的资源优势。我国刚跨入新世纪,社会主义市场经济体制也已建立,但我国的能源产业仍处在从计划体制向市场体制转变的过程中。这意味着能源需求和供给不再能采取国家计划的方式进行控制。因此,对能源需求进行科学的预测和分析,也成为制订能源战略和政策的重要依据,为我们构建能源发展的趋势。

2010年12月2日,根据能源界网报告,我国"十二五"已到来,政府对未来我国能源需求与发展趋势作出了规划,并作出比较细致的预测。同时,不少机构也对我国的能源需求作出预测,也发布了预测报告。其中IEA(国际能源机构)对我国2015年和2030年的能源需求进行了分析和预测。根据IEA预测,2030年我国需要原煤46亿吨,天然气、核能、可再生能源仅占一次能源的5.5%、1.9%和0.9%。显然对煤炭、石油的需求估计过高,对其他能源估计太低。从经济发展与能源结构调整的规律来看,2020年后,煤炭的绝大部分将用于发电,石油的大部分将用于交通,受环境保护和资源供应制约,煤炭和石油的使用将受到抑制,而天然气、核能、可再生能源的发展仍有很大空间。未来30年,我国能源结构调整的方向应该综合考虑资源保障、能源效率、环境承载、经济效益。

(1) 天然气供应潜力。我国天然气剩余探明可采储量近2万亿立方米,探明资源储量超5万亿立方米,在国家能源局的规划中,2015年我国天然气供应结构初步定为国产1700亿立方米,其中煤层气产量2015年将达到200亿立方米,煤制天然气产量亦将达到300亿立方米。同时,俄罗斯有丰富的天然气资源,中亚(土库曼斯坦、乌兹别克斯坦、哈萨克斯坦)探明的天然气比我国的资源总量还要多。我国通过两条管道从俄罗斯每年引进800亿立方米、从中亚引进300亿立方米天然气的构想已经进入操作阶段。这样,到2020~2030年,我国每年消费3000~3500亿立方米天然气是可能的。

(2) 石油供应能力。多方估计,2010~2020年间,我国的石油产量将达到不超过2亿吨的峰值,之后下降。2020~2030年,国内产量将维持在1.8亿吨左右的水平。从世界石油资源的保障程度看,2020年后石油产量增长将明显受资源制约。我国从俄罗斯、中亚等周边国家进口石油的远景每年也不超过1亿吨。我国目前年进口石油2亿吨,在海外投资的油气产能约8000万吨,远景能力可达1亿吨。这些数据说明,2020年我国石油供应能力约为5.5亿吨,所以说,2020年以后的石油需求与供应能力空间很大,甚至难以准确预测。

(3) 核能。目前我国的核电产量仅占电力产量的2%,一次能源的0.8%。发展核电的一个重要目的是替代不断增长的煤电消费以及由此造成的环境压力。早期的规划中,2020年我国核电的规划能力为4000万千瓦,占当时电力产量的4%,相当于500亿吨油当量,不足一次能源的2%。显然,这样的数量对替代不断增长的煤炭需求并无实质意义。大力发展核电也许是控制我国煤炭消费和环境问题的最有效的途径。到2020年,核电占一次能源比重应超过5%,并在2030年进一步提高到10%以上才具有实际意义。日本地震及日本核电站的爆炸,引发了全球各界人士对于核电发展的担心和争论。2011年3月12日,国家环境保护部副部长张力军表示,我国现在运行的核电装置是13台,这13台核电装置运行一切正常,都是安全的。张力军称,我国会吸取日本方面的一些教训,在核电的发展战略上和发展规划上进行适当地吸收,但是我国发展核电的决心和发展核电的安排是不会改变的。

(4) 煤炭。煤炭是唯一能够支撑我国能源供应安全的能源,然而不断增长的巨大需求所造成的资源、环境、效率及运输等问题日益严重。2007年煤炭消费超过26亿吨,2009年达到29亿吨,按照多数预测方案,未来二三十年煤炭依然保持60%左右的比例,2030年,煤炭需求量将达到45~50亿吨。照此趋势,到2030年累计煤炭需求接近1000亿吨,消耗煤炭资源超过2500亿吨。如此下去,即便我国是煤炭大国也会深感煤炭资源危机。从资源、环境、能源效率几方面考虑,以核能等替代煤炭,使2020年煤炭需求不超过35亿吨,2030年不超过40亿吨是必要的、可能的。

(5) 可再生能源。可再生能源包括水电、太阳能、风能、生物质能等可再生能源以及非常规天然气、泥炭等资源。非常规能源的发展从供应端主要取决于政策引导,从消费端主要取决于法规约束——即培养节约型消费方式。到2030年,我国民用能源消费将超过8亿吨油当量,而这些消费中的70%以上是用于取暖、热

水、制冷。若1/4的建筑为节能结构并使用太阳能等新能源装置,尤其是农村等独立建筑,那么,最少可替代1~2亿吨油当量的能源。

全球各地区的能源需求预测由于受多种因素的影响,因而充满着很多不确定性,存在着多种预测情景并且在能源需求的过程中存在着许多偶然因素,这也给能源需求的预测带来很大的难度,但能源需求的预测关系着能源的发展趋势及关于能源保护的政策和建议,从而有利于能源更好的发展与合理的开发和利用。因此,应着重把握能源的需求预测,以使得能源的开发利用与环境保护协调发展。

6.2 能源利用的环境影响预测

能源利用过程中不可避免地会对环境造成影响,污染和破坏环境。为了更好地保护环境,并且合理利用能源,应对能源利用过程中对环境产生的影响进行预测。

6.2.1 能源环境影响主题

能源环境影响主题包括污染物排放、环境质量、生态破坏和人文环境等4类指标。污染物排放指标旨在分析由能源活动产生的各种污染物排放量;环境质量指标旨在分析由能源活动产生的各种污染物对环境质量的影响;生态破坏指标旨在分析由能源活动造成的各种生态破坏;人文环境指标旨在分析由能源活动产生的各种人文环境影响。这4类指标基本上涵盖了目前所认识到的能源活动可能产生的主要环境问题及其影响。因此,只有对上述4个方面能源活动可能产生的环境影响进行充分的分析、预测和评估,才能提出切实可行的预防或者减轻不良环境影响的对策和措施。基于不同的能源,其发展趋势及利用情况不同,对环境的影响也不尽相同,因此应根据不同的能源确定其对环境的影响预测。

6.2.2 煤炭能源利用的环境影响预测

本节主要以煤炭能源利用的环境影响评价与预测进行介绍。

煤炭是我国的基础能源。随着国民经济的快速发展,我国煤炭的产量和消费量均呈现快速增长趋势。同时,我国是一个“富煤、贫油、少气”的国家,这就决定着煤炭将在一次性能源生产和消费量中占据主导地位且长期不会改变。目前我国煤炭可利用的储量约占世界煤炭储量的11.67%,居世界第三位。我国是当今世界上第一产煤大国,煤炭产量占世界的35%以上。我国也是世界上煤炭出口量最大的国家,煤炭出口量占世界总出口量的11%。煤炭一直是我国主要的能源和重要的材料,在一次能源生产和消费构成中煤炭占据一半以上。据调查,在距地表以下2000米深以内的地壳表层范围内,预测煤炭资源远景总量达50592亿吨。其中我国煤炭开发广泛分布在全国30个省(区)中的1300个县(市),矿井数达8万余处。我国煤炭生产以井工开采为主，其产量占煤炭总产量的95%左右，露天煤矿占5%左右。2005年末，全国国有煤矿共有矿井2414处，3万吨以上矿井2299处，核定能131211万吨。其中，国有重点煤矿744处，3万吨以上矿井735处，核定能力101382万吨；国有地方煤矿1670处，3万吨以上矿井1564处，核定能力29829万吨。

根据国民经济发展需要，2008年底我国煤炭中长期发展规划确定，2015年将达28~30亿吨，2020年将超过30亿吨。如此大的煤炭产出量，必将给生态环境带来巨大的压力。

煤炭能源的环境影响主要从煤炭开采、运输及利用过程中对环境的影响来进行评价与预测。

6.2.2.1 煤炭开采工程的环境影响评价与预测

在对项目工程特征、环境现状进行详细分析的基础上，根据国家和地方有关法律法规及发展规划，分析项目建设是否符合国家的产业政策和区域发展规划，生产工艺过程是否符合清洁生产和环境保护政策；对项目建成后可能造成的污染和生态环境影响范围和程度进行预测评价；分析项目排放的各类污染物是否达标排放、是否满足总量控制的要求；对设计拟采取的环境保护措施进行评价，在此基础上提出技术上可靠、针对性和可操作性强、经济和布局上合理的最佳污染防治方案和生态环境减缓、恢复、补偿措施；从环境保护和生态恢复的角度论证项目建设的可行性，为领导部门决策、工程设计和环境管理提供科学依据。

煤炭的大规模开发利用，一方面对工业生产和社会经济发展提供了大量的能源，另一方面也造成了严重的环境污染和生态破坏。我国的煤炭开采分为井工开采和露天开采两种，其中95%以上的煤炭产量来自井工开采，煤炭的井工开采和露天开采对环境的影响是伴随着煤矿的开发建设而产生的，其中也包括煤炭开采对土地资源的破坏和占用、对水资源的破坏和污染以及对大气的污染。

煤炭开采对土地资源的破坏表现在：井工开采引起的地表塌陷，减少土地利用率，加大水土流失和沙漠化；露天开采对土地的破坏，露天采掘场对土地的毁灭性挖掘以及排土场对土地的压占；煤炭生产固体废弃物压占污染土地。

井工开采对生态环境的影响主要是由于采煤沉陷造成的，对于井工开采对生态环境影响应在地表沉陷预测与影响分析的基础之上进行。地表塌陷是井工开采对矿区土地资源造成的难以治理的主要灾害问题。目前我国95%以上的煤炭产量来自井工开采，而且国有重点煤矿的采煤方法基本都是长壁式开采全部垮落顶板管理，据测定这种方法引起的地表塌陷最大深度一般为煤层开采总厚度的0.7倍，塌陷面积是煤层开采的1.2倍左右。据不完全统计，我国因煤炭开采引起的地表塌陷面积达40万公顷，平均每开采万吨煤地表塌陷0.2公顷。由于开采地表塌

陷造成我国东部平原矿区土地大面积积水、受淹和盐碱化，不仅使区内耕地面积急剧减少，而且加剧了人口与土地、煤炭与农业的矛盾。西部地区的地面塌陷加速了水土流失和土地荒漠化。同时采煤引起的地表塌陷还诱发了大量山体滑坡、崩塌和泥石流等自然灾害，严重破坏矿区的土地资源和生态环境。基于地表沉陷影响，分别从项目永久占地和施工对生态的影响，地表沉陷和项目永久占地对评价区景观生态，项目建设占地和地表沉陷对评价区农业生态、湿地生态、林业生态等方面的影响，揭示井工开采对评价区生态环境的影响及其生态变化趋势分析。

露天开采对生态环境的影响主要是由于表层土岩剥离及排土场占地造成，对于露天开采对生态环境的影响应密切结合露天矿开采进度计划进行合理评价。评价内容主要包括生态破坏状况预测与分析和生态环境影响综合评价两大块。生态破坏状况预测评价内容主要依据露天矿开采进度，分达产期、首采区和全矿田开采结束后三个时段，预测土地利用变化情况。其中对于线性工程（如铁路专用线），应分析其建设对地表植被、土地利用等方面的影响。露天采煤须先把煤层上覆盖的表土和岩层剥离，然后进行煤炭开采，因此露天采掘场对土地资源的破坏几乎是毁灭性的。据统计，我国露天采矿正常生产条件下，每开采万吨煤要挖损土地约0.08公顷。我国的露天采矿大多采用外排土场方式开采，外排土场压占土地为挖损土地量的1.5~2.0倍。

煤矸石是煤炭开采和加工过程中产生的主要固体废弃物，我国井工开采煤矿的煤矸石排放量很大，大量排放的煤矸石堆积成山，不但压埋土地资源，同时煤矸石中含有的有害微量元素经雨水的淋溶作用进入土壤，造成严重的土壤污染。

煤炭井工开采和露天开采都将对地下水资源和地表水资源造成破坏。水资源涉及工农业生产和居民生活，是煤炭开采的重点保护目标。地下水环境影响评价的要点是：通过现场调查获取矿区和区域地形地质和水文地质方面的资料，结合现场考察，弄清当地水文地质特征、水资源的分布和利用情况、集中供水水源地分布和保护情况，了解当地具有供水意义的含水层和地表水体，通过调查识别并确认主要的水资源保护目标。井工开采对地下水环境的影响主要是由于煤炭开采后顶板发生垮落，形成垮落带和裂缝带，从而使含水层遭到破坏，导致地下水位下降，并间接对与被破坏含水层存在水力联系的其他含水层产生影响。露天开采对地下水的环境影响主要表现为：表层土岩剥离及疏干降压对地下含水层流场及水资源量的影响。露天开采对地下水环境的影响评价内容主要包括：露天矿疏干对地下含水层的影响、排土场对地下含水层的影响。

煤矿排放的废水主要有矿井水（疏干水）和生活污水。矿井水（疏干水）经过常规的沉淀、过滤和消毒处理即可满足工业回用和部分生活回用的要求。生活污水采用二级生化和消毒处理工艺处理后可满足配套选煤厂回用的要求。从理论上讲,只要管理监督到位,这些废水均可最大限度地得到回用。因此,对于煤炭开采工程对地表水的环境影响仅结合现状进行定性分析即能满足要求。煤炭开采对水资源的破坏和污染主要是煤炭矿区产生的矿井水、洗煤水及矸石淋溶水。煤炭开采过程中排出的大量矿井水使矿区地下水位下降,大量未经处理的矿井水直接外排,未处理的矿井水中含有大量的悬浮物以及溶解性有机物,矿井水的直接外排不仅对矿区周围的水环境造成污染而且还浪费了大量宝贵的水资源。洗煤水是矿区水污染的另一个主要来源,现在大多数洗煤厂普遍采用湿法洗煤工艺,洗煤过程中一般洗一吨原煤的用水量为 4 ~5 立方米,用水洗煤不仅浪费大量水,更为严重的是洗煤水中含有大量的煤泥和泥沙等悬浮物及大量石油类药剂、酚、甲醇和有害重金属离子等有毒有害物质。与此同时,煤矿堆积煤矸石不仅压占大量土地资源而且经降水和汇水的淋溶和冲刷也将煤矸石中大量的有毒有害物质带入水循环中,造成周围环境的水污染。

煤炭在开采过程中也会给大气环境带来影响。煤炭开采过程对大气环境的影响污染源主要是小型供热锅炉,储煤场、排矸场和车间粉尘无组织排放,这些污染源影响范围有限,影响程度小,一般采用 Gauss 模式进行简单预测和分析即可。造成的大气污染主要是来源于矿井瓦斯和矸石自然释放的气体。我国煤炭的主要灾害之一是煤炭开采中释放的矿井瓦斯,主要成分是甲烷,也会产生温室效应,引起全球环境变暖。矿区内的瓦斯排放不仅浪费了大量的清洁能源,也对矿区的大气环境造成了严重的危害,矸石自燃也会产生大量的有毒有害气体。据不完全统计,我国目前的煤矿共有煤矸石山 1500 多座,矸石的自燃严重污染了矿区和周边地区的大气环境,影响周边居民的身体健康,造成中毒死亡事故。

在对煤矿开采过程中的固体废弃物进行环境影响评价时,对于井工矿,固体废物主要是洗选矸石、锅炉灰渣、生活垃圾等。矸石堆弃对环境的影响应在矸石浸出试验的基础之上,确定矸石性质,分别从矸石堆自燃、扬尘、淋溶等方面进行定性分析即可。生活垃圾送当地垃圾处置机构、锅炉灰渣通过周边和内部回用,一般不会对周边环境造成较大影响。

6.2.2.2　煤炭储运过程中的环境影响评价与预测

我国煤炭生产与消费的地理分布极不平衡,煤炭生产基地主要在北部和西部地区,而煤炭消费主要在东部沿海地区,这就决定了北煤南运、西煤东运的基本格局。我国煤炭运输主要靠铁路,铁路运煤占其总货运量的比例最高。水路运煤主要包括河运和海运。长江和京杭大运河是主要的内地水路煤炭运输通道。海运是北煤南运的主要通道。公路网分布广,汽车运输机动灵活,中转环节少,可实现门到门运输,但其单车运量较小,单位运量能耗和成本较高。我国是

煤炭生产大国，也是世界上主要煤炭出口国之一。根据世界煤炭市场的需求以及各国国内煤炭工业供应能力，我国煤炭出口量逐年增加，主要是输往日本、韩国及东南亚。

煤炭的运输在煤炭的开采和利用过程中起着重大的作用。由于煤炭生产和消费的不合理，开采后的煤炭只有经过运输后才能更好地利用。但是，在煤炭的运输过程中存在着很多问题，并且会对环境带来不利的影响，以至于会破坏和污染环境。煤炭储运形成的环境问题主要来自于煤炭的储、装、运过程中产生的煤尘飞扬对矿区及运输线路两侧生态环境的污染。我国煤炭长距离运输，采用从煤矿的煤仓或煤场至汽车、火车或者船舶再至大型的火力发电厂储煤场、工业用煤企业煤场、各地区燃料公司储煤场的运转模式，由于煤炭储、装、运设施常常不配套，加上调度、管理上的欠缺，在煤炭的储、装、运各个环节，对周围环境造成严重污染。

由于我国煤炭产量不断增加，煤炭运输能力不足以及煤炭市场的变化，煤炭在煤矿或各类储煤场堆存一定时间后，会引起煤炭自燃。我国大多数的矿井及煤层存在自燃发火的危害，采出的煤炭都存在着自燃发火的危险，一些年轻的煤种，内在水分高、表面积大、易吸氧，自燃发火周期短，煤炭在储煤场及装上车船后都有可能发生自燃。煤炭的自燃向大气中排放大量的有毒有害和温室气体，给环境带来了污染。

我国的储煤场多为露天煤场，缺乏防尘、降尘及集尘设备，煤尘到处飞扬，在造成大量煤炭损失的同时，也造成了严重的环境污染。露天堆存的煤炭还会发生风蚀起尘，这对储煤场周围的大气环境带来严重的影响。煤尘的下风向 500 米范围内 TSP 浓度全部超标，下风向 150 米左右的最大落地浓度超标两倍多，受影响的区域达 1 千米，甚至更远。与此同时，煤炭的装卸起尘和运输扬尘也会造成煤尘污染，我国的大型煤码头污染面积大、起尘原因多及生产线路长，并且煤炭装卸属于露天作业，因而煤尘污染为面源污染。煤炭在运输工程中的扬尘对铁路、公路沿线两侧地区环境造成严重的污染。

露天储煤场装卸煤炭时所用的降尘洒水、煤堆自燃时灭火用的洒水等冲洗用水等，如果未经处理直接排入江河湖海，也会对水体造成污染。煤堆的淋溶水，不仅带来大量的煤粉，煤中含有的各种有毒有害元素也会污染水环境。更为严重的是，自燃煤堆的淋溶水往往造成酸性水性质的水污染。

因此，在对煤炭储运过程中进行环境影响评价与预测时，应把握通过铁路、公路和船舶运输煤炭对环境带来的不同影响，并且考虑煤炭在储、装、运的过程中带来的大气和水体环境影响，从具体的各方面对煤炭储运过程中对环境的影响进行预测，从而更好地指导煤炭储运，以利于对环境的保护。

6.2.2.3　煤炭利用过程中的环境影响评价与预测

我国不仅是世界上煤炭生产的第一大国，而且也是煤炭消费的第一大国。但是，我国的煤炭消费利用还处于较低水平阶段，因此，产生了一系列的环境污染问题。

煤炭的直接燃烧对环境造成很大的影响，我国煤炭消费的主要特点就是原煤的大量直接燃烧，大多数的原煤未经过洗选或者清洁化处理就直接用于燃烧。煤炭的大量直接燃烧，加上燃煤质量较差及燃煤效率低下，我国的环境受到严重的破坏，直接导致了我国严重的燃煤型大气污染。燃煤过程中产生大量有毒有害气体，向大气中排放大量的二氧化硫，产生酸雨，酸雨由空中降下，首先影响植被，然后经土壤和地下水影响湖泊水体生态系统。酸雨污染导致我国大面积的耕地、湖泊酸化，致使土地贫瘠，生态系统紊乱，农作物和经济类水产品减产，同时，还会引起我国森林大面积枯萎受损，森林面积减少。酸雨对陆地生态系统的危害日益严重，制约我国农林业生产和社会经济发展。

煤炭等能源燃烧过程中还会排放大量的二氧化碳，二氧化碳是导致全球气温变暖的主要根源，温室效应严重威胁着全球生态系统和人类的生存。它导致北极冰盖减少、海平面上升、森林迁移、土地盐碱化，危及沿海地区的人类生存。气温上升使得冰川退缩和变薄、雪线上升、冰川后退速度加大、冰川面积变小、北方温带沙漠面积增大、耕地面积减少、土地沙漠化、海平面上升，给海岸带的经济和环境带来严重冲击。在全球气候变暖的影响下，一些极端天气如暴雨、干旱、厄尔尼诺、沙尘暴、森林火灾等的发生频率和强度也相应地增加。

煤炭燃烧利用过程中还会产生大量的氮氧化物。空气中大量的氮氧化物和挥发性有机物达到一定浓度后，在太阳光照射下，氮氧化物和挥发性有机物经过一系列复杂的光化学反应，产生以高浓度的臭氧和细颗粒物为特征的光化学烟雾。光化学烟雾造成区域性的氧化剂污染和细颗粒污染，使区域空气质量退化，减少太阳辐射，气候发生变化，对生态系统造成损害，农作物减产。

对煤炭利用过程中的环境影响评价与预测主要是分析煤炭燃烧过程中对大气、水体造成的环境影响。随着社会经济的发展，煤炭利用将在长期一段时间内处于主导地位，因此，在对煤炭利用过程中的环境影响进行预测时，应综合考虑煤炭开采和储运过程中的状态以及煤炭的发展前景，从而能更好地为煤炭能源利用带来经济和环境上的共赢。

能源利用的环境影响预测不仅可以使各种能源得到合理的开发与利用，更重要的是可以减少对环境的污染与破坏。环境是人类赖以生存的必不可少的资源，如果能源利用不合理，将会直接给环境带来严重的影响，从而威胁人类的生存。因此，应做好能源利用的环境影响预测，从宏观层面上把握环境将要受到的影响，以便于采取环境保护的相关措施。

6.3　总量控制下的能源结构

能源结构指能源总生产量或总消费量中各类一次能源、二次能源的构成及其比例关系。能源结构是能源系统工程研究的重要内容,它直接影响国民经济各部门的最终用能方式,并反映人民的生活水平。能源结构分为生产结构和消费结构。各类能源产量在能源总生产量中的比例,称为能源生产结构;各类能源消费量在能源总消费量中的比例,称为能源消费结构;各用户部门的能源消费结构,称为部门能源消费结构。研究能源的生产结构和消费结构,可以掌握能源的生产和消费状况,为能源供需平衡奠定基础。查明能源生产资源、品种和数量以及消费品种数量和流向,为合理安排开采投资和计划以及分配和利用能源提供科学依据。同时,根据消费结构分析耗能情况和结构变化情况可以挖掘节能潜力和预测未来的消费结构。不同国家能源的生产结构和消费结构各不相同。能源生产的资源条件、人们对环境的要求、能源贸易以及社会的技术经济发展水平等因素的影响,都会使能源结构发生相应的变化。

6.3.1　能源利用的结构调整

自人类进入近代工业社会以来,能源利用的结构调整共有3次。

18世纪下半叶英国产业革命以后,由传统的薪柴能源迅速转向以煤为主的能源结构,直到20世纪初煤炭在工业国家能源构成中的比例达95%,由此推动了资本主义工业的发展。

19世纪末 ,由于电力、钢铁工业、铁路技术、汽车和内燃机技术的发展,煤炭作为主要能源已越来越不适应生产的需要,随着石油资源的开发,从20世纪初以后,石油迅速登上能源舞台,至20世纪70年代初石油占能源构成的50%。

因为煤、石油、天然气等储量有限,不可能满足人类不断增长的能源需求,以及主要发达国家的工业化使用这些常规能源引起的环境污染日益严重,造成对人类生存的极大威胁,由此迫使人们必须扼制常规能源的消耗,转向建立以可再生能源等新型能源为主体的持久能源体系。为应对气候变化,世界能源结构酝酿巨变。业内专家预测,2020~2050年,全球将发生第三次能源结构转型——借助能源科技全面突破,实现大部分化石能源向可再生能源转型。第三次世界范围的能源结构大调整,标志着人类文明由向自然索取进入到回归自然的一种观念上的飞跃。

有专家预测,2030年世界能源结构中煤炭、油气、核能和可再生能源可能三分天下;到21世纪中叶,化石能源与可再生能源可望各占半壁江山。而影响能源结构转变的因素主要为:煤在一次能源中比例能否维持在28%~30%。煤是资源总量最多、预期使用年限最长、开采成本最低的化石能源。只要CCS技术突破使煤炭成本增加不太多,以煤气化多联产为主流路线的煤仍能保持竞争力。天然气剩余可采储量和预期使用年限低于煤而高于石油。但考虑非常规天然气和天然气水合物等资源,则远超过煤。天然气在采用冷热电联供系统(CCHP)技术条件下,二氧化碳排放只有煤和石油的1/4,而其国际贸易价格是等热值石油的70%。除无法完全替代石油用于交通和有机化工外,天然气作为燃料在经济、能效、碳排放3个指标上都优于石油;非常规天然气开发和天然气水合物开采、利用和生态影响等方面的技术进步,将是影响世界能源走势的重要因素。如果未来各种天然气利用的经济性和生态效益超过煤和可再生能源,那么在2035年前后,天然气能耗量将超过煤炭;资源有限性和碳排放硬约束,是抑制石油消费的根本和长远因素。交通科技和有机化工替代在美国、中国和印度的进展,决定石油消费以何种速率减退。只要《哥本哈根协议》共识付诸行动,石油消费就不大可能继续增长。长远来看,交通科技的突破,有可能导致石油完全退出而仅用于有机化工原料。

在21世纪的前50年内,世界能源的发展趋势仍将以化石燃料为主。随着石油、天然气资源的日渐短缺和清洁煤技术的进一步发展,煤炭的重要性和地位还会逐渐提升。根据我国资源状况和煤炭在能源生产及消费结构中的比例,以煤炭为主体的能源结构在相当长一段时间内不会改变。我国能源资源的基本特点(富煤、贫油、少气)决定了煤炭在一次能源中的重要地位。我国煤炭资源总量为5.6万亿吨,其中已探明储量为1万亿吨,占世界总储量的11%(石油占2.4%,天然气占1.2%)。

6.3.2　我国能源结构的调整

我国是世界上的能源大国,我国能源结构的调整主要有如下几个方面:

(1) 降低国际石油依赖,保证石油安全。我国能源发展降低对国际石油的依赖是出于对石油安全的考虑。据统计,2007年我国生产原油18665.7万吨,同比增长1.6%;2007年我国净进口原油15928万吨,同比增长14.7%。2007年我国原油表观消费量约为3.46亿吨,同比增长7.3%,达历史高位。原油对外依存度达到46.05%。我国原油需求对外依存度的提高,无疑会给我国石油安全带来很大压力。

石油安全是我国能源安全的核心。石油安全关系国家根本利益和国民经济安全。在当前全球金融危机下,我国能源发展战略,仍然应该把石油安全放在关键位置。我国石油安全问题的根源是国内日益尖锐的资源与需求之间的矛盾,同时也受到国际石油价格波动的冲击。此外,我国对外石油资源不断增长的需求还会对全球石油安全的地缘政治产生不可忽视的影响。因此,我国应对石油安全挑战,提高石油安全程度,应该着眼全球,从战略的高度借鉴发达国家与发

展中国家的经验,降低石油进口依赖,积极参与国际石油市场竞争,加强国际石油领域合作,加快建立现代石油市场体系,建立完善现代石油储备制度,确保国家石油安全。

(2) 降低煤电比重,保护生态环境。我国电力产业发展中,降低煤电的比重是节能减排和保护生态环境的需要。2007 年,我国发电装机容量突破 7 亿千瓦,达 7.1329 亿千瓦,居世界第二,仅次于美国。发电量达到 32559 亿千瓦时,连续 7 年平均增长超过 13.2%。然而,我国电力产业结构仍待调整。

我国电力产业结构的不合理主要表现在两个方面:一是电源结构不合理。从电源结构来看,主要是水电开发速度不快,核电和新能源发展缓慢,小火电所占的比例仍然较大。2007 年,在我国的电力装机中,火电装机 5.54 亿千瓦,占 77.70%,水电装机 1.48 亿千瓦,占 20.40%,核电装机 906.8 万千瓦,占 1.3%,风电及其他新能源 600 多万千瓦,仅占 0.8%。火电装机比重过大造成对煤炭的需求越来越大,同时电力用煤需求不断增加直接导致电力行业对煤炭供应和铁路运输的依赖度越来越高,对节能减排造成巨大压力。二是电源布局不合理。主要是我国东、中、西部地区能源资源分布不均,东部沿海地区煤电装机过多、过密,造成环保压力加大。因此,推进节能减排,发展我国电力产业,必须调整电源生产结构,优化电源布局结构,构建以优化发展煤电为重点,大力发展水电,积极发展核电,加快发展新能源,合理布局东、中、西部电源结构的电力产业发展模式。

(3) 大力发展新能源和可再生能源。从世界能源发展趋势来看,各种新能源和可再生能源的开发利用引人注目。在各种新能源和可再生能源的开发利用中,以水电、核电、太阳能、风能、地热能、海洋能、生物质能等新能源和可再生能源的发展研究最为迅速。我国要学习借鉴发达国家的技术和经验,大力推进水、风、太阳能、核能等多种发电形式,积极利用生物质能,并把其作为能源安全战略的重要组成部分,加快其发展,逐步降低对石化能源——石油、煤的过度依赖。可以预计,未来二三十年内,新能源和可再生能源将成为我国发展最快的新型产业之一。面对新能源和可再生能源发展现状,我国政府当务之急就是要建立一套完整的新能源和可再生能源技术发展路线图,尽快整合现有产业资源,把现有资源、扶持政策体系及未来十多年的能源投资格局理顺,打造高效率的新能源和可再生能源发展的宽松环境,以能源的可持续发展和有效利用来支持我国经济社会的可持续发展。

(4) 把水电开发放到重要地位。把水电开发放到我国能源结构调整的重要地位,这是由我国能源发展的国情决定的。我国是世界第二大能源生产国,也是世界第二大能源消费国,还是以煤炭为主要能源的国家。《中国的能源状况与政策》白皮书表明,2006 年,我国一次能源消费总量为 24.6 亿吨标准煤。煤炭在一次能源消费中的比重为 69.4%,其他能源比重为 30.6%。其中可再生能源和核电比重为

7.2%，石油和天然气有所增长。

水电是一种经济、清洁的可再生能源。之所以说它经济，是因为水电与风能、太阳能等可再生能源相比是很好的调节电源，开发水电的同时还可以实现开发火电、核电等能源所没有的防洪、灌溉、供水、航运、养殖业和旅游业等综合效益；之所以说它清洁，是因为在水力发电过程中与太阳能、风能一样，不排放有害气体，不污染水资源，也不消耗水资源，没有核辐射危险。发展水电与燃烧矿物资源获得的电力能源相比较，无论在资源方面还是在环境方面，都有利于可持续发展。与煤电相比较，每1千瓦时的水电电量大约可以减少原煤用量500克和二氧化碳排放量1100克。以三峡开发工程为例，从生态角度说，三峡工程本身就是一项环保工程。作为清洁能源，水电是最清洁的，如果将三峡水电站替代燃煤电厂，相当于7座260万千瓦的火电站，每年可减少燃煤5000万吨，少排放二氧化碳约1亿吨、二氧化硫200万吨、一氧化碳约1万吨、氮氧化合物约37万吨以及大量的工业废物，这对减轻我国和周边国家及地区的环境污染和酸雨等危害有巨大的作用。由于水电的能源属性使开发水电成为常规能源优质化、高效化利用的重要途径之一，开发水电对于建立可持续发展的能源系统也就具有重要的意义。因此，水电开发应该放在我国未来能源发展的优先地位。

开发水电可以有效改善我国能源结构。从我国能源供应结构来看，目前我国能源供应以煤为主，石油、天然气资源短缺，人均资源量约为世界平均水平的10%，能源发展受到资源短缺和环境污染的双重约束，调整能源结构，减少煤炭在一次能源消费中的比重，是一项十分重要的任务。我国水能资源理论蕴藏量近7亿千瓦，占我国常规能源资源量的40%，是仅次于煤炭资源的第二大能源资源，是世界上水能资源总量最多的国家。根据目前的勘测设计水平，我国水电有2.47万亿千瓦时的技术可开发量。如果开发充分，至少每年可以提供10亿到13亿吨原煤的能源。由此可见，开发水电可以有效改善我国能源结构，利用好丰富的水能资源是我国能源政策的必然选择。

能源结构的调整关系到各能源的开发和利用，也关系到各国、各地区能源结构的格局，我国目前的能源结构中能源的消费量大，能源使用率低且工业耗能比重大及煤炭消费的比重过大，这严重污染着环境。为了能够使国家和地区能源和环境更好地发展，应在能源开发利用过程中坚持可持续发展战略，并且兼顾经济合理性，大力引进和发展清洁能源，用优质能源替代燃煤，逐步减少并严格控制燃煤总量，将目前以燃煤为主的污染型能源结构逐步转变为以天然气、电力等优质能源为主的清洁型能源结构。并且应加快产业、产品结构调整的步伐，降低能源消费的增长速度。加强高新技术在能源供应和消费领域的推广和应用，提高能源利用率降低单位产品能耗，使得能源结构向着清洁方向迈进。

6.4 有利于环境的能源政策

能源的开发和利用离不开环境,同样,环境也受能源开发和利用的影响。人类的经济社会发展离不开能源的使用,但能源利用产生的环境问题也会严重影响人类的生存和人类社会的进步。因此,为了更好地协调能源利用与环境保护的平衡发展,应综合考虑环境保护和能源利用的各个方面,不断提高能源利用率,合理开发使用能源,减少不利于环境保护能源的使用,不断开发利用新的、清洁的、可再生的能源,这样在满足经济发展的同时也能有效地保护环境。目前环境问题已经严重影响着经济社会的发展和人类的生存,全球各国也都在积极地寻求新的能源代替污染型的能源、制定有利于环境的能源政策,将环境污染和破坏的问题降到最小。

6.4.1 各国的新能源政策

在全球新能源政策的鼓励下,世界各国也都在积极地制定新能源政策。

美国的能源政策划分为三个阶段:一是美国现有的能源政策向新能源政策的调整和过渡阶段;二是向新能源转型的阶段;三是实施新能源革命阶段。推动兴建核电厂,开采本土石油及天然气资源,发展清洁煤技术减少温室气体排放量,加强太阳能、风力发电发展,推动各种可再生能源的发展。

美国2005年8月公布的能源新法案(EPACT,2005)除了鼓励美国本土的能源生产之外,从立法上提出了促进消费者节约能源,使用清洁能源的可行措施。新能源法案的重点是鼓励企业使用可再生能源和无污染能源,并以减税等措施鼓励企业、家庭和个人更多地使用节能和清洁能源产品。该法案提出,在未来10年内,美国联邦政府将向全美能源企业提供146亿美元的减税额度,以鼓励石油、天然气、煤气和电力企业等采取清洁能源和节能措施;为提高能效和开发可再生能源,将给予相关企业总额不超过50亿美元的补助;对新型核能电站提供免税优惠和贷款担保,并拨款开发清洁煤炭技术,发展风能。按照该法案的要求,到2012年,美国炼油厂的乙醇生产能力将达到75亿加仑(1加仑约等于3.8升),车用乙醇的使用比例将比目前上升一倍。

对于消费者,新法案推出了13亿美元的个人节能消费优惠预算方案,鼓励人们使用太阳能等。消费者购买家用太阳能设施开支的30%可以用来抵税。政府还将对购买汽油—电力混合动力汽车(HEV)的消费者、在住宅中使用节能玻璃和节能电器的居民减免税收,甚至居民在住宅中更新室内温度调控设备、换节能窗户、通过维修制止室内制冷制热设施的泄漏等,也可获得全部开支10%的减免税收优惠。针对空调、冰箱等高耗能家用电器的生产,新能源法案明显提高了节能标准。同时,为了更有效地利用阳光,缩短电灯照明以及家电使用的时间,新能源法案规定,从 2007 年起,美国将原有"夏令时"的时间再延长 4 周,使美国全年的"夏令时"长达七个月。为减少汽油消费,8 月美国政府提出了新的轻型卡车油耗技术标准,2011 年将全面实施。预计这一计划的实施最终可以使美国每年减少汽油消费 100 亿加仑。

日本作为世界第二大经济体,是世界上主要能源消耗大国,而且其能源严重依赖进口。但是近年来日本节能技术使能源利用效率大幅提高,新能源开发利用出现扭亏为盈的倍增趋势,使日本经济抗风险能力大大增强,对传统能源的依赖大幅降低,部分日本新能源企业开始出现向海外扩张的新迹象,有日本专家甚至提出,日本从能源进口大国转变为能源输出大国不再是梦想。日本充分利用全球气候变暖越来越引发世界瞩目这一趋势,凭借其目前暂时领先的节能及新能源开发技术优势,加速抢占全球新能源市场。

据了解,资源短缺的日本多年来一直积极开发太阳能、风能、核能等新能源,利用生物发电、垃圾发电、地热发电以及制作燃料电池作为新能源,特别是对太阳能的开发利用寄予厚望。经过多年发展,太阳能在日本已逐渐普及,很多家庭都购买了太阳能发电装置。从 2000 年起,太阳能光伏发电、太阳能电池产量多年位居世界首位,占世界总体产量的半壁江山。由于科技的不断进步,日本新能源市场份额不断扩大,各项新能源均呈现倍增趋势。

由于日本新能源呈现倍增趋势,日本政府提出,到 2030 年日本对石油的依赖程度将由现在的 50% 降到 40%,而新能源比重将不断上升。虽然相对传统能源来说,目前新能源比重依然很小,但是一直跟踪研究日本新能源开发的日本资源综合研究所所长一木修对远景相当乐观,他提出,日本利用高科技转化利用太阳能,并利用太阳能电池储存能源,这在操作技术上已经可以做到,只是在进一步普及中还有许多困难,但一旦突破以后将是取之不尽用之不竭的清洁能源,由此日本可以实现能源进口大国到能源输出国的梦想。虽然目前太阳能研究、利用取得了一定的进展,但是相对于太阳能开发利用还有非常巨大的空间。除太阳能电池领域以外,日本企业在全球风能市场、地热资源市场、核电市场、燃料电池等领域都展开了市场攻势。

对于中国这一能源消费大国,发展可再生能源是缓解资源瓶颈,保证能源可持续供应以及能源安全的根本出路;是减少环境污染、改善生态环境的重要途径;是发展循环经济,建立资源节约与环境友好型社会的重要物质载体。发展可再生能源有助于提高我国的国际能源地位。

6.4.2　我国能源发展战略和目标

我国能源发展坚持节约发展、清洁发展和安全发展。坚持发展是硬道理,用发展和改革的办法解决前进中的问题。落实科学发展观,坚持以人为本,转变发展观

念,创新发展模式,提高发展质量。坚持走科技含量高、资源消耗低、环境污染少、经济效益好、安全有保障的能源发展道路,最大限度地实现能源的全面、协调和可持续发展。

我国能源发展坚持立足国内的基本方针和对外开放的基本国策,以国内能源的稳定增长,保证能源的稳定供应,促进世界能源的共同发展。我国能源的发展将给世界各国带来更多的发展机遇,将给国际市场带来广阔的发展空间,将为世界能源安全与稳定作出积极的贡献。

我国能源战略的基本内容是:坚持节约优先、立足国内、多元发展、依靠科技、保护环境、加强国际互利合作,努力构筑稳定、经济、清洁、安全的能源供应体系,以能源的可持续发展支持经济社会的可持续发展。

(1) 节约优先。我国把资源节约作为基本国策,坚持能源开发与节约并举、节约优先,积极转变经济发展方式,调整产业结构,鼓励节能技术研发,普及节能产品,提高能源管理水平,完善节能法规和标准,不断提高能源效率。

(2) 立足国内。我国主要依靠国内增加能源供给,通过稳步提高国内安全供给能力,不断满足能源市场日益增长的需求。

(3) 多元发展。我国将通过有序发展煤炭,积极发展电力,加快发展石油天然气,鼓励开发煤层气,大力发展水电等可再生能源,积极推进核电建设,科学发展替代能源,优化能源结构,实现多能互补,保证能源的稳定供应。

(4) 依靠科技。我国充分依靠能源科技进步,增强自主创新能力,提升引进技术消化吸收和再创新能力,突破能源发展的技术瓶颈,提高关键技术和重大装备制造水平,开创能源开发利用新途径,增强发展后劲。

(5) 保护环境。我国以建设资源节约型和环境友好型社会为目标,积极促进能源与环境的协调发展。坚持在发展中实现保护、在保护中促进发展,实现可持续发展。

(6) 互利合作。我国能源发展在立足国内的基础上,坚持以平等互惠和互利双赢的原则,以坦诚务实的态度,与国际能源组织和世界各国加强能源合作,积极完善合作机制,深化合作领域,维护国际能源安全与稳定。

6.4.2.1 全面推进能源节约

我国是人口众多、资源相对不足的发展中国家。要实现经济社会的可持续发展,必须走节约资源的道路。我国有计划、有组织地开展节能工作始于20世纪80年代初,通过贯彻“开发与节约并举,把节约放在首位”的方针,到20世纪末实现了经济增长翻两番、能源消费增长翻一番的目标。为继续深入推进能源节约,我国政府进一步提出把节约资源作为基本国策,发布了《国务院关于加强节能工作的决定》。我国政府始终将节约能源作为宏观调控的主要内容,作为转变发展方式、优化结构的突破口和抓手。在推进节能减排工作中,做到“六个依靠”:依靠结构调整，这是节能减排的根本途径；依靠科技进步，这是节能减排的关键所在；依靠加强管理，这是节能减排的重要措施；依靠强化法制，这是节能减排的重要保障；依靠深化改革，这是节能减排的内在动力；依靠全民参与，这是节能减排的社会基础。制定并实施了《节能中长期专项规划》，确定了"十一五"期间能耗降低目标，并将节能任务具体落实到各省、自治区和直辖市以及重点企业。我国正在完善国内生产总值和能源消耗指标体系，将能源消耗纳入各地经济社会发展综合评价和年度考核，实行单位国内生产总值能耗指标公报制度，实施节能目标责任制和问责制，构建节能型产业体系，促进经济发展方式的根本转变。

节约能源，是我国缓解资源约束的现实选择。推进能源节约，是我国经济社会发展长期而艰巨的战略任务。我国坚持政府为主导、市场为基础、企业为主体，在全社会共同参与下，全面推进能源节约。我国坚持以提高能源效率为核心，以转变经济发展方式、调整经济结构、加快技术进步为根本，构建能源资源节约型的产业结构、发展方式和消费模式。建立节能型的产业体系，落实节能目标责任制和评价考核体系。完善节能技术推广机制，鼓励节能技术和产品的研发。深化能源体制改革，完善能源价格形成机制，充分发挥财政税收等经济政策对节能的推动作用。

我国全面落实能源节约的措施是：

(1) 推进结构调整。长期以来，我国能源效率偏低的主要原因是经济增长方式粗放、高耗能产业比重过高。我国坚持把转变发展方式、调整产业结构和工业内部结构作为能源节约的战略重点，努力形成"低投入、低消耗、低排放、高效率"的经济发展方式。我国加快产业结构优化升级，大力发展高新技术产业和服务业，严格限制高耗能、高耗材、高耗水产业发展，淘汰落后产能，促进经济发展方式的根本转变，加快构建节能型产业体系。

(2) 加强工业节能。工业是我国能源消费的重点领域。我国坚持走科技含量高、经济效益好、资源消耗低、环境污染少、人力资源得到充分发挥的新型工业化道路，加快发展高技术产业，运用高新技术和先进适用技术改造传统产业，提升工业整体水平。重点加强钢铁、有色金属、煤炭、电力、石油石化、化工、建材等高耗能行业节能降耗。我国实施千家企业节能行动，重点加强年耗能万吨标准煤以上的工业企业节能管理。调整产品结构，加快技术改造，提高管理水平，降低能源消耗。支持一批节能降耗的重大及示范项目，带动工业提高能效水平。进一步完善工业行业能效标准和规范，强制淘汰落后的高耗能产品，完善能效市场准入制度。

(3) 实施节能工程。我国正在实施节约替代石油、热电联产、余热利用、建筑节能等十大重点节能工程，支持节能重点及示范项目建设，鼓励高效节能产品的推广应用。我国大力发展节能省地型建筑，积极推进既有建筑节能改造，广泛

使用新型墙体材料。实施节约和替代石油工程,科学发展替代燃料。加快淘汰老旧汽车、船舶,积极发展公共交通,限制高油耗汽车,发展节能环保型汽车。加快燃煤工业锅(窑)炉改造、区域热电联产和余热余压利用,提高能源利用效率。促进电机节能和能源系统优化,提高电机运行和能源系统效率。实施绿色照明工程,加快推广高效电器应用。加快推广农村省柴节煤炉灶、节能房屋技术,淘汰高耗能老旧农机、渔船,推进农业和农村节能。加强政府机构节能,发挥政府对社会节能的带动作用。加快节能监测和技术服务体系建设,强化节能监测,创新服务平台。

(4) 加强管理节能。我国政府建立了政府强制采购节能产品制度,积极推进优先采购节能(包括节水)产品,选择部分节能效果显著、性能比较成熟的产品予以强制采购。积极发挥政府采购的政策导向作用,带动社会生产和使用节能产品。研究制定鼓励节能的财税政策,实施资源综合利用税收优惠政策,建立多渠道的节能融资机制。深化能源价格改革,形成有利于节能的价格形成机制。实施固定资产投资项目节能评估和审核制度,严把能耗增长的源头。建立企业节能新机制,实施能效标识管理,推进合同能源管理和节能自愿协议。建立健全节能法律法规,依法强化节能管理。加强节能管理队伍建设,加大执法监督检查力度。

(5) 倡导社会节能。我国采取多种形式大力宣传节约能源的重要意义,不断增强全民的资源优患意识和节约意识。倡导能源节约文化,努力形成健康、文明、节约的消费模式。把节约能源纳入基础教育、职业教育、高等教育和技术培训体系,利用新闻出版、广播影视等媒体,大力宣传和普及节能知识。继续深入开展节能宣传周活动,动员社会各界广泛参与,努力建立全社会节能的长效机制。

6.4.2.2 提高能源供给能力

长期以来,我国主要依靠本国能源资源发展经济,能源自给率一直保持在90%以上,远远高于多数发达国家。目前,我国已经成为世界第二大能源生产国,具备了较强的能源生产供应基础。在全面建设小康社会的过程中,我国将首先立足于国内能源资源,着重优化能源结构,努力提高供应能力。

我国能源资源的开发潜力较大。煤炭已发现的资源量仅占资源蕴藏量的13%,可采储量占已发现资源量的40%。水力资源开发利用程度仅为20%。石油资源探明程度为33%,开始进入勘探中期,仍有较大潜力。天然气资源探明程度为14%,处于勘探早期,资源前景广阔。非常规能源资源尚处于开发利用初期,开发潜力较大。可再生能源开发利用刚刚起步,发展空间很大。资源节约、综合利用和循环利用等方面,也存在着很好的前景。

我国提高能源供应能力的措施如下:

（1）有序发展煤炭。煤炭是我国的基础能源，增加供给能力、优化能源结构、保障煤矿安全、减少环境污染、提高资源利用效率、构建新型煤炭工业体系，是保障国民经济发展的迫切需要。我国加大煤炭资源勘查力度，支持大型煤炭基地的资源普查和地质详查，规范商业性勘探，提高资源保障程度，稳步推进大型煤炭基地建设。通过企业兼并和重组，形成若干产能为亿吨级的大型企业集团。继续推进煤炭资源开发整合，调整改造中小煤矿，依法关闭淘汰不符合产业政策、不具备安全生产条件、浪费资源和破坏环境的小煤矿，进一步优化煤炭产业结构。促进与相关产业协调发展，鼓励实行煤电联营或煤电运一体化经营，延伸煤炭产业链。提高煤矿机械化水平和采煤综合机械化程度，推进煤炭的清洁生产和利用，鼓励洁净煤技术的研发和推广，加快替代液体燃料研究和示范。积极发展循环经济，加强环境保护，促进资源综合利用，加快煤层气产业化发展。加强煤炭运输体系建设，稳步提高运输能力。建立安全生产责任制，加大煤矿安全改造和瓦斯防治投入力度，不断提高安全生产水平。

（2）积极发展电力。电力是高效清洁的能源，建立经济、高效、稳定的电力供应体系，是保证国民经济和社会稳定发展的基本要求。我国坚持以结构调整为主线，优化电源结构。在综合考虑资源、技术、环保和市场等因素的基础上，优化发展煤电，建设大型煤电基地，鼓励发展坑口电站，重点发展大型高效环保机组。积极发展热电联产，加快淘汰落后的小火电机组。在保护生态、妥善解决移民问题的条件下，大力发展水电。积极推进核电建设。适度发展天然气发电。鼓励可再生能源和新能源发电。加强区域和输配电网络建设，扩大西电东送规模。实行电力统一规划和调度，建立健全电力安全应急体系，提高电力系统的安全可靠性。继续加强电力需求侧管理，实行节能调度，努力提高能源利用效率。

（3）加快发展油气。我国继续实行油气并举的方针，稳定增加原油产量，努力提高天然气产量。加大石油天然气资源的勘探开发力度，重点加强渤海湾、松辽、塔里木、鄂尔多斯等主要含油气盆地勘探开发，积极探索陆地新区、新领域、新层系和重点海域勘查，切实增加可采储量。深入挖掘主要产油区的发展潜力，加强稳产改造，提高采收率，延缓老油田产量递减。在经济合理的条件下，积极开发煤层气、油页岩、油砂等非常规能源。继续加快石油和天然气管网及配套设施建设，逐步完善全国油气管网。

（4）大力发展可再生能源。可再生能源是我国能源优先发展的领域。可再生能源的开发利用，对增加能源供应、改善能源结构、促进环境保护具有重要作用，是解决能源供需矛盾和实现可持续发展的战略选择。我国已经颁布《可再生能源法》，制定了可再生能源发电优先上网、全额收购、价格优惠及社会公摊的政策。建立了可再生能源发展专项资金，支持资源调查、技术研发、试点示范工程建设和农村可再生能源开发利用。发布了《可再生能源中长期发展规划》，提出到2010

年使可再生能源消费量达到能源消费总量的10%，到2020年达到15%的发展目标。我国将推进水电流域梯级综合开发，加快大型水电建设，因地制宜开发中小型水电，适当建设抽水蓄能电站。推广太阳能热利用、沼气等成熟技术，提高市场占有率。积极推进风力发电、生物质能和太阳能发电等利用技术，将建设若干个百万千瓦级风电基地，以规模化带动产业化。积极落实可再生能源发展的扶持和配套政策，培育持续稳定增长的可再生能源市场，逐步建立和完善可再生能源产业体系和市场及服务体系，促进可再生能源技术进步和产业发展。

(5) 加强农村能源建设。我国有7.5亿人口生活在农村，受经济和技术水平的限制，仍有多数农村地区依靠传统方式利用生物质能源。解决农村能源问题是全面建设社会主义新农村的必然要求，也是我国的一个特殊问题。我国政府坚持"因地制宜，多能互补，综合利用，注重实效"的原则，加强农村能源建设。我国通过实施"光明工程"、"农网改造"、"水电农村电气化"和"送电到乡"，同时充分利用小水电、风力和太阳能发电，改善了农村生产生活用能条件，解决了3000多万农村无电人口及偏远无电地区的用电问题，基本实现了城乡同网同价。我国将继续积极发展农村户用沼气、生物质能利用、太阳能热利用等，为农村地区提供清洁的生活能源。继续推广应用省柴节能灶炕、小风电、微水电等农村小型能源设施。继续增加农村优质化石能源的供应，提高农村商品能源的消费比重。继续加强农村电网建设，积极扩大电网覆盖范围。积极开展绿色能源示范县建设，加快推进农村可再生能源开发利用。

6.4.2.3 加快推进能源技术进步

科学技术是第一生产力，是能源发展的动力源泉。我国高度重视能源科技的发展，能源工业的技术水平与发达国家的差距进一步缩小，有效地促进了能源工业的全面发展。2005年，我国政府制定了《国家中长期科学和技术发展规划纲要》，把能源技术放在优先发展位置，按照自主创新、重点跨越、支撑发展、引领未来的方针，加快推进能源技术进步，努力为能源的可持续发展提供技术支撑。

我国遵循科技发展规律和特点，积极开发和推广节约、替代、循环利用和治理污染的先进适用技术，为能源技术进步创造了良好的政策环境。逐步建立企业为主体、市场为导向、产学研相结合的技术创新体系。大力组织先进能源技术的研发和推广应用，通过市场机制，引导企业加快技术进步，提高能源利用效率。大力加强能源科技人才培养，注重完善政策法规和技术标准，为能源技术发展创造良好条件。

(1) 大力推广节能技术。我国把节能技术作为能源技术发展的优先主题，重点攻克高耗能领域的节能关键技术，大力提高一次能源和终端能源利用效率。实施节能技术政策大纲，引导社会投资节能技术应用。重点研究开发工业、交通运输、建筑等领域的节能技术与设备以及可再生能源与建筑一体化、节能建材等应用技术。加强能源计量、控制、监督与管理，积极培育节能技术服务体系。

(2) 推进关键技术创新。我国鼓励发展清洁煤技术，推进煤炭气化及加工转化等先进技术的研究开发，推广整体煤气化联合循环、超(超)临界、大型循环流化床等先进发电技术，发展以煤气化为基础的多联产技术。重点掌握第三代大型压水堆核电技术，攻克高温气冷堆工业实验技术。积极发展复杂地质油气资源勘探开发和低品位油气资源高效开发技术。鼓励发展替代能源技术，优先发展可再生能源规模化利用技术。稳步推进正负800千伏直流输电和1000千伏交流特高压输电技术以及增强电网安全技术。

(3) 提升装备制造水平。装备制造业是能源技术发展的基础。我国依托国家能源重点工程，带动装备制造业的技术进步。鼓励发展煤矿综合采掘设备，研制大型煤炭井下综合采掘、提升、运输和洗选设备以及大型露天矿设备。鼓励发展大型煤化工成套设备，研制煤炭液化和气化、煤制烯烃等成套设备。鼓励发展大型高效清洁发电装备，发展煤电高效发电机组、大型水电及抽水蓄能机组、重型燃气轮机、先进百万千瓦级压水堆核电机组、大功率风力发电机组等以及特高压输变电设备。鼓励发展石油天然气勘探、钻采装备，支持大型海洋石油工程设备、30万吨原油运输船、液化天然气运输船及大功率柴油机等配套设备。

(4) 加强前沿技术研究。前沿技术是能源发展的潜力，能够引领能源产业和能源技术实现跨越式发展。我国重点研究化石能源、生物质能源和可再生能源制氢、经济高效储氢及输配技术，研究燃料电池基础关键部件制备及电堆集成、燃料电池发电及车用动力系统集成技术等。研究突破化石能源微小型燃气轮机等终端能源转换、储能及热电冷三联产技术。加快研发气冷快堆设计及核心技术。积极研究磁约束核聚变和天然气水合物开发技术。

(5) 开展基础科学研究。基础研究是自主创新的源头，决定能源发展的实力和后劲。我国重点研究化石能源高效洁净利用与转化的基础理论，高性能热功转换、高效节能储能的关键原理，规模化利用可再生能源的基础技术，规模利用核能、氢能技术等基础理论。

6.4.2.4　促进能源与环境协调发展

气候变化是国际社会普遍关心的重大全球性问题。气候变化既是环境问题，也是发展问题，归根到底是发展问题。能源的大量开发和利用，是造成环境污染和气候变化的主要原因之一。正确处理好能源开发利用与环境保护和气候变化的关系，是世界各国迫切需要解决的问题。我国是处于工业化初期的发展中国家，历史累计排放少，从1950年到2002年，我国化石燃料二氧化碳排放只占同期世界排放量的9.3%，人均二氧化碳排放量居世界第92位，单位GDP二氧化碳排放弹性系数也很小。

我国作为负责任的发展中国家，高度重视环境保护和全球气候变化。我国政

府将保护环境作为一项基本国策，签署了《联合国气候变化框架公约》，成立了国家气候变化对策协调机构，提交了《气候变化初始国家信息通报》，建立了《清洁发展机制项目管理办法》，制订了《中国应对气候变化国家方案》，并采取了一系列与保护环境和应对气候变化相关的政策和措施。我国提出“十一五”时期要实现生态环境恶化趋势基本遏制，主要污染物排放总量减少10%，温室气体排放控制取得成效的目标。我国正在积极调整经济结构和能源结构，全面推进能源节约，重点预防和治理环境污染的突出问题，有效控制污染物排放，促进能源与环境协调发展。

(1) 全面控制温室气体排放。我国加快转变经济发展方式，积极发挥能源节约和优化能源结构在减缓气候变化中的作用，努力降低化石能源消耗。大力发展循环经济，促进资源的综合利用，提高能源利用效率，减少温室气体排放。依靠科学技术进步，不断提高应对气候变化的能力，为保护地球环境作出了积极贡献。

(2) 大力防治生态破坏和环境污染。我国将更加重视能源特别是煤炭的清洁利用，并作为环境保护的重点，积极防治生态破坏和环境污染。加快采煤沉陷区的治理和煤层气的开发利用，建立并完善煤炭资源开发和生态环境恢复补偿机制。推进煤炭的有序开采，限制开采高硫高灰分煤炭、禁止开采含放射性和砷等有毒有害物质超过规定标准的煤炭。积极发展洁净煤技术，鼓励实施煤炭洗选、加工转化、洁净燃烧、烟气净化等技术。加快燃煤电厂脱硫设施建设，新建燃煤电厂必须根据排放标准安装并使用脱硫装置，现有燃煤电厂加快脱硫改造。在大中城市及近郊，严禁新建纯发电的燃煤电厂。

(3) 积极防治机动车尾气污染。随着汽车工业的发展和人民生活水平的提高，我国机动车保有量迅速增加，防治机动车尾气污染成为环境保护的重要内容。我国正在积极采取有效措施，严格实施机动车排放标准，加强环保一致性检查，确保新生产机动车稳定达标；严格实施在用机动车环保年检制度；严格禁止制造、销售和进口超过排放标准的机动车；鼓励生产和使用低污染的清洁燃料机动车，鼓励生产混合动力汽车，支持发展轨道交通和电动公交车。

(4) 严格能源项目的环境管理。加强对能源项目的环境管理，是实现能源建设与环境保护协调发展的有效措施。我国严格执行环境影响评价制度，通过严格环境准入制度抑制粗放型经济增长。新建、扩建和改建能源工程项目建设与环境保护设施同时设计、同时施工、同时投入使用。加强核电项目的安全管理，强化对已运行核电站、研究堆、核燃料循环设施的安全与辐射环境的监督管理，积极做好在建核电设施安全评审和监督工作。进一步加强水电建设中的生态环境保护，在满足江河流域综合开发利用的要求下，在保护中开发，在开发中保护，注重提高水资源的综合利用和生态环境效益。

6.4.2.5　深化能源体制改革

改善发展环境是我国能源发展的内在要求。我国按照完善社会主义市场经济体制的要求,稳步推进能源体制改革,促进能源事业发展。1998 年实现了石油企业的战略性重组,建立了上下游一体化的新型石油工业管理体制。2002 年按照电力体制改革方案,电力工业实现了政企分开、厂网分开。煤炭工业市场化改革后,2005 年又按照国务院《关于促进煤炭工业健康发展的若干意见》深化改革和发展。我国正在按照观念创新、管理创新、体制创新和机制创新的要求,进一步深化能源体制改革,提高能源市场化程度,完善能源宏观调控体系,不断改善能源发展环境。

(1) 加强能源立法。完善能源法律制度,为增加能源供应、规范能源市场、优化能源结构、维护能源安全提供法律保障,是我国能源发展的必然要求。我国高度重视并积极推进能源法律制度建设,《清洁生产促进法》、《可再生能源法》已经颁布实施,配套政策措施陆续出台;修订后的《节约能源法》已经公布;《能源法》、《循环经济法》、《石油天然气管道保护法》及《建筑节能条例》正在抓紧制订;《矿产资源法》、《煤炭法》和《电力法》正在抓紧修订。同时,也正在积极着手研究石油天然气、原油市场和原子能等能源领域的立法。

(2) 强化安全生产。我国在能源发展过程中,高度重视维护人民的生命安全,继续采取切实有效措施,坚决遏制重特大安全事故频发势头。我国坚持预防为主、安全第一、综合治理的原则,进一步加大煤矿瓦斯治理和综合利用力度,依法整顿关闭不具备安全生产条件的小煤矿。继续加大煤矿安全监管力度,引导地方和企业加强煤矿安全技术改造和安全基础设施建设。全面加强安全生产教育,增强安全责任意识。继续加强电力安全、油气生产安全,强化监督管理,实行国家监察、地方监管、企业负责的安全生产工作体系。进一步落实安全生产责任制,严格安全生产执法,严肃责任追究制度。

(3) 完善应急体系。能源安全是经济安全的重要方面,直接影响国家安全和社会稳定。我国实行电力统一调度、分级管理、分区运行,统筹安排电网运行。建立了政府部门、监管机构和电力企业分工负责的安全责任体系,电网和发电企业建立应对大规模突发事故的应急预案。按照统一规划、分步实施的原则,建设国家石油储备基地,扩大石油储备能力。逐步建立石油和天然气供应应急保障体系,确保供应安全。

(4) 加快市场体系建设。我国继续坚持改革开放,充分发挥市场配置资源的基础性作用,鼓励多种经济成分进入能源领域,积极推动能源市场化改革。全面完善煤炭市场体系,构建政企分开、公平竞争、开放有序、健康有序的电力市场体系,加快石油天然气流通体制改革,促进能源市场健康有序发展。

(5) 深化管理体制改革。我国加强能源管理体制改革,完善国家能源管理体制和决策机制,加强部门、地方及相互间的统筹协调,强化国家能源发展的总体规

划和宏观调控，着力转变职能、理顺关系、优化结构、提高效能，形成适当集中、分工合理、决策科学、执行顺畅、监管有力的管理体制。进一步转变政府职能，注重政策引导，重视信息服务。深化能源投资体制改革，建立和完善投资调控体系。进一步强化能源资源的规范管理，完善矿产资源开发管理体制，建立健全矿产资源有偿使用和矿业权交易制度，整顿和规范矿产资源开发市场秩序。

(6) 推进价格机制改革。价格机制是市场机制的核心。我国政府在妥善处理不同利益群体关系、充分考虑社会各方面承受能力的情况下，积极稳妥地推进能源价格改革，逐步建立能够反映资源稀缺程度、市场供求关系和环境成本的价格形成机制。深化煤炭价格改革，全面实现市场化。推进电价改革，逐步做到发电和售电价格由市场竞争形成、输电和配电价格由政府监管。逐步完善石油、天然气定价机制，及时反映国际市场价格变化和国内市场供求关系。

6.4.2.6 加强能源领域的国际合作

中国的发展离不开世界，世界的繁荣需要中国。随着经济全球化的深入发展，我国在能源发展方面与世界联系日益紧密。我国的能源发展不仅满足了本国经济社会发展的需求，也给世界各国带来了发展机遇和广阔的发展空间。

我国是国际能源合作的积极参与者。在多边合作方面，我国是亚太经济合作组织能源工作组、东盟与中日韩(10 +3)能源合作、国际能源论坛、世界能源大会及亚太清洁发展和气候新伙伴计划的正式成员，是能源宪章的观察员，与国际能源机构、石油输出国组织等国际组织保持着密切联系。在双边合作方面，我国与美国、日本、欧盟、俄罗斯等许多能源消费国和生产国都建立了能源对话与合作机制，在能源开发、利用、技术、环保、可再生能源和新能源等领域加强对话与合作，在能源政策、信息数据等方面开展广泛的沟通与交流。在国际能源合作中，我国既承担着广泛的国际义务，也发挥着积极的建设性作用。

我国积极完善对外开放的法律政策，先后颁布了《中外合资经营企业法》、《中外合作经营企业法》和《外资企业法》，努力营造公平、开放的外商投资环境。2002年制定了《指导外商投资方向规定》，2004年修订了《外商投资产业指导目录》和《中西部地区外商投资优势产业目录》，鼓励外商投资能源及相关的采掘、生产、供应及运输领域，鼓励投资设备制造产业，鼓励外商投资中西部地区能源产业。

(1) 完善油气资源勘探开发的对外合作。我国在石油天然气资源领域，实行以产品分成合同为基础的对外合作模式。2001年，我国公布了修订后的《对外合作开采海洋石油资源条例》和《对外合作开采陆上石油资源条例》，依法保护参与合作开采的外商合法权益。鼓励外商参与石油和天然气的风险勘探、低渗透油气藏(田)、提高老油田采收率等石油勘探开发领域的合作。鼓励外商投资输油(气)管道、油(气)库及专用码头的建设与经营。

(2) 鼓励外商投资勘探开发非常规能源资源。2000年，我国发布了《关于进一步鼓励外商投资勘查开采非油气矿产资源的若干意见》,进一步开放非油气资源的探矿权、采矿权市场。允许外商在我国境内以独资或与中方合作的方式进行风险勘探。外商投资开采回收共、伴生矿、利用尾矿以及西部地区开采矿产资源的,可以享受减免矿产资源补偿费的优惠政策。进一步改善对外商投资勘查开采非油气资源的管理和服务。

(3) 鼓励外商投资和经营电站等能源设施。我国鼓励外商投资电力、煤气的生产和供应。鼓励投资单机容量60 万千瓦及以上火电、煤炭洁净燃烧发电、热电联产、发电为主的水电、中方控股的核电以及可再生能源和新能源发电等电站的建设与经营。鼓励外商投资规模容量以上的火电、水电、核电及火电脱硫技术与设备制造。鼓励投资煤炭管道运输设施的建设与经营。

(4) 进一步优化外商投资环境。我国政府信守加入世界贸易组织的有关承诺,在能源管理方面,清理了与世界贸易组织规则不一致的行政法规和部门规章。按照世界贸易组织的透明度要求,放宽了公益性地质资料的范围,并将进一步加强能源政策的对外发布,完善能源数据统计系统,及时公布能源统计数据,确保能源政策、统计数据以及资料信息的公开与透明。

(5) 进一步拓宽利用外资领域。我国吸引外商投资开发利用能源资源,注重引进国外先进技术、管理经验和高素质人才,进一步实现从投资化石能源资源向可再生能源的转变,从注重勘查开发领域向更多地发展服务贸易转变,从主要依靠对外借贷和外国直接投资向直接利用国际资本市场方式转变。

在今后相当长一段时间内,国际能源贸易仍将是我国利用国外能源的主要方式。我国将积极扩大国际能源贸易,促进国际能源市场的优势互补,维护国际能源市场的稳定。按照世界贸易组织规则和加入世界贸易组织的承诺,开展能源进出口贸易,完善公平贸易政策。逐步改变目前原油现货贸易比重过大的状况,鼓励与国外公司签订长期供货合同,促进贸易渠道多元化。支持有条件的企业对外直接投资和跨国经营,鼓励企业按照国际惯例和市场经济原则,参与国际能源合作,参与境外能源基础设施建设,稳步发展能源工程技术服务合作。

能源安全是全球性问题,每个国家都有合理利用能源资源促进自身发展的权利,绝大多数国家都不可能离开国际合作而获得能源安全保障。要实现世界经济平稳有序发展,需要国际社会推进经济全球化向着均衡、普惠、共赢的方向发展,需要国际社会树立互利合作、多元发展、协同保障的新能源安全观。近年来,国际市场石油价格大幅波动,影响了全球经济发展,其原因是多重的、复杂的,需要国际社会通过加强对话和合作,从多方面共同加以解决。为维护世界能源安全,我国主张国际社会应着重在以下三个方面进行努力:

(1) 加强开发利用的互利合作。实现世界能源安全,必须加强能源出口国与消费国、能源消费国之间的对话与合作。国际社会应该加强能源政策磋商和协调,

完善国际能源市场监测和应急机制,促进石油天然气资源开发以增加供应,实现能源供应全球化和多元化,保证稳定和可持续的国际能源供应,维护合理的国际能源价格,确保各国的能源需求得到满足。

（2）形成先进技术的研发推广体系。节约能源,促进能源多元发展,是实现全球能源安全的长远大计。国际社会应大力加强节能技术研发和推广,推动能源综合利用,支持和促进各国提高能效。积极倡导在洁净煤技术等高效利用化石燃料方面的合作,推动国际社会加强可再生能源和氢能、核能等重大能源技术方面的合作,探讨建立清洁、经济、安全和可靠的世界未来能源供应体系。国际社会要从人类社会可持续发展的高度,处理好资金投入、知识产权保护、先进技术推广等问题,使世界各国都从中受益,共同分享人类进步成果。

（3）维护安全稳定的良好政治环境。维护世界和平和地区稳定,是实现全球能源安全的前提条件。国际社会应携手努力,共同维护能源生产国和输送国,特别是中东等产油国地区的局势稳定,确保国际能源通道安全和畅通,避免地缘政治纷争干扰全球能源供应。各国应通过对话与协商解决分歧、化解矛盾,不应把能源问题政治化,避免动辄诉诸武力,甚至引发对抗。

从我国能源发展的趋势和环境保护的要求来看,实现能源与环境的协调发展,必须要长期实施节能优先战略,推进能源结构“绿色化”进程,大力发展环境友好能源和氢能源,推行农村能源的可持续发展。

实行节能优先政策。节能政策是实现环境与经济“双赢”的战略,从环境保护的角度出发,长期实施节能优先的战略就是能源与环境协调发展的首选政策。建议加快理顺节能管理体制,政府机构应率先示范节能,促进节能与清洁生产一体化。利用排污收费政策促进节能政策的实施。

促进能源结构“绿色化”。建立环境友好的能源结构调整是我国能源可持续发展的长期任务,也是我国社会经济发展和环境保护的必然要求。建议逐步降低城市能源煤炭使用比例,大力发展低碳无碳能源、氢能源和可再生能源。

依靠技术进步削减污染。一方面利用环境标准推动能源技术进步、降低单位经济活动的能源消费,实现发电排放绩效与发电煤耗标准、环境标志与能效标准、汽车排放标准与燃料经济性标准的衔接。另一方面,大力开发低污染排放发电技术、零排放技术以及高效脱硫脱氮技术,加快提高汽车排放标准,发展低排放甚至零排放汽车。

运用经济手段促进环境友好能源。在未来20年建立和完善市场经济过程中,应全面运用市场经济手段控制污染,促进能源的可持续发展。市场手段可以从两个方面着手:一是利用硫税、氮税、生态环境补偿、电力环保折价等税收价格政策实现能源活动环境成本内部化,二是利用排污交易、绿色电力市场、可再生能源配额信用等市场交易手段降低削减污染的社会成本。

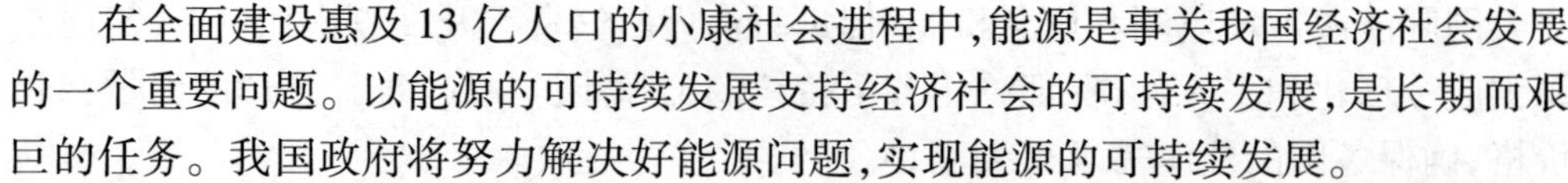

在全面建设惠及13亿人口的小康社会进程中，能源是事关我国经济社会发展的一个重要问题。以能源的可持续发展支持经济社会的可持续发展，是长期而艰巨的任务。我国政府将努力解决好能源问题，实现能源的可持续发展。

尽管我国能源消费增长较快，但人均能源消费水平还很低，仅相当于世界平均水平的四分之三，人均石油消费只相当于世界平均水平的二分之一，石油人均进口量也只相当于世界平均水平的四分之一，远低于世界发达国家水平。我国过去不曾、现在没有、将来也不会对世界能源安全构成威胁。我国将继续以本国能源的可持续发展促进世界能源的可持续发展，为维护世界能源安全作出积极贡献。

参考文献

[1] 叶大均. 能源概论[M]. 北京:清华大学出版社,1990.

[2] 黄素逸,高伟. 能源概论[M]. 北京:高等教育出版社,2004.

[3] 刘琳. 新能源[M]. 沈阳:东北大学出版社,2009.

[4] 孔祥应. 能源与环境保护[M]. 北京:中国科学技术出版社,1991.

[5] 江泽民. 中国能源问题研究[M]. 上海:上海交通大学出版社,2008.

[6] 周乃君. 能源与环境[M]. 长沙:中南大学出版社,2008.

[7] 马平. 能源纵横[M]. 北京:化学工业出版社,2009.

[8] 付融冰,张慧明. 中国能源现状[DB]. 万方数据库,2006.

[9] 唐强宜,逯红杰. 能源利用与环境保护[J]. 西安航空技术高等专科学校学报,2003,21(1):31~34.

[10] 王卓雅,赵跃民,高淑玲. 论中国燃煤污染及其防治[J]. 煤炭技术,2004,23(7):4~5.

[11] 白克义. 减少燃煤对城乡环境污染的建议[J]. 资源开发与市场,1996.

[12] 成玉琪,徐振刚. 谈洁净煤技术与煤矿区环境保护[J]. 煤矿环境保护,1996,11(2):16~19.

[13] 张东晨. 选煤对环境的污染及其防治[J]. 中国煤炭,1996.

[14] 陈锦如. 煤炭能源建设中水资源的保护[J]. 合肥工业大学学报,2004,27(10):1297~1300.

[15] 胡益之,马清举,范仁礼. 再论加快山西和太原地区型煤的开发和推广应用[J]. 山西煤业,1997,4:20~25.

[16] 马爱华,周西文. 浅谈煤能源的环境污染与防治[J]. SCIENCE & TECHNOLOGY INFOMATION,2007,30:27~37.

[17] 胡予红,孙欣,张文波等. 煤炭对环境的影响研究[J]. 中国能源,2004,26(1):32~35.

[18] 许超,康鑫. 煤矸石危害及其综合利用[J]. 环境科学,2010.

[19] 屠世浩,陈宜先. 煤矿开采对环境的影响及其对策研究[J]. 矿业研究与开发,2003,23(4):8~10.

[20] 甘兵勇. 采煤塌陷对生态环境的影响及对策[J]. 能源环境保护,2003,17(3):47.

[21] 江洪清. 煤矸石对环境的危害及其综合治理与利用[J]. 煤炭加工与综合利用,2003,3:43~46.

[22] 杨冬,陆春美,王永征,等. 煤燃烧过程中氮氧化物的转化及控制[J]. 山西能源与节能,2003,4:14~16.

[23] 潘继平. 中国油气资源勘探现状与前景展望[J]. 地址通报,2006,25(9-10):1055~1059.

[24] 瞿光明. 21世纪中国油气资源远景展望[J]. 资源-产业,2001,11:5~8.

[25] UNEP. 石油污染[R]. 钟晓红译. UNEP EARTHWATCH, Chemical Pollution: A Global Review, 2001,77~79.

[26] 马迎华,满虹,梁龙彦,等. 石油液化气燃烧对室内空气污染的研究[J]. 环境与健康杂志,

1998,15(5):199～202.

[27] 曹湘洪. 中国石化工业现状和未来发展展望[J]. 当代石油化工,2004,12(6):1～15.

[28] 方曦,杨文. 海洋石油污染研究现状及防治[J]. 环境科学与管理,2007,32(9):78～80.

[29] 倪瑶. 我国石油行业现状研究与建议[J]. 化学工业,2009.

[30] 欧仕军. 石油勘探开发过程中的环境保护[J]. 应用科学,2008,136.

[31] 刘振东. 海洋石油污染与生物修复[J]. 中国水运,2006,4(11):17～18.

[32] 李文绮. 我国天然气工业现状及其展望[J]. 石油规划设计,1999,10(3):1～3.

[33] 张俊霞,任建业. 天然气水合物研究中的几个重要问题[J]. 地质科学情报,2010,20(1):44～48.

[34] 徐文世,于兴河,刘妮娜,等. 天然气水合物开发前景和环境问题[J]. 天然气地球科学,2005,16(5):680～683.

[35] 李景明,李东旭,姚建军,等. 中国天然气工业的现状与发展展望[J]. 天然气工业,1999,19(40):88～89.

[36] 黄帆. 我国液化天然气现状及发展前景分析[J]. 天然气技术,2007,1(1):68～71.

[37] 王俊尉,谷晋川,杨萍. 天然气汽车与环境资源保护[J]. 甘肃石油和化工,2006.

[38] 陆佑楣. 我国水电开发与可持续发展[J]. 水力发电,2005,31(2):1～4.

[39] 彭程,钱钢粮. 21世纪中国水电发展前景展望[J]. 水力发电,2006,32(2):6～10.

[40] 向东. 水电资源开发中的环境保护选择[J]. 四川水力发电,2010,29(3):75～77.

[41] 左向启. 水力发电与环境生态[J]. 水利水电科技进展,2005.

[42] 黄翠美. 小水电开发的环境效益分析[J]. 能源与环境,2006,3:61～63.

[43] 曹永强,倪广恒,胡和平. 水利水电工程建设对生态环境的影响分析[J]. 人民黄河,2005,27(2):56～58.

[44] 张承龙. 水利水电项目的景观环境影响评价[J]. 人民黄河,2006.

[45] 孙绍清,郭丽梅. 大气污染与酸雨防治[J]. 天津化工,2005,19(6):14～15,33.

[46] 王亚军. 热污染及其防治[J]. 安全与环境学报,2004,4(3):85～87.

[47] 詹秀环. 酸雨的危害及防治对策研究[J]. 周口师范高等专科学校学报,2001,18(5):46～48.

[48] 徐小红. 温室效应与气候变化研究综述[J]. 陕西气象,1998:22～24.

[49] 张峰. 我国酸雨污染现状对策[J]. 上海化工,2005,30(2):1～6.

冶金工业出版社部分图书推荐

“十二五”国家级重点规划图书——
《环境保护知识丛书》

日常生活中的环境保护——我们的防护小策略		孙晓杰	赵由才	主编
认识环境影响评价——起跑线上的保障	杨淑芳	张健君	赵由才	主编
温室效应——沮丧？彷徨？希望？	赵天涛	张丽杰	赵由才	主编
可持续发展——低碳之路	崔亚伟	梁启斌	赵由才	主编
环境污染物毒害及防护——保护自己、优待环境	李广科	云　洋	赵由才	主编
能源利用与环境保护——能源结构的思考	刘　涛	顾莹莹	赵由才	主编
走进工程环境监理——天蓝水清之路	马建立	李良玉	赵由才	主编
饮用水安全与我们的生活——保护生命之源	张瑞娜	曾　彤	赵由才	主编
噪声与电磁辐射——隐形的危害	王罗春	周　振	赵由才	主编
大气与室内污染防治——共享一片蓝天	刘　清	招国栋	赵由才	主编
废水是如何变清的——倾听地球的脉搏	顾莹莹	李鸿江	赵由才	主编
土壤污染与退化——兼谈粮食安全	孙英杰	宋　菁	赵由才	主编
海洋环境污染——大海母亲的予与求	孙英杰	黄　尧	赵由才	主编
生活垃圾——前世今生	唐　平	潘新潮	赵由才	主编